结构设计中的原理

——清华大学建筑设计研究院经典项目解析

Mechanism Analysis in Structural Design——Classic Project of THAD

刘彦生 付 洁 刘 俊 编著

中国建筑工业出版社

图书在版编目（CIP）数据

结构设计中的原理：清华大学建筑设计研究院经典
项目解析＝Mechanism Analysis in Structural Design——
Classic Project of THAD/刘彦生，付洁，刘俊编著
. —北京：中国建筑工业出版社，2023.6（2024.3重印）
ISBN 978-7-112-28667-6

Ⅰ.①结…　Ⅱ.①刘…②付…③刘…　Ⅲ.①建筑结
构-结构设计　Ⅳ.①TU318

中国国家版本馆CIP数据核字（2023）第079017号

本书收录了清华大学建筑设计研究院近年来完成的20个代表性项目，划分为三个篇目："大跨度结构""特色高层结构"和"特殊结构"，各篇目中的项目各具特点。第一篇"大跨度结构"包括特殊的双向正交悬索结构、倒三角形钢桁架结构、互承式胶合木与钢的组合结构、单层空间网壳结构、变厚度弧形钢网壳结构等；第二篇"特色高层结构"包括水平与竖向复杂连体高层、筒中筒超高层建筑、多塔强连接和弱连接连体高层、特别不规则的超限高层等；第三篇"特殊结构"包括无法进行地质勘察的工程、南极特殊气候条件下的工程、结构实验室、室内滑雪场、考古遗址保护工程、错列桁架工程等。

本书的编写初衷是希望以设计作品为载体，贯彻回到原理的结构设计理念，以帮助广大结构工程师更好地理解每一个做过的项目，为自身技术能力的成长打下扎实的基础。

责任编辑：刘婷婷
责任校对：张　颖

结构设计中的原理——清华大学建筑设计研究院经典项目解析
Mechanism Analysis in Structural Design——Classic Project of THAD
刘彦生　付　洁　刘　俊　编著

*

中国建筑工业出版社出版、发行（北京海淀三里河路9号）
各地新华书店、建筑书店经销
霸州市顺浩图文科技发展有限公司制版
建工社（河北）印刷有限公司印刷

*

开本：787毫米×1092毫米　1/16　印张：21　字数：523千字
2023年5月第一版　2024年3月第二次印刷
定价：86.00元
ISBN 978-7-112-28667-6
（41041）

我于1992年到清华大学工作，至今有三十余年了，非常高兴受邀为清华大学建筑设计研究院结构专业的第一本作品集作序。

我小时候的梦想就是成为一名工程师。当时，母亲就教育我们兄弟，只有读书才会有出息。我老家在"文革"前出过工程师，在那个年代是很让人羡慕的，我母亲就常常提起他们，会读书，有本事。所以从小我就觉得工程师是很了不起的人，将来能成为工程师就是我的童年梦想。还记得1977年10月，刚得知恢复高考的消息，我马上想要报名。当时我在公社担任话务员，工作表现不错，领导想留我，但我还是非常希望能读书。我在毕业的中学复习了约两个月，油印的试卷上，复习题写了一遍又一遍……我带着成为工程师的梦想走出了金兰镇，走出了湖南，走到了清华。作为清华大学建筑设计研究院的顾问总工程师，工程师这个身份对我来说有着非常重要的意义。

我在清华大学做了这么多年的科研，取得了一些成果。在我看来，土木工程是一门工程性很强的学科，理论研究是一部分，但更重要的是工程实践。只有经得起工程检验的科研成果才是有生命力的，有发展潜力的。我在钢-混凝土组合结构领域的研究就一直把理论和技术与工程的结合放在首位。不要觉得工程问题不"高精尖"，不值得花大力气研究，任何事情都要从小做起，以小见大，潜心精研，才能最终成就大事业。从点、线、面到整体空间造型，从节点连接到大跨度、超高层，工程中出现的大小问题都应该是我们研究的方向，都可能是技术进步的突破口。科研就是要通过这些大大小小的研究，厘清学科未来发展趋势，再反馈回来，引导工程实践采用更先进、更具有优势的技术。科研与工程就是整个土木学科的"两条腿"，只有互相支撑，才能并步前行。

近年来，我国的基础设施建设、建筑工程建设领域的设计、建造都经历了一段飞速发展期，很多新方法、新技术不断涌现，设计规范难免有时会出现滞后或者空白的情况。这对设计人员是很大的考验，要学会跳出滞后的规范限制，要敢于使用新的研究成果，才能推动整个行业发展进步。清华大学建筑设计研究院在这方面很有优势，一直秉承学校的传统，很注重培养工程师们学习并理解设计的原理与原则，理解规范而不是照搬条文。并且工程师们的基础理论都很扎实，所以他们都很"讲道理"，很能接受新技术，能从力学原理出发做设计。钢-混凝土组合结构技术就由他们在多个项目上创新性地使用了，比如书中提到的九寨沟景区项目和清华大学北体育馆项目，使用效果都非常好，充分发挥了组合结构的优势，有效地降低了结构高度，提高了施工速度与质量。

建筑设计这个行业里，建筑专业有出作品集的传统，结构专业的作品集并没有那么常见。清华大学建筑设计研究院这本结构作品集还是非常有特色的，项目不多，但每一个都很有特点，从大跨度项目到特色高层建筑结构项目，再到一些特殊类型结构项目，基本覆盖了结构设计的各个类别，具有普遍意义。另外，每一个项目的分析都非常深入，挖掘最基本的力学原理，从设计的源头开始分析，而不是简单地罗列数据与规范条文的逐条对应。如果能坚持每一个项目都这样好好地总结经验，一个一个项目积累下来，水平必定能稳步提高。未来的土木工程大学科将是追求高性能的土木工程，工程设计要求更高的安全性能、更高的使用性能和更高的施工性能。为了适应发展潮流，工程师们还要不断总结，不断创新，不断进步。相信这本书一定能给大家带来不少启发和帮助。

清华大学土木工程系教授（中国工程院院士）
清华大学建筑设计研究院顾问总工程师

2023 年 5 月

聂建国教授简介：

结构工程专家，中国工程院院士、日本工程院外籍院士，清华大学土木工程系教授，清华大学未来城镇与基础设施研究院院长，清华大学学术委员会主任，中国工程院土木、水利与建筑工程学部主任。

长期从事钢-混凝土组合结构的研究与推广应用工作，研发了一系列组合结构新形式和新技术，发展了组合结构设计计算理论和设计方法，拓宽了组合结构的工程应用领域，为实现组合结构从构件层面到体系层面的突破做出了重要贡献。以第一完成人获国家技术发明奖一等奖、国家科学技术进步奖创新团队奖、国家科技进步奖二等奖各1项。获光华工程科技奖、何梁何利基金科学与技术进步奖、全国创新争先奖、全国模范教师、全国先进工作者等荣誉。

　　清华大学建筑设计研究院（简称清华设计院），前身为 20 世纪 50 年代伴随清华大学建筑土木学科办学需求而成立的土建设计室。在经历了体制改革、企业化改造后，成为如今的清华大学建筑设计研究院有限公司。从百人左右的设计室发展到一千五百多人的大型设计企业，变化是非常大的。与其他高校设计院一样，清华设计院依托于所在高校，不论时代怎么变化、市场怎么涨落，清华大学作为我国著名的高等学府都代表着知识、创新与人才培养，我们清华设计院也努力保持这个强烈的特征。我们不仅仅是一个生产企业，更是集合了生产、教学、科研的综合体，是希望具有大学气质的建筑理念实践基地，力求成为最具前沿性、思想最活跃的设计研究平台。我们的设计师除了要具有一般意义上的建筑师、工程师的专业素养，还应该具有学者和研究者的探究精神，不断探究理性设计的内核，发现内在逻辑，并在项目设计和日常业务中持续学习和总结，从而具有宽阔的视野和源源不断的研究创新能力。

　　刘彦生总工程师组织编写的这本结构专业作品集就很好地体现了清华设计院的这种文化特质。这本书将每一个项目都努力当成一个研究课题来完成，深入探讨设计的原理，总结技术要点，有的还进一步在设计完成后复盘探讨设计的优劣得失，通过作品集的形式归拢总结，再将提炼出的经验分享给更多的同行们。相信项目设计人和业内同行、爱好结构设计的读者都将在对这些项目的研究探讨中不断拓展自己的知识边界和设计技术边界，而这也正是清华设计院服务于国家、服务于学科的意义所在。

　　建筑学是一门综合性很强的学科，建筑师想要实现建筑的创意，离不开结构工程师的努力配合。在这本作品集中，有很多项目我都是建筑设计的参与者。比如石家庄国际会展中心项目，建筑形态上取"碧水宏桥"之味，借鉴了正定兴隆寺摩尼殿的飞檐造型，基于对建筑功能与空间的考量，希望能实现大跨度的无柱空间。为此建筑师和结构工程师对整体方案进行了多次深入探讨，在国内现有工程无先例的情况下，结构工程师通过开创性的悬索形式结构方案，赋予了建筑空灵精巧的形态，使建筑与结构完美融合，而不是为了造型而造型的"两张皮"式建筑。结构设计团队为项目最终完美效果的呈现做出了卓越的贡献，也得到了国内外同行的高度认可，建筑和结构二者相互理解、相互信任才能够做出这样的创新。又比如九寨沟游客服务中心项目，建筑设计的理念是要与九寨沟的自然山水形态呼应，尊重场地原有的自然基底，师法自然，建筑形态采用舒缓的自由曲面，建筑材料则大量选用了木材和当地石材。与老式的木结构建筑不同，现代的造型与功能如何与木结构重新建立起合理的建造原则，我们在这个项目中做了非常多的尝试。文中介绍了结构工程师为此进行的先导性研究，对"互承式"结构进行了深入分析，通过解决工程实践中遇到的问题，进行问题导向的科研，分析其中的优势与弊端，提出最终解决方案。

这些优秀的项目之所以优秀，都是得益于清华大学建筑设计研究院这个产学研平台，在求实创新的企业文化影响下，通过扎实的基本功和突破自我的热忱，追求更好的建筑设计而取得。

祝贺结构设计师们取得的成就，也祝贺本书的出版。

清华大学建筑设计研究院院长

2023 年 1 月

庄惟敏院长简介：

中国工程院院士，全国工程勘察设计大师，梁思成建筑奖获得者，国家一级注册建筑师。曾任清华大学建筑学院院长（2013—2020 年），清华大学建筑设计研究院院长、总建筑师，清华大学建筑学院教授、博士生导师。

中国建筑学会副理事长、国际建协（UIA）理事（2011—2021 年）、职业实践委员会（UIA-PPC）联席主席。曾获中国建筑学会建筑教育奖（2012 年）、教育部科技进步一等奖（2018 年）。长期从事建筑设计及其理论研究，20 世纪 90 年代初率先创建中国建筑策划理论，研发设计决策平台，率先实践全过程工程咨询。著有《建筑策划导论》《建筑策划与设计》《建筑策划与后评估》《后评估在中国》《国际建协建筑师职业实践政策推荐导则》《环境生态导向建筑复合表皮设计要点及工程实践》《筑记》等专著12 部，发表学术论文 200 余篇。曾主持中国美术馆改造工程、世界大学生运动会游泳跳水馆、2008 年北京奥运会国家射击馆、飞碟靶场和柔道跆拳道馆、华山游客中心、北川抗震纪念园幸福园展览馆、钓鱼台国宾馆 3 号楼及网球馆工程、国家会展中心、香山革命纪念馆、国家冬季两项中心、九寨沟景区沟口立体式游客服务设施等重大工程的设计工作。设计作品多次获国家金、银、铜奖及国际奖项。

前言

　　近十几年来，民用建筑设计院中的结构工程师们面对了越来越多的挑战，超高层建筑、大跨度结构、钢结构、减隔震设计等逐渐变成了工作中的家常便饭，对结构工程师的专业知识、技术手段和工程经验的要求越来越高。诚然，知识和技能上的查漏补缺是必要的，但是编者认为，采用从原理出发的设计思维和方法，是在这种新环境下解决设计新课题和难点的可靠保证，也是设计师通过项目得到锻炼和提升的有效助力。本书的书名"结构设计中的原理"即体现了我们的想法：结构设计需要回到原理上去思考，这不仅是为了应对各种超出规范的复杂结构，更是为了把每个做过的项目理解透彻，为自身技术能力的成长打下扎实的基础。以设计作品为载体，贯彻回到原理的设计理念，是我们编写本书的初衷和希望能达到的目的。

　　本书收录了清华大学建筑设计研究院近年来完成的 20 个代表性项目，划分为 3 篇：大跨度结构、特色高层结构以及特殊结构，每篇包含 5～9 个项目。各篇中的项目各具特点，希望通过有限数量的项目，尽量多地展现面对不同类型结构和设计问题时工程师的应对之策。

　　第一篇"大跨度结构"包含了特殊的双向正交悬索结构、倒三角形钢桁架结构、互承式胶合木与钢的组合结构、单层空间网壳结构、变厚度弧形钢网壳结构等。

　　第二篇"特色高层结构"包含了水平与竖向复杂连体高层、筒中筒超高层建筑、多塔强连接和弱连接连体高层、特别不规则的超限高层等。

　　第三篇"特殊结构"包含了无法进行地勘的工程、南极特殊气候条件下的工程、结构实验室、室内滑雪场、考古遗址保护工程、错列桁架工程等。

　　与通常的作品集不同，本书在每个项目的最后，增加了"评议和讨论"的部分，对项目的难点和亮点进行梳理，也对设计中的遗憾进行回顾，部分项目还拓展讨论了相关领域的设计问题，总结了项目设计过程中的一些研究成果，例如连体结构设计、木结构设计的基本逻辑和思路等。希望通过这一部分的阐述，能表明我们回到原理去理解工程设计的想法。

　　本书由清华大学建筑设计研究院有限公司技术质量部组织编写，刘彦生总工程师策划了本书的主题和内容、组织提炼了各收录项目的技术特点并审核了全书；付洁、刘俊高级工程师对本书收录项目的技术特点进行了总结提炼，并对介绍文本逐篇进行了修改和整理；李青翔副总工程师审阅了全书并对技术内容提出了修改意见；韩晴完成了本书的稿件征集及文本格式修改。各收录项目的结构专业负责人和主要设计人提供了项目的初始介绍文稿和相关资料。感谢全院结构设计人员在本书编写过程中付出的辛勤劳动，感谢中国建筑工业出版社编辑的指导和帮助！

限于编者的技术水平和经验，书中难免有片面和不妥之处。同时，我们努力尝试"结构设计需要回到原理上去思考"，其中的叙述，更是不免偏颇，敬请广大读者、同行批评指正。

编者于清华大学建筑设计研究院

2023 年 1 月

目录

第二篇　特色高层结构

第三篇 特 殊 结 构

第一篇

大跨度结构

第 1 章

石家庄国际会展中心结构设计

2022 年度 IABSE Awards 杰出建筑结构奖（Winner）❶

2020、2021 两年度 IStructE 世界结构大奖（Structural Awards）大跨度结构类两个大奖之一的表彰奖（Commendation）❷

2019 年度行业优秀勘察设计奖优秀（公共）建筑设计一等奖、优秀建筑结构一等奖

2019 年度教育部优秀工程勘察设计公共建筑一等奖、建筑结构一等奖

2019—2020 年度中国建筑学会建筑设计奖公共建筑一等奖、建筑结构一等奖

结构设计团队：

刘彦生　李青翔　陈宇军　刘培祥　李滨飞　刘　俊

李英杰　罗虎林　王石玉　段春姣　程　进

---

❶　IABSE 从 1976 年开始颁发国际结构工程终身成就奖（International Award of Merit in Structural Engineering），是公认的国际权威奖项。从 1998 年开始，IABSE 设立杰出结构大奖（Outstanding Structure Award），每年最多在建筑结构和桥梁结构两类中各授予一个奖项，多数年份仅有 1 个项目获奖。目前为止，建筑结构领域获得杰出结构大奖的仅有 15 个项目。

❷　Structural Awards 由英国结构工程师协会主办，创立于 1968 年，旨在表彰世界范围内最杰出和富有创意的结构工程师，并展示世界领先的工程设计，是世界上最重要的结构设计类奖项。近年获奖项目包括 Bmra Harpald 设计的 2012 年伦敦奥运会体育场、Arup 设计的新加坡体育中心、SOM 设计的哈利法塔、Jacobs 设计的英国航空 i360 观光塔等。

1.1 工程概况

1.1.1 建筑概况

石家庄国际会展中心位于河北省石家庄市正定新区，南侧隔滨水大道与滹沱河相望。项目用地面积 64.4hm²，东西向长度约 648m，南北向长度约 352m，总建筑面积 35.6 万 m²，是由核心区会议中心（B 区）与周边 4 组展厅组成的集展览、会议于一体的大型会展中心。建筑实景见图 1.1-1～图 1.1-3。

图 1.1-1　鸟瞰图
（摄影：姚力）

图 1.1-2　展厅实景一
（摄影：姚力）

图 1.1-3　展厅实景二
（摄影：姚力）

展厅部分地上一层，建筑面积 11.3 万 m²，包括 3 组标准展厅（A、C、E 展厅）和 1 组大型展厅（D 展厅），如图 1.1-4 所示。各展厅结构体系相同，均采用"纵向索通过受压竖杆支撑横向索的双向悬索结构"加以实现。具有代表性的 A、C 展厅，高度为 28.65m，结构横向跨度为 180m（悬索跨度 36m＋108m＋36m），纵向跨度为 105m。各展厅的结构跨度详见表 1.1-1。

各展厅结构跨度　　　　　　　表 1.1-1

展厅编号	L_1(m)	L_2(m)	展厅编号	L_1(m)	L_2(m)
A	180	105	E	288	105
C			D	54(厅内有柱)	

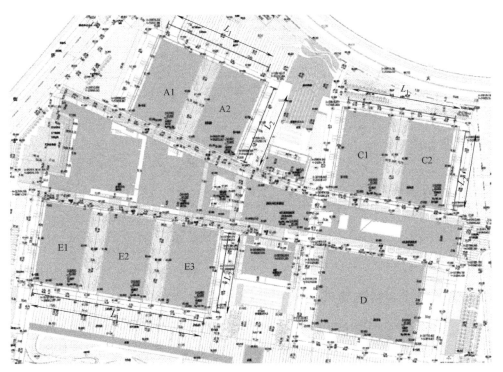

图 1.1-4 平面布局示意和展厅编号

项目首层平面图及剖面图见图 1.1-5 和图 1.1-6。

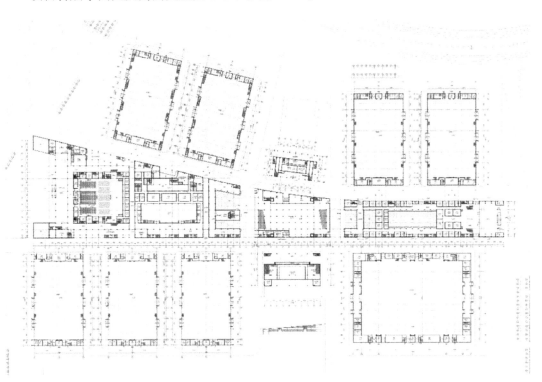

图 1.1-5 首层平面图

(a) 中央大厅剖面图

(b) 展厅剖面图

图 1.1-6　剖面图

1.1.2　建筑特点与特殊需求

展厅屋面建筑设计灵感来源于正定隆兴寺摩尼殿，采用中国传统建筑的坡屋面形式（图 1.1-7）。与传统建筑屋顶的厚重感不同，建筑师不希望室内结构构件的尺寸过大，而是希望本项目的屋盖具有轻盈的水波感。

由于建筑采用下凹式屋面，主立面令人很容易联想到悬索的形态。悬索结构在屋面荷载作用下的自然形状为悬链线，形成下凹造型，可做到结构形式与建筑形态的自然契合。同时，悬索结构受力效率高，构件截面相对较小，比较容易产生"轻、薄、透"的建筑效果，能够满足建筑方案要求的轻盈感。因此悬索结构是本项目最自然、合理、高效的实现形式，成为结构工程师的第一选择（图 1.1-8）。

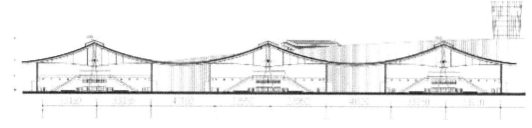

图 1.1-7　展厅屋面建筑设计灵感

图 1.1-8　展厅屋面结构设计灵感

　　为实现上述形式的索造型，需要在屋脊位置形成类似桥塔的支点，柱是最直接的支撑方式。但是，现代展厅的平面尺寸远远超过传统建筑，展厅内部不允许设柱，沿屋脊只有两根柱子，跨度 105m，结构工程师希望通过某种形式的大跨度结构实现 105m 长的屋脊，从而替代桥塔式的支撑柱。

　　但常见的结构形式中并没有符合建筑要求轻盈感的大跨度屋脊解决方案，结构工程师展开了对新型结构体系的探索，创新性地在纵向采用了索承结构屋脊（图 1.1-9），以较小的构件截面，形成展厅内轻灵通透的视觉效果。

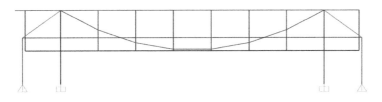

图 1.1-9　索承屋脊示意

纵向索承屋脊与横向索系、屋面系统一起，最终形成了一种纵向索通过受压竖杆支撑横向索的双向悬索结构。通过展厅内景可以清晰地观察到结构布置情况（图 1.1-10）。

图 1.1-10　展厅内景

（摄影：姚力）

1.2　结构体系与特点

由于纵向索通过受压竖杆支撑横向索的双向悬索结构是一种特殊的索结构形式，因此对其组成与传力路径进行专门的说明。

1.2.1　屋盖结构体系组成

以具有代表性的 A、C 展厅为例，纵向索通过受压竖杆支撑横向索的双向悬索结构体系组成如图 1.2-1 所示。

图 1.2-1 中，A 部分为屋盖结构支承柱，本项目主要为 4 个 A 形柱，A 形柱横向间距 108m，纵向间距 105m。

B 部分为主承重结构，即纵向索承结构，由主索、上下固定杆、竖杆和自平衡杆构成（图 1.2-2）。主索安装在 A 形柱上。本展厅共布置 2 道主索，跨度 105m，间距 108m。

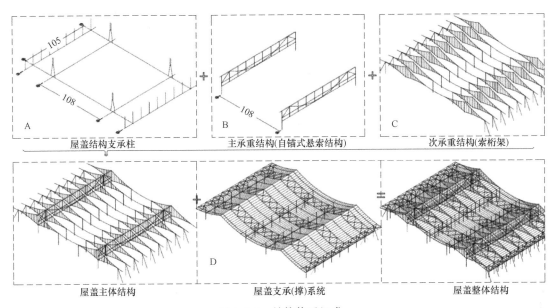

图 1.2-1 结构体系组成

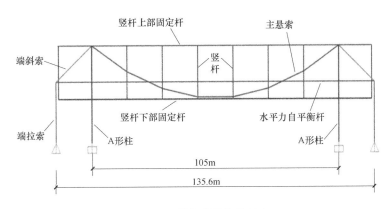

图 1.2-2 纵向索承结构示意

C 部分为次承重结构，即横向索桁架，由屋面索、稳定索和竖向拉索（杆）构成（图 1.2-3），部分特殊位置设有定形索。次索桁架在屋脊位置通过受压竖杆支撑在主索上，端部设边立柱与边拉索。本展厅沿纵向布置 10 道次索桁架，中部主跨 108m，间距约 15m。

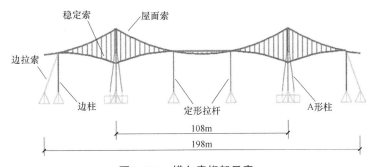

图 1.2-3 横向索桁架示意

D部分为屋盖支承（撑）系统，由檩条和屋面板组成（图1.2-4），檩条支承于次索桁架上。

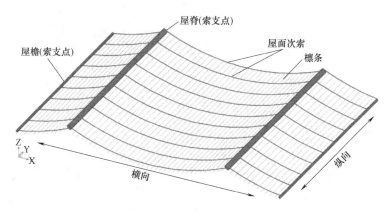

图1.2-4 屋面系统示意

上述A、B、C三部分构成了主要屋面结构体系（隐去稳定索及拉索），如图1.2-5所示。

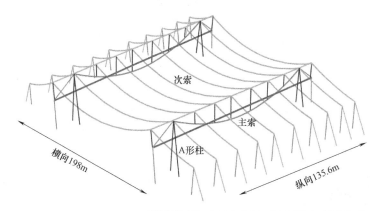

图1.2-5 主要屋面结构体系示意

1.2.2 传力路径详解

1. 主要竖向荷载传力路径

主要竖向荷载传力路径为：屋面→檩条→次索（横向索）→竖杆→主索（纵向悬索）→A形柱与端索→基础。如图1.2-6所示。

（1）次索桁架——横向索桁架受力分析

次索受力分析如图1.2-7所示。在中部脊线位置，次索通过中间的受压竖杆支撑在主索上；在端部则通过边柱与边拉索将荷载传至基础。中部竖杆没有侧向刚度，不能提供水平反力，水平反力由边拉索和边柱提供，用来和次索内力形成力偶，抵抗力矩。

除次索外，还配套设置了稳定索与竖向拉索。由于索本身是一种柔性构件，在不受力情况下不具有刚度，但在屋面荷载和稳定索的张拉力共同作用下，次索、稳定索与中间的竖向拉索共同作用，形成具备面内刚度的索桁架。

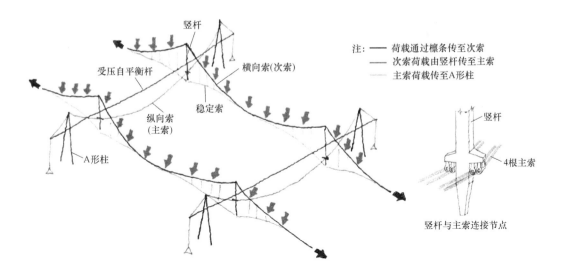

图 1.2-6　主要竖向荷载传力路径简图

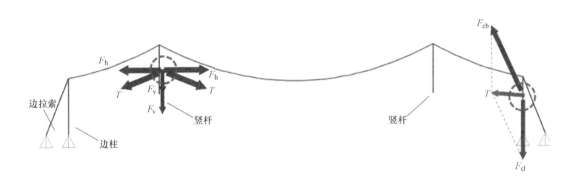

图 1.2-7　次索受力分析简图

　　稳定索的设置主要出于以下四个方面的考虑：

　　① 防止承重索在风荷载的作用下卸载。由于单层索系依靠形状与张拉力承载，当形状或张拉力改变时，对结构的承载力影响很大，带来不安全因素。而在风吸力作用下，单层索系很可能发生卸载，从而导致结构失效。通过设置稳定索，能有效抵抗风吸作用，提高结构性能。

　　② 增强屋面结构抵抗不均匀荷载的能力（图 1.2-8）。

　　③ 增大屋面结构的整体刚度。一般脉动风的卓越周期在 1min 左右，而索结构屋面的基本周期在几秒数量级（图 1.2-9）。因此，屋面结构的面外刚度越弱，基本周期越长，风振响应就越大。设置稳定索能显著增加结构整体刚度，从而降低风荷载对结构的影响，具有非常重要的意义。

　　④ 为主承重结构和受压竖杆下端提供约束。本体系的一大特点就是主、次索形成整体相互约束（后文将详细叙述）。

单层索系，半跨活荷载作用，变形大

索桁架，半跨活荷载作用，变形小

图 1.2-8　不均匀荷载对比分析简图

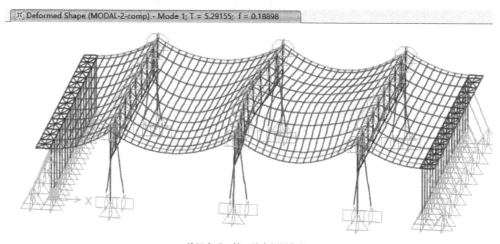

单层索系，第一阶自振周期长，5.3s

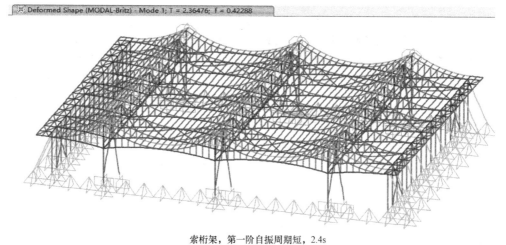

索桁架，第一阶自振周期短，2.4s

图 1.2-9　不同索布置方式周期对比分析简图

最终设计的次索（横向索）垂度为 11.967m，稳定索的拱度为 5m。次索（横向索）的最大跨度为 108m，远超类似结构的索跨度。中间拉杆间的定形索用于在该区域内维持索的设计形状（该区域没有屋面板）。

（2）主索——纵向索承屋脊受力分析

主、次索的支承关系如图 1.2-10 所示，力的传递主要通过主桁架上的受压竖杆完成。

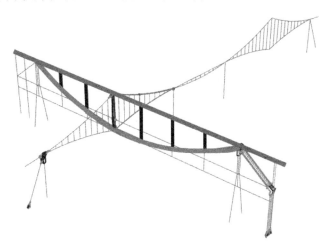

图 1.2-10　主、次索支承关系简图

主索通过竖杆汇集横向索桁架传来的荷载并传递到 A 形柱，其受力简图如图 1.2-11 所示。

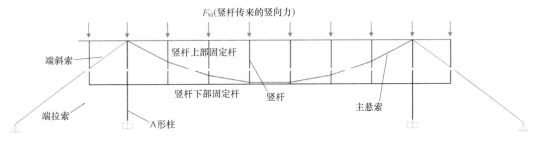

图 1.2-11　主索受力简图

一般情况下，为减小 A 形柱所受的弯矩，可通过在主索端部设置锚固于基础的端拉索，来平衡主索作用在 A 形柱顶端的力的水平分量。

2. 主要水平荷载传力路径

纵向水平荷载传力路径为：屋面→水平交叉支撑→柱间支撑→基础。如图 1.2-12 所示。

横向水平荷载传力路径为：屋面→A 形柱、边拉索与边柱→基础。如图 1.2-13 所示。

1.2.3　结构体系特点

1. 索结构的体系特点

（1）索结构是大变形结构

传统刚性结构在弹性范围内，遵循小变形假定，不考虑构件几何形状变化，结构变形

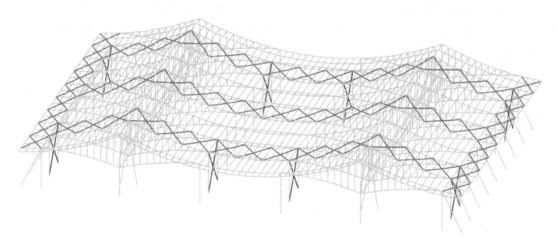

图 1.2-12 纵向水平荷载传递示意

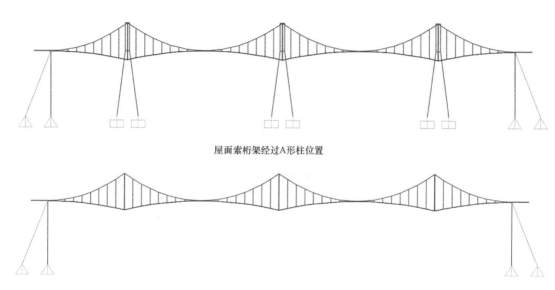

屋面索桁架经过A形柱位置

屋面索桁架不经过A形柱位置

图 1.2-13 横向水平荷载传递示意

对初始形状的影响可忽略，始终在初始形状上建立平衡关系，荷载效应可线性叠加。

柔性结构属于大变形结构，结构变形对初始形状的影响不能忽略，必须在变形后的形状上建立平衡关系，荷载效应需要考虑变形的影响，不再满足线性叠加原则。

（2）索结构刚度是变化的，需要考虑非线性

这里的"非线性"是指力和位移不成正比，即结构刚度是变化的。由于结构材料都处于弹性范围内，因此不考虑材料非线性，只考虑几何非线性；同时，材料应变小，因此也不考虑大应变，只考虑大变形导致的几何非线性。

传统的刚性结构从构件的连接与约束、构件的几何形状和材料中获取刚度，其结构刚度是确定的，不随受力的改变而发生变化。而以索为代表的柔性结构则不同，索构件自身

第一篇 大跨度结构

是没有刚度的，其结构刚度是从构件的连接方式、几何形状和预应力中获得的。几何形状和预应力发生变化，都会直接导致柔性结构刚度的改变。

对传统结构刚度的理解主要基于刚性结构建立，其刚度是不发生变化的。而结构刚度不断变化这一情况，对理解柔性结构造成了很大阻碍，需要结构设计师们调整思路。在弹性范围内，刚性结构的刚度基本不变，而柔性结构的刚度会发生变化。这是二者的本质区别，是柔性结构的关键难点，也是设计工作最主要、最核心的思考点。

（3）索结构的冗余度较小

索只能受拉不能受压，提供的约束数量比刚性杆件少。因此，索结构尤其应该关注抗连续倒塌设计。当某根索失效时，结构整体仍应成立。

（4）各施工状态结构成立

"非线性"为结构计算（仅就计算方法而言）过程和技巧带来难度。未施加预应力前，结构几乎没有刚度。通过张拉，结构构件经历了极大的机构位移与一定程度的弹性变形，最终达到设计的形态和内力。施工过程对结构的最终特性有决定性的影响，不同的施工过程可能得到形态相同、预应力不同的结构，导致最终结构的性能不同。此外，在施工过程中，随着力的变化，刚度不断变化，形状（位移）不断变化，这就要求施工中准确判断不同状态下的结构内力和变形，判断结构在此状态下是否成立。

因此，索结构的设计，不仅是对最终结构的设计，还包含了施工张拉等一系列过程设计。没有发达的分析计算软件条件下，索结构难于设计。对复杂计算的技巧性把握，需要熟练地掌握软件的使用方法，同时具有较高的力学基础，才能判断操作方向。

2. 主索（纵向索）通过受压竖杆支撑次索（横向索）的双向悬索结构体系特点

对于这一新型结构体系，最主要的创新点就在于将次索支撑在柔性结构（主索）之上，柔性结构间实现相互约束，互为支撑，这也是设计的重点。

在本体系中，纵向索承结构（主索、固定杆）、檩条为次索桁架形成的横向支承体系提供面外约束；而次索、稳定索等构件组成的次索桁架又为纵向索承结构提供面外约束（图1.2-14）。两者巧妙地互为支撑，达到体系整体稳定。虽然索为柔性构件，刚度非常小，但通过张拉预应力，索与固定杆、竖杆等结构构件组合，形成了具有可靠刚度的整

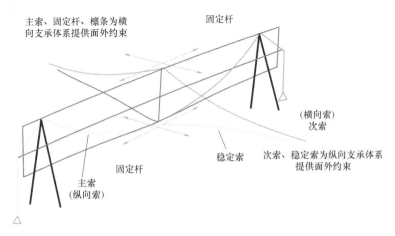

图 1. 2-14 双向索互为支撑示意

体，从而达到了相互支撑约束的目标。

3. 备用传力路径设置

前面说到索结构的冗余度较低，因此应注意其抗连续倒塌能力。本项目通过设置了屋檐桁架和主索固定杆，实现备用传力路径，保证结构不会发生连续破坏。

（1）主索上部固定杆设计

当端拉索失效时，主索上部固定杆压力增大，保证主悬索结构不发生连续倒塌（图1.2-15）。

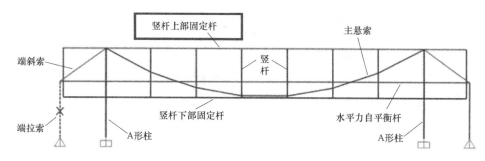

图 1.2-15　端拉索失效示意

（2）屋檐桁架设计

当边拉索失效时，屋檐桁架能够将原本由失效边拉索承担的力传递给其余边拉索，保证次承重结构不发生连续倒塌（图1.2-16）。

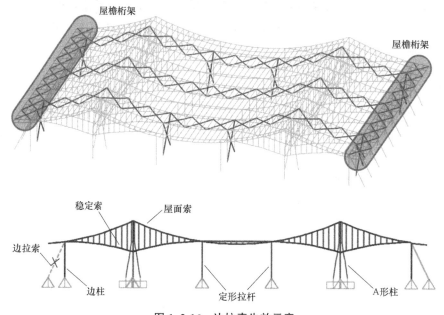

图 1.2-16　边拉索失效示意

4. 主索的特殊固定方式

由于建筑使用要求，本项目主索端部不能斜拉落地。端拉索如果倾斜固定，会影响室外空间的使用并破坏建筑效果，因此要转化为竖直固定（图1.2-17）。

为此结构工程师通过设置自平衡杆的方式转换端部索的方向，使斜拉索转变方向，垂直落地。自平衡杆参与下的主索受力分析如图 1.2-18 所示。

图 1.2-17　端拉索竖直固定效果图
（摄影：姚力）

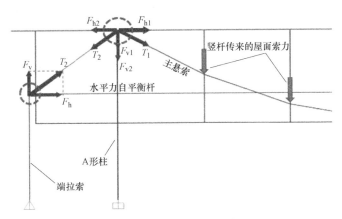

图 1.2-18　主索受力分析简图

经计算，受压自平衡杆的杆长为 136m、压力为 18000kN。受压杆轴压力大，长度大，如无稳定约束，截面将大到建筑师无法接受。结构工程师巧妙地通过竖杆和纵向索为自平衡杆提供面内约束，通过竖杆和横向索桁架提供面外约束（图 1.2-19），从而有效减小受压杆截面至建筑师可接受的尺寸，使方案成立。自平衡杆与竖杆的节点做法如图 1.2-20 所示。

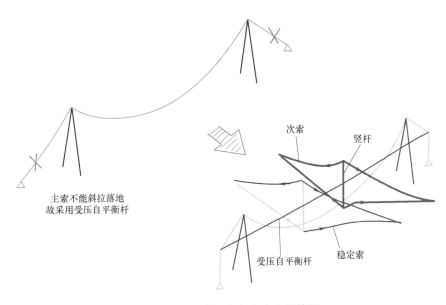

图 1.2-19　自平衡杆稳定分析简图

图 1. 2-20　自平衡杆与竖杆节点

1.3　结构设计思路

1.3.1　针对索结构的模型简化与分析

本结构主、次方向均为悬索式承重结构，基于索结构的特点，结构设计需要考虑以下两大类设计模型。

初始状态模型：初始状态是指非线性施工过程结束时的结构状态（包括变形、应/内力、刚度）。验算结构承载能力极限状态及正常使用极限状态应以初始状态模型作为初始条件，进行各种线性工况分析（包括静荷载工况分析、振动模态分析、反应谱法地震作用计算、弹性动力时程分析等），并对各工况进行效应组合。稳定分析、抗连续倒塌分析、非线性弹塑性动力时程分析等同样基于初始状态模型进行。

施工过程模型：过程模型需要结合其边界、受力情况进行结构分析，在分析阶段需要考虑大变形几何非线性和施工过程，并对施工过程本身进行验算。施工阶段验算可以不考虑地震、风等工况，仅考虑竖向荷载以简化计算。施工验算不仅要保证各施工阶段结构成立，还应最终确定施工完成后能达到结构初始状态模型的要求（包括变形、应/内力、刚度）。

以上设计模型均应为整体结构三维空间模型。

1. 设计流程

（1）进行施工过程模拟分析，确定施工顺序，并按施工加载顺序和大变形计算，得到初始状态结构内力与刚度等，调整基本结构模型。

（2）进一步分析中考虑静力、风（采用由风洞试验得到的体型系数和风振系数）、地震、温度等工况及相应组合工况，得到最终结构内力。

（3）考虑几何和材料非线性，计算构件稳定性。

（4）采用时程分析法进行多遇地震下的补充计算。

（5）考虑关键构件（落地拉索）破坏，模拟分析结构抗连续倒塌能力。

2. 模型验证

为保证模型的正确性，创建了与 SAP2000 等同的 ABAQUS 模型，并在 ABAQUS 模型中采取了与 SAP2000 模型完全相同的施工步分析过程。两种模型均以施工步结束时的结构状态为计算依据进行模态分析。通过对比，ABAQUS 与 SAP2000 模型的质量模态非常接近，说明二者模型吻合，均可用于实际分析。SAP2000 与 ABAQUS 前三阶模态对比如图 1.3-1 所示。

3. 施工过程模拟分析

本项目结构体系的特点就是次索悬挂于竖杆，而竖杆支承于主索。主、次索受力变形耦联，互相影响。

（1）确定合理可控的张拉方案。考虑如下因素：

① 由于竖杆平面外稳定性由次索和稳定索提供，因此次索基本成形前，竖杆无法将荷载由次索传给主索。

② 在次索施工时，需采取措施防止竖杆平面外位移过大，保证稳定传力。

因此，确定核心施工逻辑为：安装胎架→次索施工→主索施工→拆除胎架。核心逻辑的确定有利于快速确定模拟施工顺序（表 1.3-1）。

模拟施工顺序   表 1.3-1

序号	主要施工步骤	序号	主要施工步骤
①	安装固定主承重结构和边柱钢结构	⑤	张拉次承重结构索系
②	牵引提升、安装主悬索	⑥	张拉主悬索
③	牵引提升、安装次承重结构索系	⑦	安装檩条和重型屋面板
④	安装定形拉杆		

（2）索张拉时结构刚度在不断变化，且双向索相互影响，需要通过非线性模拟掌握索张拉时对其他索的影响，保证各索的稳定与安全。

① 主索张拉非线性模拟

当主索被动张拉时，竖杆上部固定杆轴压力很大，水平力平衡杆轴压力较小，主悬索的拉力不能有效地传递给端斜索和端拉索。竖杆位移过大，无法保持竖直位置（图 1.3-2a），不符合设计意图。

当主索主动张拉时，竖杆上部固定杆轴力很小，水平力平衡杆的轴压力较大，端斜索和端拉索内力较大。竖杆位置可控（图 1.3-2b），符合设计意图。因此选择这种施工方式。

② 次索张拉非线性模拟

次索张拉时，对边拉索施加预应力，尽量消除屋脊横向水平位移（图 1.3-3），控制次索对主索位置和受力的影响，同时保证竖杆的位置稳定。

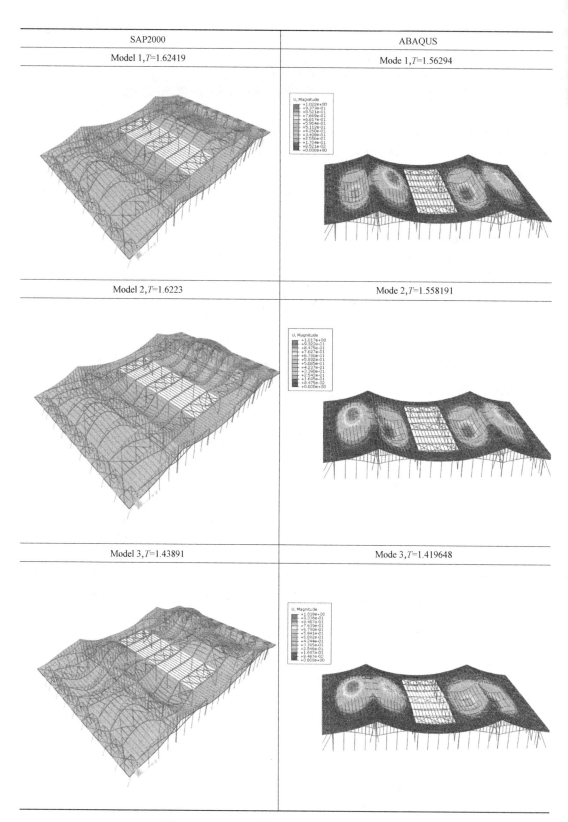

SAP2000	ABAQUS
Model 1,T=1.62419	Mode 1,T=1.56294
Model 2,T=1.6223	Mode 2,T=1.558191
Model 3,T=1.43891	Mode 3,T=1.419648

图 1.3-1　SAP2000 与 ABAQUS 前三阶模态对比

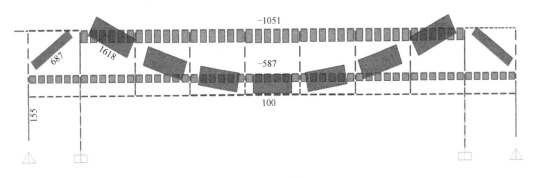

(a) 主索被动张拉

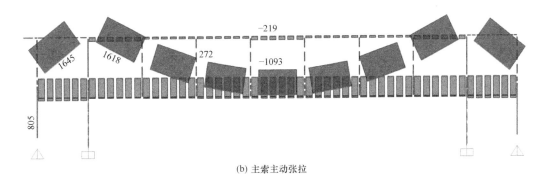

(b) 主索主动张拉

图 1.3-2　不同主索张拉方式下的内力图

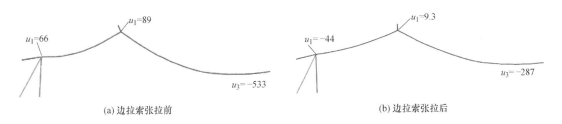

(a) 边拉索张拉前　　　　　　　　　　　(b) 边拉索张拉后

图 1.3-3　次索张拉时屋脊横向位移模拟计算结果

（3）确定施工步骤。为保证各个施工阶段的安全可控，保证施工结束时索的形状与预期的建筑效果一致，对各步施工过程中结构的状态进行了验算和校核。调整初始状态模型，使其吻合按施工加载顺序和大变形得到的初始状态结构内力与刚度等。施工过程模拟分析如图 1.3-4 所示。

4. 风荷载作用分析

本项目为重要、体型复杂且对风敏感的建筑，受风荷载影响较大，因此进行了专门的风洞试验（图 1.3-5）。在进行结构分析时，风荷载数据来源为风洞试验数据结果。

根据屋面区域特点，将各展厅屋面按区域进行分组（图 1.3-6），对风荷载数据进行包络数据提取，同时，将每 30° 角的荷载包络数据作为一个荷载工况数据施加在对应的屋面上，从而进行风荷载作用下的结构受力分析。整体计算时已将 50 年一遇基本风压调整为 100 年一遇基本风压。

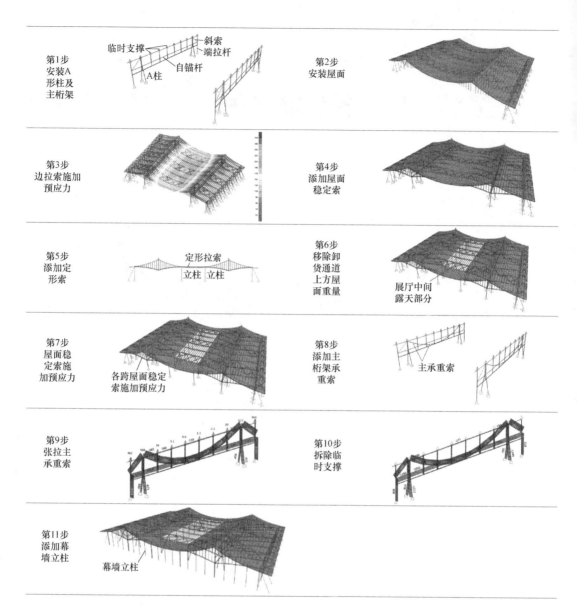

第1步 安装A形柱及主桁架

第2步 安装屋面

第3步 边拉索施加预应力

第4步 添加屋面稳定索

第5步 添加定形索

第6步 移除卸货通道上方屋面重量

第7步 屋面稳定索施加预应力

第8步 添加主桁架承重索

第9步 张拉主承重索

第10步 拆除临时支撑

第11步 添加幕墙立柱

图 1.3-4　施工过程模拟分析

图 1.3-5　风洞试验模型

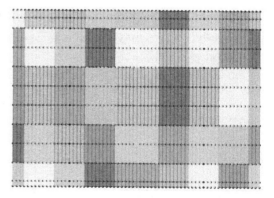

图 1.3-6　A/C 展厅屋面按区域分组情况

分析结果表明，结构在风荷载作用下，侧向层间位移角均小于 1/300，满足规范要求。风荷载对屋面产生较大的上吸作用，屋面产生较大的向上的位移，因此对施工图阶段屋面设计应予以充分的重视。另外，必须保证屋面配重不小于 $1.0kN/m^2$。在风荷载作用下，屋面稳定索有效抵抗了屋面上浮（同时提高屋面刚度，降低风振效应），索拉力未超过其承载力，亦未出现压力。

5. 地震作用分析

计算地震作用时，采取前述施工过程终了的结构状态作为计算的初始状态。地震作用采用反应谱方法及弹性动力时程分析方法进行，并取二者的包络结果用于设计（表 1.3-2）。

A/C 展厅基底地震作用   表 1.3-2

项 目	E_x(kN)	E_y(kN)	E_z(kN)	M_x(kN·m)	M_y(kN·m)
CQC	2407	2967	483	61247	58359
TD00	2756	2772	1301	75619	58338
TD01	2962	2396	1115	50225	76116
RD00	2149	2465	883	49199	69852

由表 1.3-2 可见，各地震波水平向基底剪力与反应谱结果吻合较好，可将反应谱法与时程分析结果的包络值用于结构设计。

但是，时程分析的竖向地震作用与反应谱法有较大差异，说明对于本组大跨索结构，反应谱法不太容易准确计算结构的竖向地震反应。实际设计仍取反应谱法与时程结构的包络值。

6. 防连续倒塌设计

（1）端拉索失效分析

纵向索桁架的上、下部横杆都是钢管而非索，可以起到对 A 形柱的面外支撑作用。因为在设计初期就考虑了没有端拉索的情况，仅靠上、下弦和自平衡杆，索桁架的受力和变形也能控制。进一步的设计分析实现了这种想法。纵向索桁架一端的端拉索失效时，A 形柱顶点位移增大，沿纵向变形为 75.3mm，为总高度的 1/408，如图 1.3-7 所示。结构无失稳问题，安全是可以保障的。

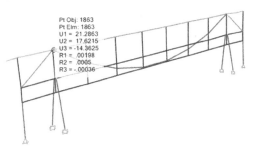 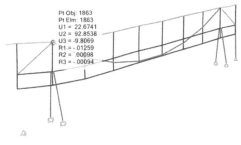

(a) 失效前纵向悬索桁架变形   (b) 失效后纵向悬索桁架变形

图 1.3-7 端拉索失效分析

（2）边拉索失效分析

由于屋盖悬挑端设置了水平支撑，因此一旦有一根边拉索失效，通过屋盖传递水平力，其两侧的边拉索应能分担失效边拉索承担的水平力分量。在计算分析中，使经过 A 形柱上方的屋面索端部一根拉索失效，拉索上方的点 X 向位移变化为 56.94mm，为高度的 1/316，如图 1.3-8 所示。另外，结构未出现塑性铰。可以看出，当出现一根边拉索失效时，两侧边拉索能分担其水平力，展厅的安全是没有问题的。

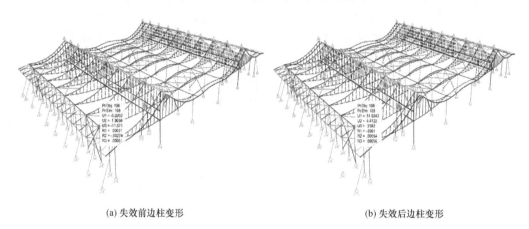

(a) 失效前边柱变形　　　　　　　　　　(b) 失效后边柱变形

图 1.3-8　边拉索失效分析

1.3.2　特殊要点分析

1. 自锚杆稳定分析

主索斜拉索如果倾斜固定，会影响室外空间的使用，并破坏室内效果，为此采用了自锚杆方式，使斜拉索转变方向，垂直落地。自锚杆长度达 105m，压力达到 18000kN，如何在建筑师限制自锚杆尺寸的前提下满足稳定性要求成为主要问题。

自锚杆在主悬索桁架平面外的稳定性，很大程度上取决于间距为 15m 的屋面悬索以及稳定索共同形成的平面外约束作用，平面内的稳定性则取决于主悬索的竖向刚度和屋面的压力。由于自锚杆侧向约束体系复杂，不易将该部分结构从系统中分离出来，因此单构件的稳定分析仍通过整体结构进行，但采用单构件独立施加轴压力的方式作为其稳定分析工况（图 1.3-9）。

自锚杆弹性屈曲模态分析和几何非线性稳定分析表明：①仅恒荷载 D 作用下，弹性屈曲模态中，与自锚杆屈曲相关的首个屈曲模态的屈曲因子为 $k=89895$（图 1.3-10），相应自锚杆的轴向压力约为 89895kN，远大于自锚杆的受压屈服承载力（$N_y = 91420 \times 345 = 31540$kN）。弹性屈曲分析的结果证明稳定不起控制作用。②进行大变形几何非线性分析时，尽管轴向力作用在自锚杆处，但结构失稳变形同样是在主桁架上整体发生的，并且主要发生在下弦杆和上弦杆处，此时自锚杆的变形尚处于可控范围内，这个规律与弹性屈曲分析相同（图 1.3-11）。自锚杆失稳时的应力均大于或等于屈服应力，说明杆件均属强度破坏控制。

2. 卸货通道设计

建筑功能设置了卸货通道上方无屋面（图 1.3-12），导致索全长荷载分布不均匀，自然状态下索无法维持悬链线形状。

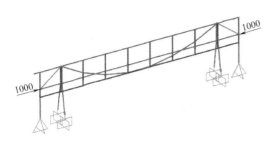

图 1.3-9　自锚杆稳定分析工况　　　　图 1.3-10　自锚杆首阶弹性屈曲模态（$k=89895$）

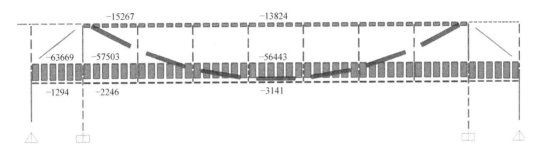

图 1.3-11　自锚杆几何非线性分析失稳时的内力（kN）

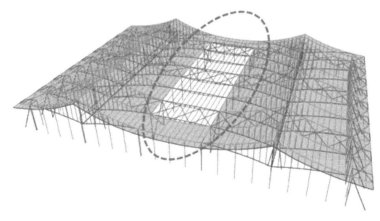

图 1.3-12　卸货通道屋面示意

　　为不影响悬链线的线形，考虑采用相同的外力代替屋面荷载，最终确定用定形索及竖拉杆维护卸货通道处索的形状（图 1.3-13）。

1.3.3　地基基础设计

　　本项目基底荷载差异很大，对应上部结构形式，分别采用不同的地基基础方案。展厅 A 形柱下布置抗压桩；A 形柱的平衡端拉索为纯受拉构件，布置抗拔桩。与次索端部的拉索为斜向纯受拉构件，当存在地下室时，其水平分力由桁架传递给地下室顶板，竖直拉力由抗拔桩承担；当无地下室时，此位置的桩既受拉又受水平推力。

　　由于索结构依靠预应力来保证结构刚度与承载力，因此应对结构基础，特别是索端部、A 形柱等关键构件的基础变形位移进行监测，避免索力松弛。

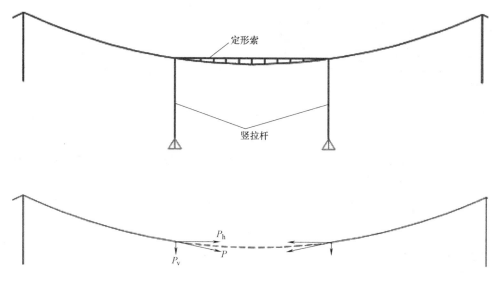

图 1.3-13　定形索与拉杆设置及受力分析

1.4　评议与讨论

石家庄会展中心为实现建筑方案要求的轻巧的大跨度下凹式坡屋面，采用了创新型悬索屋面体系——纵向索通过受压竖杆支撑横向索的双向悬索结构，在国内属首次应用，也是目前国际上唯一具有可靠防连续倒塌性能且跨度最大的同类结构。展厅横向跨度达108m，远大于类似结构的跨度。结构设计具有多项创新，设计难度高、设计方法复杂。

1. 双方向悬索均为柔性结构，两者巧妙地互为支撑

索为柔性结构，一般观念里刚度非常小，但通过张拉，结构构件组合形成了具有可靠刚度的整体。因此，在本项目中，纵向主悬索、固定杆、檩条为横向支承体系提供面外约束，次索、稳定索为纵向支承体系提供面外约束。两者巧妙地互为支撑，达到体系整体稳定。

2. 主、次索受力变形耦联的复杂张拉过程控制

本项目结构体系的特点就是横向索悬挂于竖杆，而竖杆支承于纵向索。横向索为次索，纵向索为主索，主、次索受力变形耦联，互相影响。索结构为柔性结构，张拉顺序、张拉过程设计都会直接影响结构本身。设计者必须对复杂张拉过程进行全过程控制，确定施工顺序的核心逻辑，保证施工全过程中，支承横向索的竖杆位置相对固定，保证稳定传力，同时控制索张拉时对其他索的影响，保证各索的稳定与安全。

3. 主悬索端部不能斜拉落地，设置自平衡杆转换端部索的方向，并用次索为超长大轴力受压自平衡杆提供稳定约束

为保证建筑效果，主悬索端部不能斜拉落地，因而采用受压自平衡杆，使主悬索弯折后垂直落地。结构工程师巧妙地通过多榀次索为受压杆提供侧向约束，有效减小受压杆截面至建筑师可接受的尺寸，对方案的成立至关重要。

4. 对此类索结构备用传力路径的研究与探索，保证屋面抗连续倒塌能力

抗连续倒塌能力是本项目除跨度以外，相对于类似结构的另一显著技术进步。工程师设置了主索固定杆和屋檐桁架，实现备用传力路径。当端拉索或边拉索失效时，临近索能分担其内力，保证结构不会发生连续破坏。

5. 根据风洞试验数据，优化索结构形状和布置，大幅降低风效应

大跨复杂结构的风荷载一直是影响设计的关键因素，风洞试验为设计提供了可靠参数，保证设计的安全性与合理性。通过设置稳定索，有效抵抗风吸力对结构的负面影响，同时提高屋面刚度，降低结构的风振响应。

6. 参数化设计

由于建模复杂繁琐，各构件互相依赖，需反复调整；分析复杂，工况多，施工张拉顺序组合形式多样，需根据分析结果调整优化；数据处理难度大，需多次数据交换等，本项目采用了参数化设计，极大地提高了设计效率与设计质量。

项目通过创新性的体系设计，达到了建筑与结构的完美结合，很好地满足了建筑需求，展现了建筑设计思想。结构工程师不拘泥于成熟结构体系框架，积极探索新的形式与体系，不断创新并持续完善，推动了结构设计自身的发展进步。

附：设计条件

1. 自然条件

（1）风荷载

依据《建筑结构荷载规范》GB 50009—2012，石家庄市 50 年一遇的基本风压为 $0.35kN/m^2$，100 年一遇的基本风压为 $0.40kN/m^2$。屋盖结构整体计算时，基本风压按照 100 年一遇选用。风洞试验由业主委托石家庄铁道大学风工程研究中心完成。整体结构分析时，风荷载取值为《建筑结构荷载规范》GB 50009—2012、《索结构技术规程》JGJ 257—2012 及《风洞试验报告》的包络值。

（2）雪荷载

依据《建筑结构荷载规范》GB 50009—2012，石家庄市 50 年一遇的基本雪压为 $0.30kN/m^2$，100 年一遇的基本雪压为 $0.35kN/m^2$。雪荷载准永久值系数分区为Ⅱ区。雪荷载组合值系数为 0.7，频遇值系数为 0.6，准永久值系数为 0.2。屋盖结构整体计算时，基本雪压按照 100 年一遇选用，并考虑近期石家庄地区的最大降雪量。积雪分布系数分别按照《建筑结构荷载规范》GB 50009—2012 表 7.2.1 中项次 7 和项次 10 以及《索结构技术规程》JGJ 257—2012 附录 A 考虑，并取两者较不利值。

（3）地震作用

抗震设计参数见表 1。

抗震设计参数   表1

抗震设防烈度	设计基本地震加速度	设计地震分组	特征周期值	建筑场地类别
7 度	0.1g	第二组	0.55s	Ⅲ

2. 设计控制参数

（1）主要控制参数

结构设计使用年限为 50 年，结构设计基准期为 50 年，建筑结构安全等级为一级，地基基础设计等级为甲级，基础设计安全等级为二级。建筑抗震设防类别：展厅为重点设防类（乙类），除展厅外为标准设防类（丙类）。抗震设防烈度为7度，乙类抗震措施8度，丙类抗震措施7度。

（2）抗震等级（表2）

抗震等级 表2

结构部位		抗震墙	框架
展厅(A、C、D、E)		—	三级
会议中心(B)	会议区	—	三级
	观光塔	三级	

（3）超限情况

本工程展厅大跨度屋盖采用双向索结构，主承重结构跨度为105m，次承重结构最大跨度为108m，虽然未超过120m，但结构形式较为特殊。按照《建筑抗震设计规范》GB 50011—2010及《超限高层建筑工程抗震设防专项审查技术要点》相关规定，属于"非常用形式"结构体系。

3. 性能目标及相应措施

本项目性能化目标见表3。

性能化目标 表3

抗震烈度(参考级别)		频遇地震（小震）	设防地震（中震）	罕遇地震（大震）
关键构件	A形柱、自锚杆、端跨内撑、端跨边柱、柱间支撑、屋面支撑	弹性	弹性	不屈服
	承重索、拉索、销轴节点、索连接节点	弹性	弹性	弹性
普通竖向构件	其余柱	弹性	弹性	不屈服

根据结构特点与简化模型确定结构关键构件，通过对关键构件可靠度的控制来保证整体结构的安全性。

本项目结构形式决定了索构件及其节点必然是最关键的构件，除此以外，还有如下部分在整体结构中具有关键作用。

（1）A形柱

A形柱是整个屋顶竖向力、水平力的汇集与传导路径。采用钢管混凝土形式以提高竖向支承结构的承载力及延性。

（2）自锚杆

自锚杆是端斜索竖直固定结构成立的必要条件。应主动提高自锚杆的承载能力储备。

（3）端跨内撑与边柱

端跨内撑与边柱是防连续倒塌分析中，在局部失效发生时内力增大最多的部位，同时其自身失效会导致较严重的后果。应主动提高端跨内撑与边柱的承载能力储备。

在具体结构设计时，将上述关键构件抗震等级提高至一级。

4. 结构布置及主要构件尺寸

典型的 A、C 展厅结构平面及立面布置如图 1～图 3 所示。

结构的主要构件尺寸见表 4。

纵向索支撑横向索的竖杆为变截面杆，尺寸如图 4 所示。

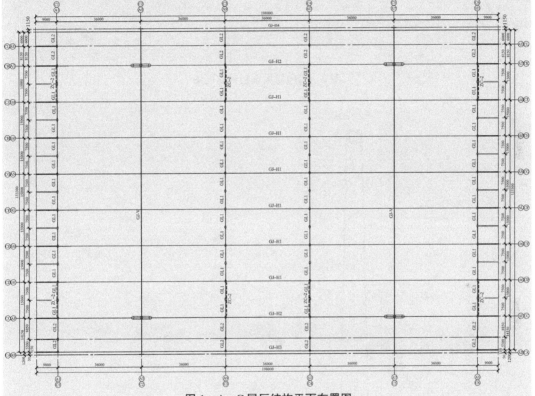

图 1　A、C 展厅结构平面布置图

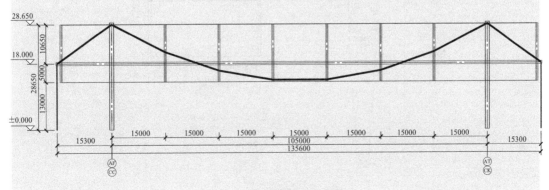

图 2　纵向悬索桁架立面图

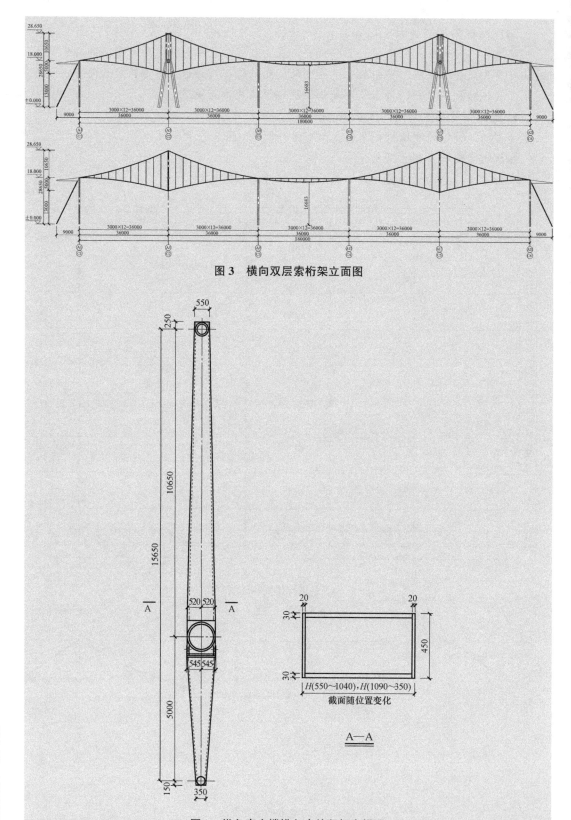

图 3　横向双层索桁架立面图

图 4　纵向索支撑横向索的竖杆大样图

主要构件尺寸			表4
构件	尺寸	材质	备注
纵向主索	4×D133	钢绞线	高钒拉索
纵向主索竖向端拉索	4×D97	钢绞线	高钒拉索
横向悬索	2×D97	钢绞线	高钒拉索
横向稳定索	1×D63	钢绞线	高钒拉索
受压自平衡杆	D1000×30	Q345B	直缝焊管
上弦杆	D500×30	Q345B	直缝焊管
下弦杆	D299×12	Q345B	直缝焊管
A形柱	D1200×40	Q345B	内灌C50混凝土

注：钢绞线钢丝公称抗拉强度为1670MPa，弹性模量不小于$1.6×10^6 N/mm^2$。

第 2 章

中国博览会会展综合体——北块 B1 区结构设计

（摄影：姚力）

2016 年度中国土木工程学会第十四届中国土木工程詹天佑奖

2015 年度上海市优秀工程勘察设计奖一等奖

2015 年度上海市建筑学会第六届建筑创作奖优秀奖

2016 年度中国建筑学会优秀建筑结构设计奖二等奖

2016 年度中国建筑学会建筑创作奖公共建筑类银奖

2017 年度教育部优秀设计奖结构一等奖

2017 年度全国优秀工程勘察设计行业奖二等奖

2017 年度全国优秀工程勘察设计行业奖结构三等奖

结构设计团队：

刘彦生　李　果　经　杰　刘培祥　陈　宏　任晓勇

刘　俊　祝天瑞

2.1 工程概况

2.1.1 建筑概况

中国博览会会展综合体位于上海市西部青浦区徐泾镇，用地面积 85.6hm²，总建筑面积约 147 万 m²，地上建筑面积 127 万 m²，其中会展面积为 53 万 m²，是当时国内最大的会展建筑。

项目于 2014 年建成使用，作为中国国际进口博览会主场馆，至今已举办过五届进博会，为促进国内外商贸交流，让外商共享中国发展机遇做出了巨大贡献。

中国博览会会展综合体建筑造型有如"四叶草"，分为 A、B、C、D 四个外形相同且各自独立的展厅（图 2.1-1）。建筑效果如图 2.1-2 和图 2.1-3 所示。其中，B1 区展厅面积

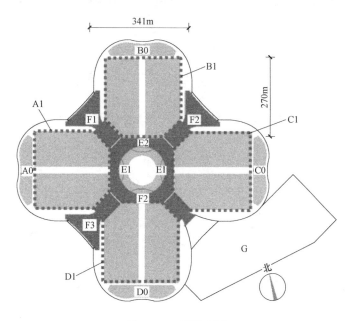

图 2.1-1 平面分区

图 2.1-2 建筑入口效果

（摄影：姚力）

图 2.1-3 建筑局部效果

共 13.6 万 m^2，纵向总长度为 270m，横向总长度约 341m，建筑高度为 43m，屋顶结构标高 41.900m（图 2.1-4），该展厅一期为单层展厅，无地下室。二期的规模提升工程加建了二层展厅。

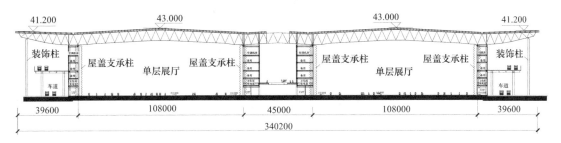

图 2.1-4　展厅建筑剖面图

2.1.2　建筑特点与特殊需求

（1）建筑平面尺寸超大，屋面轮廓最大尺寸为 341m×270m。为实现建筑效果，屋盖要求为一个整体，造成屋盖及下部结构超长，因此，温度作用是需要谨慎对待的问题。

（2）展厅东西两侧存在屋面大悬挑，最大悬挑长度近 40m。

（3）展厅东西两侧悬挑屋面端部布置装饰柱廊，建筑师要求柱截面尽量小，以表现出轻巧、纤细的感觉。

2.2　结构体系与特点

2.2.1　结构体系

本项目屋盖结构整体平面尺寸为 341m×270m。屋盖纵向长度为 270m，支承屋盖桁架的柱网等距离布置，柱距均为 18m，共 15 跨。屋盖横向长度约 340.2m，横向桁架有三跨，跨度分别为 108m、45m、108m，两端分别悬挑，最大悬挑长度为 39.6m。如图 2.2-1 所示。展厅下部支承结构均采用现浇钢筋混凝土框架＋支撑结构体系，中部支承结构为多跨框架，两侧支承结构为单跨框架。

本展厅单体的平面尺度超大，为减小纵向温度作用，简化结构布置，沿纵向划分了结构单元，划分位置设在建筑平面两处展厅通道处。屋盖结构沿纵向被分为 3 个结构单元，结构单元最大宽度为 90m；相邻结构单元间距为 18m。

屋盖结构采用截面形式为空间倒三角形的大跨度圆钢管桁架（图 2.2-2、图 2.2-3），倒三角形上弦钢管间距为 5m，形成合理的檩条跨度 13m。桁架矢高随弯矩图变化，端部收缩；横向三跨连续，分别为 108m、45m 和 108m，两端悬挑近 40m，悬挑跨度考虑内跨弯矩的平衡。相邻结构单元间通过屋面檩条连接，檩条采用一端固定另一端滑动的连接形式（图 2.2-4），建筑屋面仍保持为一整体。屋盖各结构单元沿纵向于桁架支座位置设

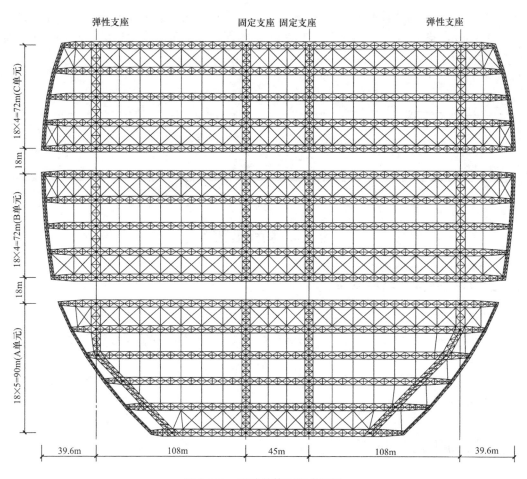

弹性支座　　　　　　　　　　固定支座　固定支座　　　　　　　　弹性支座

图 2.2-1　屋盖结构平面布置图

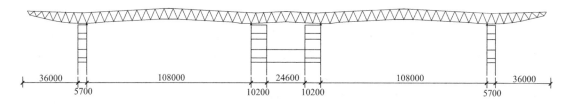

图 2.2-2　桁架结构立面图

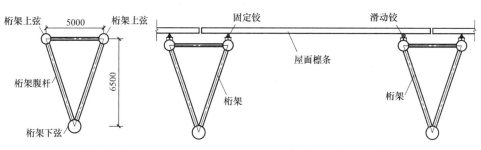

图 2.2-3　桁架横剖面　　　　　图 2.2-4　相邻单元间檩条连接构造

置四道连系桁架，连系桁架采用空间倒三角形。各单元纵向端跨设置屋面水平支撑，水平支撑间采用系杆连系各榀横向桁架。沿跨度方向，水平作用主要通过各榀横向桁架传至支座处，然后通过支座传至下部支承结构。垂直于跨度方向，水平作用传递途径为：各榀桁架通过桁架间系杆传递至各结构单元端部水平支撑，通过水平支撑与桁架间系杆传至支座处腹杆，然后通过支座传至下部支承结构。

展厅外围，建筑师要设置一圈柱廊，结构工程师将此柱廊设计为悬挂于上部桁架的拉杆，用于抵抗风荷载。因为这些抗风柱均为上部吊挂、承受拉力，柱截面被设计得很小，也满足了建筑师的要求。

2.2.2　结构设计思路

1. 分析模型

由于本工程展厅结构为混合结构体系，故采取对下部混凝土支承结构、屋盖钢结构进行单独分析并与整体分析相结合的分析方法，计算分析模型如图 2.2-5～图 2.2-8 所示。结构分析采用了 PKPM、YJK、MIDAS Gen、SAP2000 以及 ANSYS 等多种软件，进行了充分的校验与复核工作。

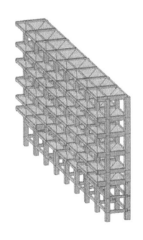

图 2.2-5　B 单元边框架计算模型

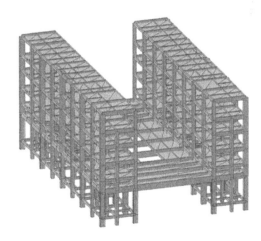

图 2.2-6　B 单元中间框架计算模型

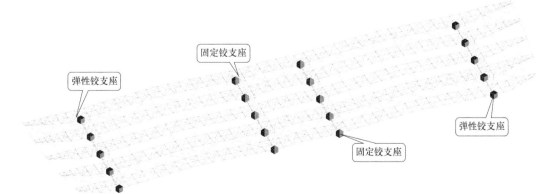

图 2.2-7　B 单元屋盖计算模型

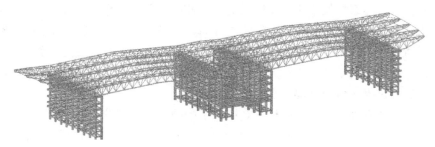

图 2.2-8 B单元整体计算模型

单独分析与整体分析结果表明，正常使用荷载作用下，单独分析结果与整体分析结果基本一致；地震作用时，单独分析结果与整体分析结果略有差别，但差别不大；单独分析模型可适用于本项目。为更准确地反映本结构整体受力特点，本项目设计仍采用整体分析模型。单独模型和整体模型的层间位移角分别见表 2.2-1 和表 2.2-2。

单独模型层间位移角 表 2.2-1

部位	楼层	MIDAS		SAP2000	
		X 方向	Y 方向	X 方向	Y 方向
		层间位移角	层间位移角	层间位移角	层间位移角
边跨(左侧)	6 层	1/1341	1/4181	1/1341	1/4218
	5 层	1/1089	1/3186	1/1087	1/3259
	4 层	1/910	1/2538	1/909	1/2607
	3 层	1/859	1/2339	1/858	1/2351
	2 层	1/899	1/2174	1/898	1/2181
	1 层	1/887	1/1994	1/884	1/1999
	夹层	1/1036	1/2119	1/1031	1/2126
	拉梁层	1/2882	1/5424	1/2866	1/5643
中跨(左侧)	6 层	1/685	1/1526	1/674	1/1607
	5 层	1/713	1/1355	1/699	1/1439
	4 层	1/677	1/1066	1/667	1/1135
	3 层	1/719	1/996	1/726	1/1053
	2 层	1/1002	1/1303	1/1020	1/1430
	1 层	1/993	1/948	1/967	1/1024
	拉梁层	1/2450	1/2314	1/2511	1/2461

2. 屋盖主要分析结果

屋盖结构主要计算结果如图 2.2-9～图 2.2-13 所示。其中，图 2.2-9 和图 2.2-10 分别为最不利包络组合下结构杆件的最大拉应力和最大压应力，包络最大组合时杆件的最大压应力为 -12.9N/mm^2，最大拉应力为 137.6N/mm^2；包络最小组合时杆件的最大压应力为 -124.8N/mm^2，最大拉应力为 18.3N/mm^2。标准组合 1.0 恒荷载＋1.0 活荷载作用下，跨中最大位移为 -222mm（图 2.2-11），相当于结构跨度的 1/487；活荷载作用下，跨中最大位移为 -93mm（图 2.2-12），相当于结构跨度的 1/1161。标准组合 1.0 恒荷载＋1.0 风荷载作用下，跨中最大位移为 246mm（图 2.2-13），相当于结构跨度的 1/439。

整体模型层间位移角 表 2.2-2

部位	楼层	MIDAS		SAP2000	
		X 方向	Y 方向	X 方向	Y 方向
		层间位移角	层间位移角	层间位移角	层间位移角
边跨（左侧）	6 层	1/1421	1/2547	1/1442	1/2528
	5 层	1/1152	1/1860	1/1147	1/1862
	4 层	1/972	1/1452	1/961	1/1441
	3 层	1/953	1/1312	1/944	1/1299
	2 层	1/1042	1/1344	1/943	1/1335
	1 层	1/995	1/1217	1/983	1/1210
	夹层	1/1013	1/1325	1/1002	1/1362
	拉梁层	1/2701	1/3439	1/2690	1/3425
中跨（左侧）	6 层	1/698	1/1164	1/681	1/1127
	5 层	1/802	1/1101	1/782	1/1069
	4 层	1/778	1/892	1/764	1/862
	3 层	1/831	1/849	1/825	1/828
	2 层	1/1025	1/1154	1/998	1/1121
	1 层	1/896	1/806	1/902	1/789
	拉梁层	1/2260	1/1948	1/2313	1/1887

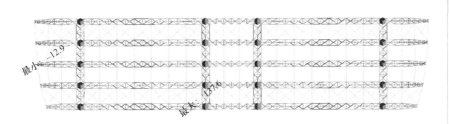

图 2.2-9　应力云图（包络最大）

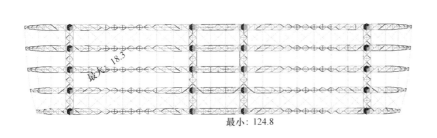

图 2.2-10　应力云图（包络最小）

第 2 章　中国博览会会展综合体—北块 B1 区结构设计

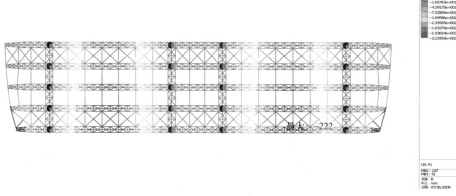

图 2.2-11　1.0 恒荷载＋1.0 活荷载作用下竖向变形

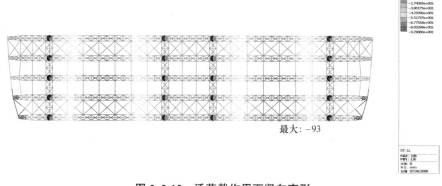

图 2.2-12　活荷载作用下竖向变形

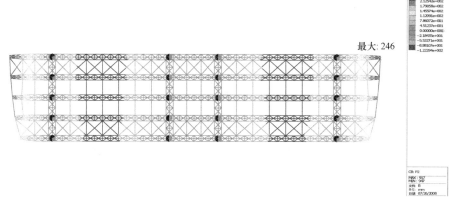

图 2.2-13　1.0 恒荷载＋1.0 风荷载作用下竖向变形

3. 抗震性能化设计

本项目为超限工程，进行了抗震性能化设计。采用通用有限元软件 SAP2000 进行罕遇地震作用下的动力弹塑性时程分析。根据地震动的频谱特性以及结构自振特性等参数，选择了 2 条天然波及 1 条人工波。为简化计算，屋面交叉支撑未参与整体分析，计算结果均满足规范要求。

中部框架在罕遇地震作用下最大层间位移角为 1/72，未超过 1/50 的限值（表 2.2-3）。在 3 条地震波作用下，屋盖桁架结构跨中最大竖向位移为 268.7mm，挠度/跨度为 1/402，满足规范要求（表 2.2-4）。

最大层间位移角 表 2.2-3		
地震波	X 向	Y 向
SHW1	1/196	1/72
SHW3	1/159	1/147
SHW4	1/133	1/102

跨中节点竖向位移（mm） 表 2.2-4			
	地震波	X 向	Y 向
时程分析	SHW1	268.7	247.0
	SHW3	265.5	247.6
	SHW4	252.8	250.9
	包络值	268.7	250.9

在 X 向地震波作用下，屋盖桁架基本未出现塑性铰。在 Y 向地震波作用下，屋盖桁架弦杆、上下弦间斜腹杆等主要构件均未出现塑性铰，仅支撑构件出现塑性铰，且绝大部分处于或低于 CP 阶段。动力弹塑性时程分析结果表明：屋盖桁架各构件满足抗震性能目标的要求。

2.2.3 结构设计要点及解决方法

1. 超大体量建筑关键作用分析与处理

本项目难点在于建筑平面尺寸超大，单体建筑面积达 $85470 m^2$，建筑设计要求屋面保持为一整体，同时由于预算控制，需尽量降低造价，减少用钢量。屋面及下部结构超长，温度作用非常明显。针对上述条件，屋盖桁架结构横向中间两个支座采用抗震球铰支座，两端支座采用弹性钢支座，以释放大部分横向温度应力。纵向将屋盖及下部结构分为三个结构单元（参见图 2.2-1），通过减小单元长度来降低温度作用效应。单元间通过屋面檩条连接，即一端固定铰，另一端为滑动铰（参见图 2.2-4）。通过檩条的此类连接方式，既保证了建筑屋面形态的完整性，又简化了传力路径，受力更为合理且降低了结构分析的复杂性。

2. 基于力学机理的桁架设计

由于存在多跨连续和端部悬挑，结合本项目的建筑外观特点，屋盖采用了桁架结构。针对桁架结构，着重从悬挑长度和桁架矢高两方面入手确定合适的尺寸。为改善屋盖桁架受力性能，选择合适悬挑长度，使其符合增大结构刚度、降低结构内力的力学规律。最终桁架悬挑端产生的最大负弯矩与相邻跨跨中产生的正弯矩基本一致，如图 2.2-14 所示。就矢高而言，逐步增大结构矢高，确定适宜矢高以增大结构刚度，一方面降低弯曲作用产生的内力以减小上、下弦杆的截面，另一方面降低剪力作用产生的内力以减小腹杆截面。最终在桁架高度和杆件尺寸间取得了一个平衡，也满足了建筑师对空间和效果的要求。

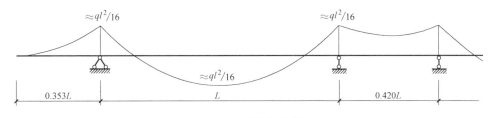

图 2.2-14 悬挑长度分析

3. 屋面支撑体系优化布置

桁架结构的平面外稳定是结构设计中的重点考虑因素，桁架结构的稳定性与屋面支撑系统布置方案息息相关。本项目深入分析了屋面支撑的布置方式、布置间距及其效率情况，认为屋面水平支撑对于桁架结构水平作用传递和保障桁架结构稳定性的作用非常大，屋面水平支撑布置间距影响水平作用传递效率和桁架的稳定性能。本项目通过特征值屈曲分析、非线性稳定性分析、动力弹塑性分析等手段，采用简洁明确的支撑体系，改善了支撑的布置形式，优化了结构布置方案，降低了工程量且便于结构安装。纵向支撑仅在支座处设置纵向桁架（参见图 2.2-1），屋盖桁架整体屈曲模态表现为屋面水平支撑处相邻系杆间的局部屈曲，如图 2.2-15 所示。

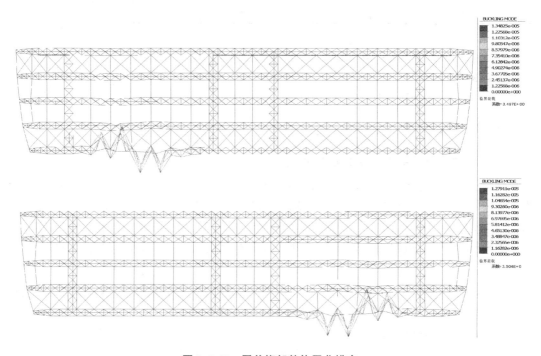

图 2.2-15 屋盖桁架整体屈曲模态

4. 与建筑装饰柱廊结合的结构抗风设计

屋盖桁架悬挑长度最大约 40m，对于恒荷载、活荷载等通常的竖向荷载而言，由于与相邻内跨度尺寸较为协调，此悬挑长度属于经济的悬挑尺寸。但是，风荷载对大悬挑结构非常不利，应采取有效措施克服风荷载的不利影响。本项目屋盖桁架悬挑端范围内周圈均设有装饰柱廊，装饰立柱内部有条件设置高强度钢拉杆充当抗风拉杆。抗风拉杆仅承担风吸作用产生的拉力，不承担竖向荷载作用可能产生的压力。经过分析，采用抗风拉杆后，结构的整体变形和内力均有较大改善，内力最大幅值可降低约 100%，如图 2.2-16 和图 2.2-17 所示。在自重、恒荷载及风荷载作用下，抗风柱处于受拉状态，内力值为 875.4kN。结构的变形及内力与无抗风柱的情况对比详见表 2.2-5，分析时，可通过合理调整构件施工顺序完成。由于装饰立柱悬挂于上部桁架，柱截面可做到最小且可采用建筑师要求的截面形式，一定程度上也降低了工程成本。

图 2.2-16　未设置抗风拉杆内力图

图 2.2-17　设置抗风拉杆内力图

自重、恒荷载及风荷载作用下结构有无抗风柱的计算结果对比　　　　　表 2.2-5

结构设置	边跨节点位移 (mm)	悬挑端节点位移 (mm)	边跨最大轴力(kN)		悬挑端最大轴力(kN)	
			拉	压	拉	压
无抗风柱	−120	250	3483	−2846	2376	−964
有抗风柱	−57	10	1311	−1598	549	−1063

2.3　地基基础设计思路

本工程采用桩基础。根据与地铁的距离，考虑 50m 影响线范围，分别选用长短不一的钻孔灌注桩和 PHC 管桩。同时，因为展厅地面展陈荷载要求为 $50kN/m^2$，考虑 50m 影响线范围，在展厅地面采用了 PHC 管桩复合地基处理方案和钻孔灌注桩复合地基处理方案。

2.4　评议与讨论

本工程在项目周期紧张、设计时间很短的情况下，采取分段设计的结构方案，确保了项目按时完成，并使 B 展厅率先投入使用。同时，分段设计方案在推进过程中解决了多方面的问题，可供类似工程参考。具体而言，本工程设计有如下亮点。

（1）为解决超大建筑平面钢结构的温度应力问题，提出一系列设计理念与创新措施，有效地释放了温度应力，减少了用钢量。

① 对温度作用采取"放"的思路。屋盖横向在边支座设置弹性支座，释放边跨的温度应力，也减小边支座承受的水平力；纵向结构通过划分为 3 个单元，以檩条为伸缩件，有序、受控地释放温度应力，同时保持建筑整体不设缝。

设计中还对桁架的形式进行了研究，发现桁架的形状、坡度对温度应力有显著影响。对桁架算例 F 和 G 的计算表明（图 2.4-1），由于算例 G 的桁架具有约 2.5％的坡度，杆件的温度应力普遍下降，其中跨中的 S6 杆件应力由 124MPa 下降至 74MPa，降低了 40％（表 2.4-1）。因此，对于大跨度钢结构屋面来说，需要注重其形式对温度应力的影响。

(a) 算例F

(b) 算例G

图 2.4-1　桁架算例计算结果

横向桁架各算例杆件最大正应力（MPa）　　　　　　　　　　　表 2.4-1

算例	S1 杆件	S2 杆件	S3 杆件	S4 杆件	S5 杆件	S6 杆件
F	−72	0	−5	49	−78	−124
G	−61	0	−5	43	−67	−74

② 对具体的温度变化范围进行了精细化研究。在细致查阅并分析太阳辐射照度影响、当地历史气温变化的基础上，确定温度作用的取值为±30°，从而为合理分析温度作用效应、确定经济的结构体系和构件截面提供了坚实的理论基础。

工程结构温度作用主要有年温度作用、日照温度作用、骤降温度作用。在大跨度钢结构屋盖工程设计中，可认为年温度作用引起结构各构件截面的温度均匀变化，而日照温度作用、骤降温度作用引起屋面构件上下表面温度差。一般来说，大跨度钢结构屋盖的温度作用建议包含两方面：一是年温度作用引起结构整体温度的均匀变化；二是日照温度作用引起的结构不同区域构件、内外表面构件的差异温升。上述第二项的差异温升是否考虑，需要结合屋面做法具体分析，如果屋面保温隔热性能好，结构构件受日照温度影响小，则可以不考虑，反之宜考虑。

（2）对释放节点采取针对性设计，保证使用功能与建筑效果。采用檩条伸缩件使结构在分单元的同时，建筑形态保持完整，檩条滑动端伸缩自如，为直立锁边屋盖防渗漏设计提供明确的结构变形状况，减小屋面漏水概率。竣工完成至今，屋盖防水效果良好，未发现渗漏情况。

对大尺度的钢结构屋面，温度作用是绕不开的问题。为降低温度应力和反力，需要释放约束，这些位置相对变形会较大，但好处是变形位置很明确。这与较长的混凝土女儿墙设置伸缩缝的思路一样，即控制裂缝或变形出现的位置，建筑上进行针对性地有效处理，出现漏水等问题的可能性更小。

（3）用超大长细比外围廊柱同时解决风吸问题。建筑师要求的展厅外围廊柱截面很小，长细比大，结构技巧性地使柱始终处于受拉状态，既实现建筑的要求，又能改善屋面大悬挑所受风吸力，使风荷载作用下结构杆件内力大为降低，同时提高了桁架设计的经济性。采用的特殊柱脚构造保证了柱处于受拉不受压的状态。

当前设计中，建筑师常常提出柱子要细的要求，从结构受力角度，柱一般要设计成受拉柱或者轴心受压铰接柱才易实现较小的截面尺寸，因而一定要搭配其他的抗侧力构件，比如普通的框架或抗震墙、支撑等。另外，这类柱的柱端支座设计需确保与计算假定一致。

（4）为保证在极短项目周期下按时完工，本项目采用了快速模块化设计与施工的思路，将大面积不规则屋面结构划分出相似单元，使结构中部单元与北部单元尺寸与布置基本一致，实现了单元的模块化，使设计和钢结构深化加工工作量大为减少。

附：设计条件

1. 自然条件

（1）风荷载

基本风压为 0.60kN/m² （100 年一遇），地面粗糙度类别为 B 类，风荷载体型系数、风振系数按照风洞试验报告取值。风荷载最终取风洞试验与荷载规范包络设计。

（2）雪荷载

基本雪压为 0.25kN/m² （100 年一遇），大跨度屋盖结构应考虑积雪不均匀分布系数影响。

（3）温度作用

根据当地情况，计算时温度取值为 ±30℃。屋盖结构合拢温度暂定为 15~20℃，应根据实际合拢温度进行设计复核。

（4）地震作用

抗震设计参数见表 1。

抗震设计参数   表 1

抗震设防烈度	设计基本地震加速度	设计地震分组	特征周期值	建筑场地类别
7 度	0.10g	第一组	0.90s	Ⅳ类

2. 设计控制参数

本项目为大型会展建筑，结构设计使用年限为 50 年，结构耐久性年限为 100 年，建筑结构安全等级为一级。建筑抗震设防类别为重点设防，地基基础设计等级为甲级，建筑耐火等级为一级。

根据本项目的具体特点，屋盖结构跨中竖向变形控制限值为 $L/300$（L 为最小结构跨度），悬挑端竖向变形控制限值为 $L_1/150$（L_1 为悬挑长度）。关键构件应力比控制限值为 0.85，一般构件应力比控制限值为 0.90。

3. 抗震性能目标

本项目除按照一般程序进行结构设计外，还根据设定的抗震性能目标，进行性能化设计（表 2）。

主要构件抗震性能目标   表 2

项目	多遇地震	设防地震	罕遇地震
桁架支承柱	弹性设计	弹性设计	正截面不屈服,斜截面弹性
屋盖桁架	弹性设计	弹性设计	不屈服
桁架支座	弹性设计	弹性设计	弹性设计

4. 主要构件尺寸

桁架各构件尺寸（mm）为：腹杆截面采用（180×8）~（299×12）共 8 种规格，上弦杆截面采用（426×16）~（450×20）共 4 种规格，下弦杆截面采用（560×18）~（600×30）共 4 种规格，材质均为 Q345B。抗风拉杆为实心钢棒，直径为 120mm，材质为 Q550。

第 3 章

九寨沟景区沟口立体式游客服务设施建设项目游客集散中心结构设计

2021 年度全国优秀工程勘察设计行业奖建筑设计一等奖

2021 年度教育部优秀工程设计奖建筑设计一等奖

2022 Architizer A＋奖 建筑＋环境：大众评选奖

2022 年 Active House Award 入围奖

结构设计团队：

陈　宏　刘　湘　许锦燕　王晓鹏　江　波　罗云兵

刘　爽

3.1 工程概况

3.1.1 建筑概况

2017年8月8日，四川省九寨沟县发生7.0级地震，地震最大烈度为9度，造成九寨沟景区房屋及基础设施严重损毁。震后九寨沟景区进行了恢复重建，景区沟口的立体式游客服务设施建设项目是其中规模最大和最具标志性的建筑群（图3.1-1）。项目坐落在九寨沟景区沟口白水河与翡翠河交汇之处，总建筑面积约3万 m^2，包括游客集散中心、展示中心、国际交流中心与水上餐厅等。游客集散中心包含入口罩棚、检票口罩棚、集散广场和智慧中心（图3.1-2、图3.1-3），与展示中心共同组成了该项目核心建筑，二者的屋面为整体连续的曲面，具有鲜明的建筑形象（图3.1-4）。

图 3.1-1 项目俯瞰图

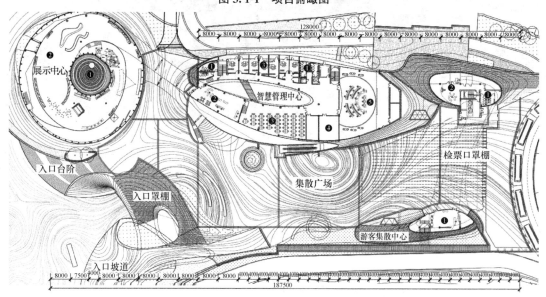

图 3.1-2 游客集散中心与展示中心平面图

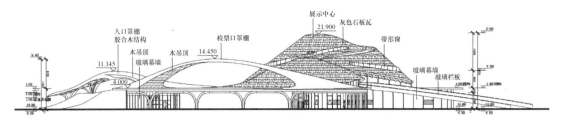

图 3.1-3　游客集散中心与展示中心立面图

图 3.1-4　游客集散中心与展示中心

3.1.2　建筑特点与需求

项目位于风景优美的九寨沟景区，建筑师希望新建建筑可以与当地山水形态相呼应，使建筑与自然环境融为一体，最终采用的建筑方案具有如下特点。

（1）严格控制建筑物的高度，避免因建筑物过高而遮蔽周边自然景观。同时，室内净高要求也很苛刻。在建筑高度与室内净高的双重挤压下，结构构件高度受到严格限制。

（2）建筑屋面采用不规则流线形曲面以融入周边环境，入口罩棚、检票口罩棚与展示中心的屋面造型尤其复杂。其中，展示中心是一个底部直径达 49m 的开口海螺形结构（图 3.1-5），且构件截面高度不能超过 400mm。

图 3.1-5　海螺形的展示中心

（3）游客集散中心的集散广场下设置 36 根开花柱，建筑师希望这些开花柱本身就是结构构件，不要以装饰构件去实现。

（4）建筑师要求游客中心入口大跨度罩棚采用木结构以贴合自然，且木结构要作为结构构件外露，表面不做装饰（图 3.1-6、图 3.1-7）。

图 3.1-6　入口罩棚实景

图 3.1-7　入口罩棚下外露的木结构

3.2　结构体系与特点

3.2.1　结构体系

游客集散中心与展示中心虽然屋面造型连续，但在结构体系上设防震缝，将二者分开。游客集散中心采用了钢筋混凝土抗震墙＋钢框架的结构体系，主要考虑如下因素：①游客集散中心的入口罩棚和检票口罩棚具有拱的形式，在支座处产生较大推力，需要设置抗侧力构件；②游客集散中心是防灾避难场所，结构体系需要有二道防线。

游客集散中心结构平面尺寸长约 176m，宽约 76m，首层高度为 5.5m，二层最高点标高约为 15m。主要柱网为边长 16m 的正三角形网格，网格角点为开花柱（图 3.2-1），

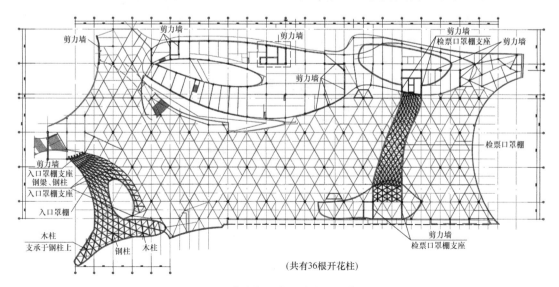

（共有36根开花柱）

图 3.2-1　游客集散中心结构平面布置图

抗震墙布置在罩棚两侧推力较大的位置，以及楼梯间、电梯间、卫生间等不影响人流通行的区域。

游客集散中心入口罩棚采用了互承式胶合木＋钢组合结构。罩棚一侧支撑在抗震墙上，另一侧支撑在 3 根开花柱上，另有局部支撑在集散中心主体结构上，最大跨度约 35m，最大悬挑长度约 8m（图 3.2-2、图 3.2-3）。检票口罩棚采用两道空间双曲方钢管拱梁，拱梁支撑在两侧的抗震墙上，跨度达 40m（图 3.2-4）。

展示中心下部结构为框架结构，其海螺形屋面采用单层钢结构网壳。

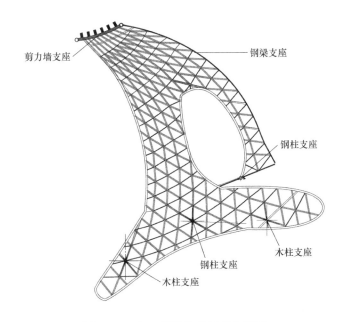

图 3.2-2　入口罩棚结构平面布置图

图 3.2-3　互承式胶合木结构

图 3.2-4　检票口罩棚钢拱梁

3.2.2　结构特点

本项目建筑师对造型、材料、空间均提出了很高的要求,结构设计中着力解决了以下几方面问题。

(1) 开花柱异形钢结构的设计。游客集散中心设置 36 根开花柱以实现建筑效果,建筑构件即结构构件,开花柱组成了类似三向拱形门式钢架交汇的异形钢结构。开花柱的传力特点、构件稳定及对结构体系的影响是本项设计的重点。

(2) 入口罩棚及检票口罩棚的钢木组合结构设计。建筑师希望在入口罩棚中采用木构件作为真正的受力构件,但现代木结构基本是以钢木组合结构的形式出现,单独使用较少。入口罩棚最终采用互承式胶合木＋钢组合结构,是一种平衡建筑效果和结构合理性的折中方案。检票口罩棚则是受力合理的典型拱结构,以钢拱梁为主受力结构,木构件起到保证拱梁侧向稳定的作用。

(3) 展示中心屋顶单层空间网壳结构设计。展示中心的屋面梁高度被严格限制在400mm,通过一定的设计技巧,使单层网壳充分发挥空间作用的潜能,满足建筑师的要求。

3.3　设计要点与分析

3.3.1　开花柱异形钢结构设计

标准开花柱在标高 2.7m 以上沿周圈每隔 60° 伸出一支 250mm 宽、500mm 高的弧形工字钢支撑,共伸出 6 个支撑。标高 2.7m 以下的开花柱截面如图 3.3-1 所示,中部为芯柱。弧形工字钢支撑的上翼缘交于芯柱的外壁,下翼缘及腹板沿着芯柱外壁自然垂入地面(图 3.3-2、图 3.3-3),由此形成开花柱的造型。

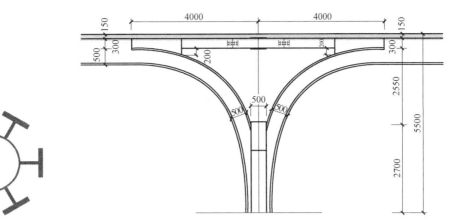

图 3.3-1　标高 2.7m
以下开花柱截面

图 3.3-2　标准开花柱侧视图

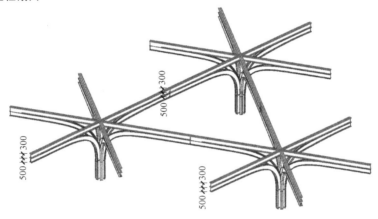

图 3.3-3　开花柱单元轴测图

开花柱框架为跨度 16m 的正三角形网格，平面布置如图 3.3-4 所示。上部屋面为人

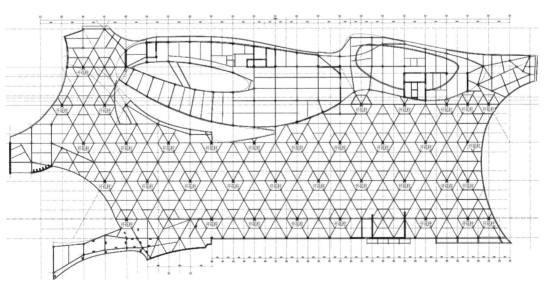

图 3.3-4　开花柱平面布置

行、车行平台或绿化用地，建筑做法最小厚度为 600mm，最小荷载为 $900 kg/m^2$，荷载大，跨度大。同时，钢梁高度需要控制在 800mm 以内。

开花柱的设计主要需解决等效简化计算、弧形支撑拱效应分析、弧形支撑稳定分析、抗侧力性能分析等问题。

1. 开花柱的等效简化计算

开花柱在 2.7m 以上为分叉的弧形支撑，在 2.7m 以下是一个非常规的截面，在整体模型中需要采用适当的等效截面代替实际截面，并计算得到比较准确的内力。本项设计中，开花柱竖直段按照刚度等效原理等效成钢管混凝土柱参与计算，弧形支撑采用两段式直线形支撑进行简化模拟。

（1）为简化工程计算分析，将开花柱竖直段截面等效为钢管混凝土柱，等效的原则是使二者的抗弯刚度一致。因为根据规范，结构的楼层水平地震剪力按抗侧力构件的等效刚度进行分配。对于框架柱，此等效刚度是指柱的抗推刚度，其与柱的抗侧刚度 D 值成正比，进而与抗弯刚度 EI 成正比。因此，开花柱和等效柱的抗弯刚度需满足下式：

$$E_c I_c + E_s I_s \approx E_{eq} I_{eq}$$

式中，$E_c I_c$ 为混凝土提供的抗弯刚度，$E_s I_s$ 为钢材提供的抗弯刚度，$E_{eq} I_{eq}$ 为等效柱的抗弯刚度。通过计算，等效柱确定为直径 800mm、壁厚 21mm、内灌 C40 混凝土的钢管混凝土柱（图 3.3-5）。

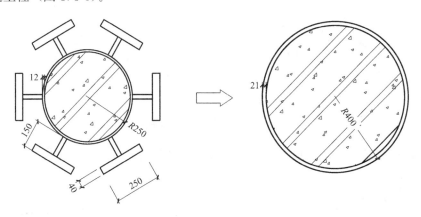

图 3.3-5　开花柱的等效截面

（2）在整体计算中，弧形支撑采用两段式折线支撑进行简化模拟并验算承载力。为保证简化计算的可靠性，建立了弧形支撑的有限元模型，输入整体模型杆端内力进行补充分析（图 3.3-6），结果表明，弧形支撑内力小于整体模型中折线支撑的内力值，采用两段式折线支撑进行简化计算可以保证结构的安全。

2. 弧形支撑拱效应分析

开花柱伸出的弧形支撑水平长度

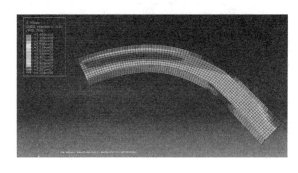

图 3.3-6　有限元分析结果

达 4m，在柱间形成了拱形结构，不再是梁式结构。拱形支撑以受轴力为主，原框架梁跨中段的弯矩显著减小，拱形支撑与原框架梁跨中段组成主要的拱传力路径，使原支座段框架梁内力大为降低。以下为具体分析结果。

参照组为普通框架，算例 1 为标准开花柱框架（图 3.3-7），框架梁弯矩和弧形支撑受力计算数据如表 3.3-1 所示。弧形支撑主要承受轴力，轴力达 1262kN，弯矩仅44.8kN·m。框架梁跨中及支座弯矩均减小 40%。开花柱框架在竖向荷载作用下具有明显的拱形传力特征（图 3.3-8）。GKL1、GZC1、Z1 为主要的连续传力路径，截面尺寸为500～800mm。GKL2 即支座段框架梁截面仅需 300mm。

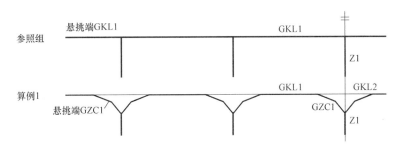

图 3.3-7　对比计算简图

开花柱竖向荷载作用下主要构件内力对比　　　　　表 3.3-1

项目	框架梁跨中弯矩 （kN·m）	框架梁支座弯矩 （kN·m）	弧形支撑轴力 （kN）	弧形支撑弯矩 （kN·m）
参照组	216	214.7	—	—
算例 1	130.6	128.8	1262.1	44.8
数据对比	−40%	−40%		

图 3.3-8　竖向荷载拱形传力示意

3. 弧形支撑稳定分析

弧形支撑为压弯构件，轴力超过 1000kN，但截面尺寸却受限，支撑工字钢翼缘宽度根据芯柱周长的六等分确定，仅为 250mm。在此条件下需要保证支撑构件的稳定性。

弧形支撑的稳定受弱轴控制，即工字钢面外稳定控制，如果能设置环向支撑，则容易解决弧形支撑的稳定问题，但此方案不被建筑师接受。因此本设计中通过增大工字钢翼缘厚度来提高稳定承载能力。弧形支撑参照《拱形钢结构技术规程》JGJ/T 249—2011 第6.2.3 条验算强轴稳定，参照《钢结构设计标准》GB 50017—2017 第 8.2.1 条验算弱轴稳定。取最不利内力进行验算，控制平面外稳定承载力比值在 0.9 以下（计算结果为0.898），此时平面内稳定承载力比值为 0.567。另外，中间段框架梁在与弧形支撑相交位置提供了一定约束作用，有助于弧形支撑的稳定，提高了安全储备（图 3.3-9）。

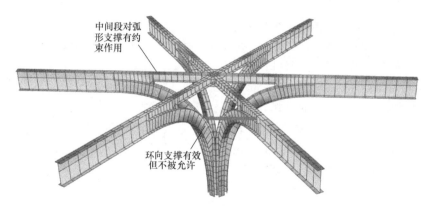

中间段对弧
形支撑有约
束作用

环向支撑有效
但不被允许

图 3.3-9　弧形支撑稳定分析示意

4. 开花柱框架抗侧力性能分析

开花柱框架不仅在竖向荷载传递上具有特点，在抵抗水平作用方面也与普通框架结构存在区别，对标准开花柱框架结构和普通框架结构进行的对比分析表明，本项目开花柱框架抗侧刚度比普通框架提高 50%。对比分析的参照组为普通框架，算例 1 为标准开花柱框架。在楼层标高作用 1000kN 的水平推力，各算例参考点的水平位移如表 3.3-2 所示。

框架水平位移　　　　　　　　　　　　　　　　　　　表 3.3-2

算例编号	参考点位移(mm)
参照组	5.299
算例 1	3.602

综上所述，开花柱框架具有拱形传力特点，在传递竖向荷载时，比普通框架更有优势。同时，开花柱框架也具有良好的抗侧刚度，其造型不仅满足了建筑追求的效果，结构体系也是合理、高效的（图 3.3-10）。

图 3.3-10　开花柱建成后实景

3.3.2　钢-胶合木组合结构罩棚设计

1. 入口罩棚设计

入口罩棚是景区最重要的造型建筑（图 3.3-11），与水花玻璃雕塑组合成九寨沟的标志（LOGO）。建筑师希望入口罩棚采用木结构，但是，入口罩棚的形状为双向空间曲面，而木构件无法加工成双向弯曲的构件，也无法胜任双向空间曲面中复杂的弯剪扭受力状态。因此，罩棚采用了互承式胶合木＋钢组合结构，其中钢构件用于替代木构件受力不合适的部分，而胶合木部分则采用了一种互承式结构（图 3.3-12），以满足曲面造型的需求。实际上，现代的木结构基本是钢木组合结构，两者的结合是一种合理且常见的解决方案。

图 3.3-11　入口罩棚实景

互承式结构体系有如下构造特点：①所有构件均短于总跨度，且互相支撑；②所有断开的构件与连续构件的侧面连接均采用铰接节点；③不存在两根构件在同一端点对接的情况。

图 3.3-12　互承式胶合木结构

互承式胶合木结构单根构件的长度较小，便于加工与运输。同时，能用较短的构件实现大跨度双向空间曲面，是本项目采用这种结构的主要原因。但是，互承式结构有大量的相交节点，节点的加工误差、施工误差和滑移量累积起来的变形量相对于过去常见的大跨度木结构可能会大大增加，需执行严格的施工控制措施。

互承式结构比较适用于标高变化显著的拱、壳形结构，而入口罩棚的造型无法形成有效的拱壳传力模式，实际是一种不规则网格互承式胶合木结构体系，这也造成该体系中比较多的构件需要用钢构件来代替，入口罩棚中的具体材料使用见图 3.3-13。

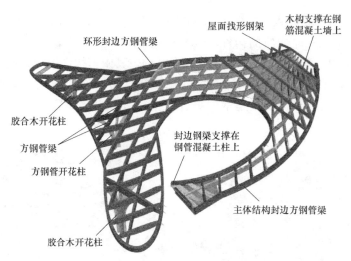

图 3.3-13　入口罩棚结构及材料

胶合木自身的材料特性是横纹承压能力弱、横纹抗剪能力很弱，无法承受扭矩，因此结构布置时有几类构件需要用钢构件代替：①应力大的构件，例如三根开花柱中中间的那根以及与之相连的梁；②明显受扭的构件，例如封边梁，均采用 800mm×300mm×14mm 方钢管梁；③横纹受压超过承载力的构件。

为进一步减小木结构承担的荷载，利用抗震墙支座附近罩棚厚度较大的条件，设置架空钢结构体系（屋面找形钢架），将屋面荷载直接传递给封边钢梁和游客集散中心平台的主体结构。

2. 检票口罩棚设计

检票口罩棚拱效应显著，采用两道空间双曲方钢管拱梁支撑在两侧的抗震墙上，跨度约 40m，矢高约 4m，矢跨比 1/10，受力合理。钢拱梁之间采用胶合木构件相连以保证拱梁的侧向稳定（图 3.3-14）。钢拱梁虽然在平面上也有弯曲，但是分析表明其受力仍以面内压弯为主，面外弯曲造成的应力和变形均可控（图 3.3-15）。

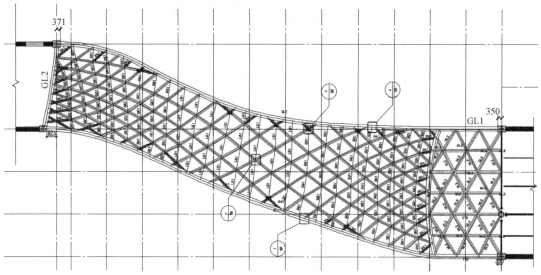

图 3.3-14　检票口罩棚空间双曲钢拱梁

图 3.3-15　检票口罩棚完成后实景

3.3.3　展示中心单层空间网壳设计

展示中心主体结构为钢框架结构，屋面为单层网壳结构，其空间造型类似于中间有不规则椭圆形天井的海螺形结构，内部空间±0.0m 至 6.8m 楼面均为螺旋上升的坡道，坡度为 3‰～5‰，标高 11m 处有一层水平平台。屋面大体上类似于削顶的圆锥面，屋面下边缘标高约为 6m，直径约为 49m，上边缘最高处标高约为 22m，顶部直径长向约为17.7m，短向约为 15.3m，屋面采用单层钢结构网壳，顶部环形箱梁仅端部与核心筒钢柱连接。如图 3.3-16～图 3.3-19 所示。

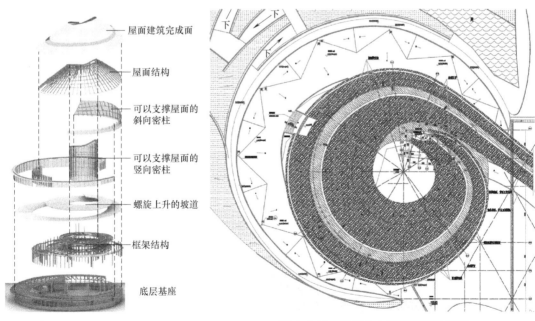

图 3.3-16　展示中心结构体系组成

图 3.3-17　展示中心屋顶平面示意图

1. 展示中心单层屋面网壳设计思路

展示中心屋面为单层网壳结构，因建筑效果要求，展示中心屋面径向梁截面需控制在400mm×200mm，环向梁截面控制在 200mm×200mm，立柱截面控制在 400mm×200mm。

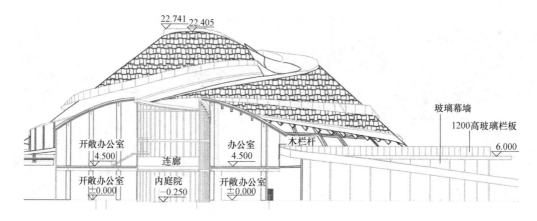

图 3.3-18　展示中心剖面图一

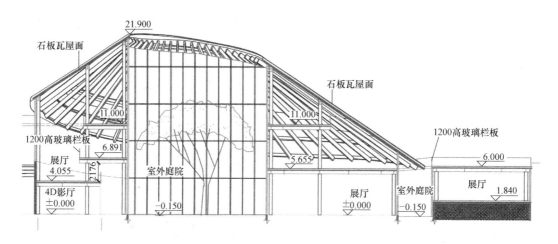

图 3.3-19　展示中心剖面图二

如果径向梁按常规的梁来设计,两端分别支撑在外环立柱和庭院内环立柱上,结构跨度将达到 20m,而瓦屋面做法荷载约为 150kg/m²,在此条件下径向梁最小尺寸也需要 600mm 高,无法满足建筑要求。设计采用的办法是利用屋面近似圆锥台的形式,将其设计为中间开洞的单层网壳结构,此时内环庭院立柱必须与屋面顶部环形箱梁脱开,并留有足够的距离使环形箱梁可自由发生竖向位移。形成的网壳底部外环直径约为 49m,顶部中央偏心位置开有长向约 17.7m、短向约 15.3m 的不规则洞口,底部至顶部高差为 12~16m。分析表明,可形成空间传力模式,从而优化结构受力,减小屋面构件高度。

屋面网壳结构布置如图 3.3-20 所示。沿顶部洞口设置有 800mm×300mm 的环形箱梁,箱梁仅一端与核心筒连接。沿屋面曲面设置 400mm×200mm 的径向梁,一侧与环形箱梁相连,一侧与间距 2.8m 的外环方钢管柱相连,环向设置 200mm×200mm 的环向梁,间距 3m。四周柱顶高度约 6m,环形箱梁高度约 18~22m,径向梁最大跨度平面投影约 20m,最小跨度约 14m。

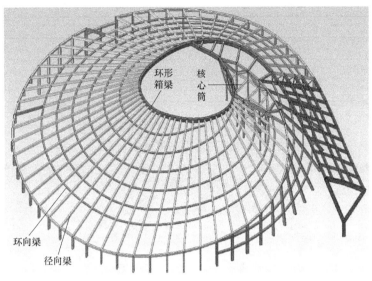

图 3.3-20　屋面网壳结构布置图

2. 展示中心单层网壳空间性能分析

展示中心屋面采用 PMSAP 和 MIDAS Gen 软件进行空间结构分析。结果显示，径向梁和环向梁轴向受力明显，形成了良好的空间传力模式，屋面结构的受力和稳定性能均满足要求（图 3.3-21）。网壳结构的受力具有以下特点：

（1）屋顶环形箱梁整体受压，压力分布较为均匀。

（2）径向梁以受轴向压力为主，弯矩大幅降低。

（3）底部两道环梁受拉，上部其他环梁受压，符合空间壳体的受力特征。

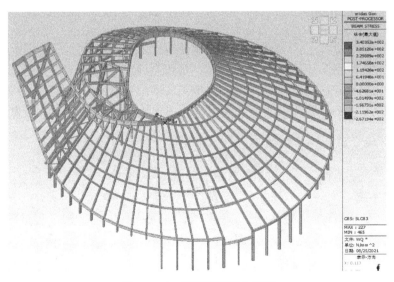

图 3.3-21　屋顶网壳应力云图

设计中对两种受力模式进行了对比分析：一种是内庭院立柱升至屋顶形成简支梁，另一种是立柱不升起并使屋面形成单层网壳空间结构。对比计算结果如表 3.3-3 所示。

简支梁和整体网壳中的斜梁内力和位移比（恒十活）				表 3.3-3
项目	轴力（kN）	弯矩（kN·m）	剪力（kN）	Z 向位移（mm）
简支梁	41.5	338.6	62.7	155.6
网壳斜梁	307.1	120.7	38.9	60.7
对比	+640%	−64.4%	−38%	−61%

由表 3.3-3 可见，单层网壳的径向梁轴向传力增加了 6.4 倍，弯矩减小了 64.4%，同时竖向位移也大为减小，受力更为合理，方案效果更优（图 3.3-22）。

图 3.3-22　展示中心室内实景

3.3.4　施工过程控制

展示中心单层网壳、入口罩棚及检票口罩棚跨度大、受力复杂，为了保证结构实际受力与计算分析相符，对结构施工工序进行了严格控制。

（1）展示中心必须在主体结构完成，形成了完善的空间受力体系之后才能进行内环梁胎架拆除（图 3.3-23）；胎架拆除后，方能进行屋面施工，避免径向梁因为胎架未拆除，

图 3.3-23　屋面主体结构完成后拆除胎架卸载

无法发挥空间作用而变为梁式受力结构，导致屋面荷载作用下产生过大的跨中弯矩和挠度。

（2）入口罩棚在施工过程中，下部设置满堂支撑体系，并对支撑拆除过程进行施工模拟分析，确保拆除过程中不会出现部分杆件受力过大的情况。同时，对施工过程中结构的变形进行了有效控制。

（3）检票口罩棚拱形钢梁因为施工工序的影响，胎架需要提前拆除，设计对施工过程进行了模拟，并在方形钢拱梁腹板中部设置稳定翼缘。通过实际观测，结构变形符合设计预期。

3.4 评议与讨论

九寨沟景区沟口立体式游客服务设施建设项目建筑造型大量采用曲面和曲线，建筑特点鲜明，对结构设计提出了很高的要求。本项目的亮点包括开花柱的分析设计、入口罩棚与检票口罩棚钢-胶合木组合结构设计、展示中心屋面单层空间网壳设计，采用了多项技巧性和创新性的结构方案，可为类似的工程设计提供参考。

3.4.1 开花柱设计：形与力的统一

开花柱的形式最初是建筑师的想法，但是结构工程师从直觉上感到这种形式有利于解决设计矛盾，即在恒荷载超过 $9kN/m^2$，柱跨 16m 的条件下，将结构高度控制在 800mm 以内。分析表明，开花柱能实现拱形传力。设计过程中结构工程师对建筑师提出建议，将开花柱分叉的高度由原来的 3.25m 降至 2.75m，从而减小了弧形支撑的曲率，优化了开花柱框架的受力。相对于梁式受力，水平构件的弯矩降低 40% 以上，比较轻松地控制住了结构高度。

开花柱为拱形传力，弧形支撑作为大轴力压弯构件的稳定问题比较突出，对此进行了专门的计算分析以保证安全。弧形支撑工字钢的面外稳定控制了截面的尺寸。提高面外稳定最有效的方式是在弧形支撑中部增加环向支撑，但是建筑师不接受这种方式，最终只能通过加厚工字钢翼缘的方式提高稳定承载力，从结构原理上看效率不高，这也是实现建筑效果的一点代价吧。

在整体结构中，开花柱框架的抗侧刚度要大于普通框架，这一点符合直观判断，也被计算分析所验证。抗侧刚度变化会影响整个结构体系的地震作用以及内力在开花柱框架中的分配，因此开花柱需要以合适的等效截面代入整体模型进行计算。本设计中对此进行了较为完善的分析。

本项目开花柱的设计一方面达成了建筑师要求的效果，另一方面对结构受力起到了积极作用，很好地结合了建筑美学与结构力学的需求，这也是结构工程师在设计中努力追求的一种状态。

3.4.2 展示中心屋面单层网壳设计：学会做减法

展示中心整体呈海螺形，结构布置时将屋面顶部环梁与庭院内环立柱脱开，使屋面形成空间网壳，径向梁的受力以轴向压力为主，截面高度为 400mm，满足了建筑师的要求。展示中心屋面本身尺度很大，底部直径约为 50m，径向梁的水平跨度达到 20m，若按一般梁式结构设计，难以实现截面高跨比 1/50 的建筑需求。本项目工程师技巧性地采用分离策略，有立柱而不用，反而得到更合理的结构方案。结构工程师有时会认为结构构件连接起来更好，多余约束越多越好，但实际上，"分离""减少约束"也是设计中应该善用的技巧，往往能使结构内力更为简单、明确，或使目标构件的受力得到优化。

3.4.3 罩棚钢-胶合木互承式结构：合理性反思

入口罩棚及检票口罩棚跨度达 35～40m，都使用了互承式胶合木结构。检票口罩棚的矢跨比适合采用钢拱梁，钢梁是主要受力结构；互承式胶合木结构作为次级结构，为钢梁提供侧向支撑。这种结合方式符合材料受力特性，是结构合理的方案。

入口罩棚在建筑师的要求下需通过胶合木结构来实现，罩棚双曲不规则的形状使得大跨度连续的胶合木构件无法使用，因为后者只能进行单曲加工。选择互承式结构主要为实现复杂曲面造型，在这项设计中也是无奈之举。

互承式结构更适合标高变化显著的拱壳式受力，而入口罩棚的支座条件一般，在跨度方向仅一侧是抗震墙支撑，另一侧支撑在三个开花柱上，罩棚结构本身无法满足拱壳式受力，不利于木结构的使用，因此需要采用不少钢构件进行替代。例如在周边环梁、构件受扭部位均采用钢结构，保证木构件处于合适的受力及较低的应力状态，从而安全可靠地达到建筑师期望的效果。

3.4.4 胶合木结构设计要点——以国家植物博物馆设计为例

除本项目外，清华大学建筑设计研究院在国家植物博物馆设计中也使用了胶合木结构，项目组在此过程中较深入地研究了胶合木结构设计的原理，包括木结构材料特性、构件的承载力特点、节点处理、适用结构和跨度、防火防腐措施等。在此对项目组的研究成果作简要介绍，希望读者遇到类似项目时能从中获益。

1. 胶合木的材料特性

天然木材的构件尺寸受到原材大小的限制，而胶合木是通过指接等方式将基本板材拼接再粘结而成，可形成较大尺寸的工程木。同时，胶合木可有效解决木材自然属性带来的初始缺陷，使材料性能标准化，可实现木材的工业化生产，是促进工程推广使用木结构的重要技术手段。

木材是各向异性材料，顺纹向的抗压与抗拉强度较高，顺纹向抗剪强度低，横纹强度均显著低于顺纹（图 3.4-1）。以 TC_T36 级胶合木为例，其材料强度设计值如表 3.4-1 所示。

图 3.4-1 木纤维存在明显的方向性

TC_T36 级胶合木强度设计值

表 3.4-1

项目	抗压强度(MPa)	抗拉强度(MPa)	抗剪强度(MPa)
顺纹	21.1	16.1	2.0
横纹	2.5	0.667	—
横纹/顺纹	12%	4%	—

可以看出，$TC_T 36$ 级胶合木的顺纹抗压强度高，约为 Q355 钢材的 1/14，与 C40 混凝土相当；顺纹抗拉强度较高，约为 Q355 钢材的 1/18；顺纹抗剪强度低，仅为 Q355 钢材的 1/85；横纹抗压强度低，约为抗压强度的 12%；横纹抗拉强度仅为抗压强度的 3%；横纹抗剪强度极低，规范未规定。基于木材强度的特性，扭矩等可能引起横纹受拉、横纹受剪的工作状态不应出现。

胶合木的弹性模量（未经修正）约为钢材的 1/19，强度模量比与钢材基本相当，便于组合使用。但应注意，木材的弹性模量因环境（温度、含水率等）或荷载条件不同而变化，存在蠕变的特性，其强度设计值需要作相应调整。

胶合木的线膨胀系数是钢材的 0.67 倍，并不太小。对大跨度胶合木结构或大跨度钢木结构，温度作用的影响不可忽视。

2. 胶合木构件的受力特性与适用结构

从材料特性出发，胶合木构件主要适用于规则结构中以下两种受力模式。

（1）适用于轴心受力构件，主受力构件尽量贯通。典型结构形式及适用跨度如表 3.4-2 所示。

常见木结构适用跨度 表 3.4-2

结构形式	适用跨度(m)
拱、拱壳	30～100＋
张弦梁、张弦屋架	≤70
木屋架、钢木屋架	10～60

（2）适用于单向受弯构件，如梁、单向弯曲梁，跨度一般不大于 30m。

胶合木结构应避免不规则布置带来平面外的弯矩与扭矩，避免复杂受力情况，力求内力简单、明确。对不规则结构或存在复杂受力的结构，应采取减小荷载、跨度等方式减小构件内力，或采用高强度钢构件替代。

3. 胶合木结构的节点连接

按受力类型，胶合木结构节点具有如下特点。

（1）抗压节点：木材顺纹抗压性能优良，顺纹截面顶紧即可传力，横纹受压应避免。

（2）抗拉节点：木材顺纹抗拉性能优良，但螺栓连接时破坏模式由顺纹受剪控制，节点处理困难。受拉构件应贯通，避免连接，或控制节点拉力。

（3）受弯节点：木-木连接构件部分连续时可考虑受弯；钢-木连接依靠钢构件和螺栓间接传力，为半刚接节点，一般按铰节点考虑。

（4）受剪节点：木材本身抗剪能力较弱，抗剪一般由截面控制，节点非控制因素。

4. 钢木组合结构设计

（1）实际工程中，单纯使用胶合木结构的情况较少，多数情况下需要采用钢木组合结构，因为从根本上说，胶合木构件的受力模式和强度比较有限。以下几种情况，都适宜将钢构件与木构件结合使用。

① 结构跨度大，此时内力也较大，主要受力体系可采用钢结构，如加拿大列治文冬奥会速滑馆；或将钢构件和木构件有机结合，如日本有明体操竞技场采用钢木组合张弦梁

为屋盖主结构。

② 结构布置复杂，造成内力复杂，此时应利用钢材强度高、性质稳定的特点，将钢构件和木构件混合布置。本书第2章九寨沟项目的入口罩棚即是一例。

③ 连接节点复杂，包括连接的几何复杂或受力复杂，此时也应利用钢材连接方式灵活的特点，采用钢节点连接。

总之，钢木组合结构的布置原则就是使木材与钢材各司其职、各尽其长。

（2）关于钢木组合空间结构的设计，需要注意如下三方面问题。

① 力学分析方面：注意木材刚度随时间、随环境因素显著变化。钢材的刚度、强度在使用工况下基本稳定，而木材刚度变化量则不可忽略。与同一材料设计方式不同，钢、木刚度变化不一致带来的内力重分配将显著影响不同构件的内力。设计时需对木材刚度进行专门修正，量化其刚度变化，充分考虑内力重分配的影响。

② 节点设计方面：注意节点采用紧固件连接，很难达到等强连接以及全刚接。节点不等强，需进行计算复核，节点承载力将影响结构布置。此外，结构模型中节点应假定为半刚性，节点刚度将很大程度影响结构计算。节点承载力与刚度都需要量化，以保证结构布置的可实施性及分析的准确性。

③ 施工控制方面：注意木材、钢材两种材料在加工生产、施工安装中的精度要求不同。加工与安装精度将影响结构布置方式，施工顺序与施工误差将影响结构内力。因此，钢、木加工安装精度需要相互协调，保证安装的可实施性；施工顺序与施工误差需严格控制，保证在结构设计容许范围内。

5. 设计实例

国家植物博物馆项目（未建成）总建筑面积约6万 m^2，地上二层，局部地下一层。建筑功能包括各种植物展厅和主题展厅、标本库房、办公、会议用房等。屋面为自然不规则曲面，覆盖各建筑展厅和公共空间。如图3.4-2和图3.4-3所示。

图 3.4-2　国家植物博物馆俯瞰图　　　　图 3.4-3　国家植物博物馆室内效果

屋盖周边分为5个区，1、2、3区及中部环状带为空间曲面异形板，受力模式为梁式传力；4、5区可以形成拱壳式传力。各区的传力方式均可采用木结构。但是，对梁式传力的区域，需要控制屋面跨度，以减小木材特性（环境敏感性、蠕变等）造成的计算结果误差。该项目控制梁式传力区域跨度在25m左右，以2区为例，树形柱间最大跨度为

26m。如图 3.4-4 和图 3.4-5 所示。

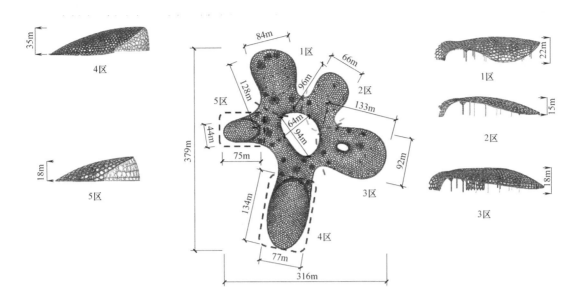

图 3.4-4　国家植物博物馆屋盖分区及侧视图

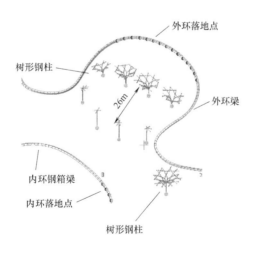

图 3.4-5　2 区竖向构件及支座分布

　　屋盖构件均为 $300mm \times 900mm$ 的矩形截面，胶合木强度等级为 $TC_{YD}27$（SZ2、SZ3）。支撑屋盖的树形柱均采用钢结构，通过合理调整树形钢柱顶部分散支点的分布形状及尺寸，增大树形钢柱上板带的刚度，形成了木屋面的可靠支撑。此外，部分重要的受力杆件也采用了钢-木组合构件。

　　本项目建筑师要求木构件等高连接，不能采用诸如搭接的方式。由于木结构连接节点很难实现明确的刚性连接，故节点全部采用铰接节点，并采用互承式结构克服全部节点铰接的问题。如前所述，节点众多的互承式结构，其加工误差、施工误差及滑移量不容忽视。项目设计人员与木结构加工及施工单位配合，结合节点、构件试验结果，预估结构因施工误差、节点滑移、蠕变等因素带来的结构变形，并在结构模型中施加变形，考察内力及变形变化。通过不均匀施加上述变形，找到结构敏感区域，并严格控制敏感区域的构件应力比，提高关键构件的安全等级。

附：设计条件

1. 自然条件

（1）风荷载、雪荷载

游客集散中心一层为防灾避难场所区域，风荷载按重现期100年取值。设计风、雪荷载取值见表1。

风荷载、雪荷载取值   表1

地面粗糙度	基本风压（kN/m²） （重现期100年）	基本雪压（kN/m²）
B类	0.35	0.30

（2）场地条件

建筑场地位于两河交汇的山间沟谷地带，经评估，场地范围内不存在地质灾害。但建筑位于河岸边缘，工程地质条件较为复杂，属于抗震不利地段。

（3）地震作用

抗震设计参数见表2。

抗震设计参数   表2

抗震设防烈度	设计基本地震加速度	设计地震分组	特征周期值	建筑场地类别
8度	0.20g	第三组	0.45s	Ⅱ类

2. 主要控制参数

由于游客集散中心部分区域兼作防灾避难场所，因此与其他建筑在控制参数取值上有较大差异，其主要控制参数如下。

（1）建筑的设计使用年限和耐久性年限均为50年。

（2）抗震设防类别：乙类。

（3）水平地震影响系数最大值：0.23（增大系数1.46）。

（4）安全等级：游客集散中心首层为一级，其他位置为二级。

（5）风荷载重现期：游客集散中心首层为100年，其他位置为50年。

本工程建筑高宽比很小，最大不超过0.35，风荷载影响小，而地震作用的增加和安全等级的提高对结构影响较大。

3. 部分构件尺寸

游客集散中心普通框架柱为直径600mm的钢管混凝土柱，开花柱的芯柱采用直径500mm的钢管混凝土柱，内灌C40混凝土。主要框架梁为800mm高工字钢梁。抗震墙厚度为300～500mm。

检票口罩棚钢拱梁采用400mm×1000mm×16mm×16mm的方钢管，钢材材质均为Q345。

第 4 章

浙江佛学院二期工程（弥勒圣坛）龙华法堂结构设计

结构设计团队：

刘培祥　刘彦生　李青翔　陈宇军　王石玉　罗虎林

4.1 工程概况

4.1.1 建筑概况

浙江佛学院二期工程（弥勒圣坛），位于浙江宁波市奉化溪口镇西北部雪窦山国家风景名胜区内。本项目占地面积为 $144997m^2$，总建筑面积为 $51190m^2$。项目由龙华法堂、弘法广场及僧人办公用房三个组团组成。其中，龙华法堂单体建筑面积约 $14301m^2$，建筑高度为 40.0m，法堂屋面采用中空夹胶钢化玻璃，并设有遮阳措施。

项目场地是一个废弃的采石场及其南侧的空旷地带，而采石场的边缘恰好形成一个"花苞形"。在弥勒信仰中，这是"未来佛"——弥勒的一个非常完美的象征。因此，主创建筑师带入"织补"地形的想法，用现代材料修补原有山体，外观上形成完整的花苞形，同时自然地获得了一个巨大的室内空间，即"龙华法堂"。图 4.1-1～图 4.1-3 分别为建筑总效果图、龙华法堂效果图和龙华法堂剖面图。

图 4.1-1　建筑总效果图

图 4.1-2　龙华法堂效果图

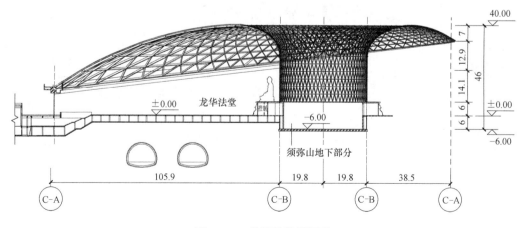

图 4.1-3　龙华法堂剖面图

4.1.2　建筑特点与特殊需求

（1）为实现室内明亮、广阔的室内效果，屋盖结构应显得通透，减小构件截面尺寸，增加透光面积。

（2）建筑平面中部偏北坐落着高于法堂屋面的须弥山，为满足建筑设计要求，屋面在围绕须弥山处需设置直径约 40m 的圆柱形落地幕墙，使得屋面曲面变为非完整曲面，类似异形"花瓶"。

（3）为实现外观造型效果，建筑师要求建筑屋面区格的划分须保持高度的一致性。

（4）屋面材料采用中空夹胶钢化玻璃，同时设置声学、遮阳以及照明等附加设施，屋面荷载较大。

4.2　结构体系与特点

4.2.1　结构体系

屋盖结构平面长轴方向长 184m，短轴方向长 120m，中部下凹形成一个漏斗并与地面连接，屋盖结构最高处到地面约 40m。根据建筑的特点和需求，屋盖结构采用单层空间网壳结构，葵花形三向网格布置，最大网格节点间距约 14.7m，最小网格节点间距约 2m。网壳结构周边铰接支承于下部混凝土环梁上，环梁支承于龙华法堂四周的岩壁上。图 4.2-1、图 4.2-2 分别为龙华法堂的网壳结构平面图和剖面图。

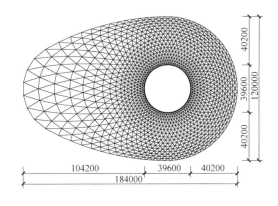

图 4.2-1　网壳结构平面图（mm）

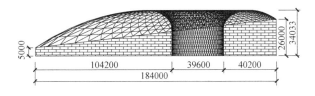

图 4.2-2　网壳结构剖面图（mm）

4.2.2 结构特点

（1）本项目为单层网壳结构形式，结构跨度大。长轴方向长 184m，短轴方向最大跨度为 120m。考虑落地圆柱形筒体的支撑作用，本单层网壳最大跨度约 104m，是结构形式和跨度均为国内少见的单层网壳结构。

（2）结构平面为非对称椭圆形平面，网壳中部设置直径为 39.6m 的圆柱形筒体且偏置平面一侧。同时，边界约束条件存在显著差异。单层网壳对变形极为敏感，本项目屋盖的形式和约束条件给结构设计带来了较大的难度与挑战。

（3）根据建筑设计的理念与需求，主体结构网格由圆柱形筒体中心分别沿顺时针、逆时针每 5°按规律延伸空间螺旋线，并于螺旋线交点处以环形肋环线编织而成。编织效果虽美观，但会造成网格尺寸差异较大，网格节点角度形式多样，给结构设计带来复杂性。

（4）根据现状地貌，网壳周边支承点只能是呈线性变化的变标高支承点，不在同一标高平面，最高点与最低点落差达 21m，中部圆柱形筒体支承点标高比周边最低支承点低 5m。

（5）网壳所在场地底部跨越两条地下隧道，两条地下隧道中心距离约为 23.5m，隧道顶距离龙华法堂地面标高约 12.2m。新建建筑是否会对隧道产生影响是需要考虑的问题。

（6）施工复杂，施工难度大，设计时需考虑施工阶段存在支座位移偏差的不利影响。支座水平位移偏差考虑 10～15mm。

4.3 设计要点与分析

本项目结构设计的关键要点为与建筑形体高度契合的结构形态和网格形式，主要通过结构找形来实现。此外，边界约束优化及模型简化、结构成本优化、结构整体稳定性分析等也是本项目的设计关键点。

4.3.1 结构找形

本项目主体结构为大跨度异形空间网格结构，无常规经验可循。网壳属薄膜受力，内力以轴力为主，弯矩为辅，根据单层网壳结构的受力特点，确定按照构件弯矩最小原则并结合建筑形态进行结构找形。具体技术手段为通过 Rhinoceros 5.0 强大的异形曲面建模功能并借助 Python Script 编程技术协同完成（图 4.3-1）。合理的结构体形不仅受力性能良好、工程量节约，还可取得良好的视觉效果。

4.3.2 边界约束优化及模型简化

为实现中部落地筒体的建筑效果，筒体构件截面尺寸受到限制。此处筒体既承受较大竖向力，又承受较大水平力，受力情况较为复杂。屈曲分析表明，此处筒体稳定性能不好，较易发生面外屈曲。为此，在落地筒体与须弥山混凝土之间由下至上设置两道环形侧向支承点，改变其约束条件，进而有效改善其稳定性能，网壳屈曲模态转移至筒体以外其他位置。

```
File    Edit    Debug    Tools    Help

catenary-20160421.py

92      while True: #循环
93          for i in range(0, numSeg):
94              ss[i] = math.sqrt(ds[i]**2 + (zs[i+1]-zs[i])**2)
95
96          for i in range(0, numSeg+1):
97              if(i==0):Ns[i]=ss[i]/2.0
98              elif(i==numSeg):Ns[i] = ss[i-1]/2.0
99              else:Ns[i] = (ss[i-1]+ss[i])/2.0
100             #Ns[i] = Ns[i]*(ls[i]+L0)/(L+L0) #荷载密度系数
101
102         #print ds
103         #Ns[70] = 1
104         #print 'Ns= ', Ns
105
106         #系数矩阵
107         A = [[0]*(numSeg+1) for j in range(0, numSeg+1)]
108         A[0][0] = 1.0
109         A[numSeg][numSeg] = 1.0
110         A[numSeg-1][halfSeg] = 1.0
111         for i in range(1,numSeg-1):
112             A[i][i-1] =  -ds[i]/(ds[i-1]*Ns[i])   #-L1/(L0*N1)
113             A[i][i  ] =  1.0/Ns[i+1]+(ds[i-1]+ds[i])/(ds[i-1]*Ns[i])  # 1/N2 + (L0 + L1)/(L0*N1)
114             A[i][i+1] = -1.0/Ns[i] - (ds[i]+ds[i+1])/(ds[i+1]*Ns[i+1])  #- 1/N1 - (L1 + L2)/(L2*N2)
115             A[i][i+2] =  ds[i]/(ds[i+1]*Ns[i+1])   #L1/(L2*N2)
116
117         #形成矩阵
118         B = [0.0]*(numSeg+1)
119         B[0] = z0
120         B[numSeg] = zn
121         B[numSeg-1] = zc
```

图 4.3-1　找形程序界面

为充分考虑边界条件对单层网壳的不利影响，将下部支承环形基础梁及其局部支承柱一同建立模型，协同分析。考虑到筒体中部环形侧向支承点仅约束筒体的径向变形，其余方向释放，此时整体计算模型（图 4.3-2）可简化为独立计算模型（图 4.3-3），便于分析与设计。

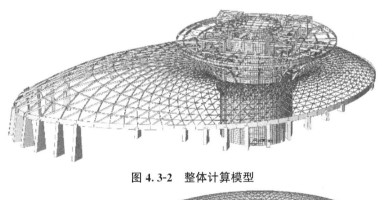

图 4.3-2　整体计算模型

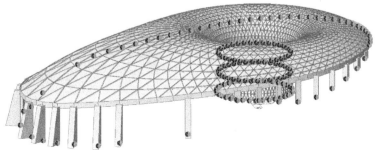

图 4.3-3　独立计算模型

第 4 章　浙江佛学院二期工程（弥勒圣坛）龙华法堂结构设计

4.3.3 结构成本优化

通常而言，单层网壳结构构件多为圆形钢管，而大跨度或超大跨度单层网壳结构构件更多采用焊接箱形截面。目前，异形曲面的大跨度网壳结构构件多采用弯扭形式的构件，由于弯扭构件带初始弯曲工作，结果是构件受力性能欠佳，承载力下降，制作复杂，结构成本高昂。

考虑到主体结构与玻璃屋面连接构造以及降低结构成本，网壳主体结构构件采用直线形，不做弯扭加工处理。此外，本项目摒弃了铸钢节点、相贯节点、焊接空心球节点、毂节点等常用节点形式，构件之间的连接节点采用十字插板焊接节点，此类节点具有构造简单、受力简洁明确、加工方便、施工便捷、成本低廉等诸多优点。

4.3.4 计算长度系数核算及结构稳定分析

根据典型屈曲模态分析其附近构件计算长度系数供设计取值。根据欧拉公式 $P_{cr} = \pi^2 \cdot EI/(\mu l)^2$，求得计算长度系数 $\mu = \sqrt{\pi^2 \cdot EI/P_{cr} \cdot l^2}$。计算长度系数见表 4.3-1。本项目各构件计算长度系数平面内取值均为 1.0，平面外取值为 1.6。出于安全考虑，关键构件平面外计算长度系数取值为 2.0。

单层网壳典型构件计算长度系数 表 4.3-1

构件编号	构件截面 $(\square H \times B \times t_w \times t_f)$	构件长度/mm	屈曲承载力/kN	截面惯性矩 I /mm^4	计算长度系数
1428	$\square 550 \times 300 \times 16 \times 16$	10388	8680	1.1×10^9	1.51
4669	$\square 550 \times 300 \times 16 \times 16$	6092	20944	1.1×10^9	1.66
4833	$\square 450 \times 200 \times 14 \times 12$	6491	10027	4.2×10^8	1.42
2513	$\square 400 \times 200 \times 12 \times 12$	9930	4293	2.9×10^8	1.17
1901	$\square 200 \times 200 \times 8 \times 8$	2879	3222	3.8×10^7	1.70

本项目分别对 1.0 恒荷载 + 1.0 活荷载、1.0 恒荷载 + 1.0 半跨活荷载、1.0 恒荷载 + 1.0 风荷载等多工况进行了特征值分析，最小屈曲因子为 14.72（图 4.3-4）。

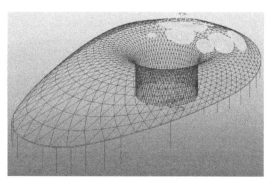

图 4.3-4 第 1 阶特征值屈曲模态 (临界荷载系数 $k_1 = 14.72$)

几何非线性稳定性分析的关键是最低阶屈曲模态和初始缺陷如何选取。通常取最低阶屈曲模态施加初始几何缺陷，缺陷取值为跨度的 1/300。但本项目特征值屈曲分析时所得屈曲模态非所期望的失稳模态，故本项目尚考虑了模态分析因素，取其第一振型模态施加初始几何缺陷，缺陷取值为 1/300。同时，考虑施工因素影响，初始几何缺陷取自重下挠度并考虑施工偏差。考虑几何初始缺陷后，1.0 恒荷载＋1.0 活荷载组合作用下，荷载系数为 6.68；1.0 恒荷载＋1.0 半跨活荷载组合作用下，荷载系数为 6.37，均满足规范限值 4.24 的要求（图 4.3-5、图 4.3-6）。

图 4.3-5　1.0 恒荷载＋1.0 活荷载，几何非线性荷载-位移曲线

图 4.3-6　1.0 恒荷载＋1.0 半跨活荷载，几何非线性荷载-位移曲线

通过定义指定非线性铰行为来模拟材料非线性。1.0 恒荷载＋1.0 活荷载组合作用下，荷载系数为 2.31；1.0 恒荷载＋1.0 半跨活荷载组合下，荷载系数为 2.47，均满足规范限值 2.0 的要求（图 4.3-7、图 4.3-8）。

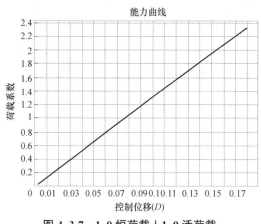

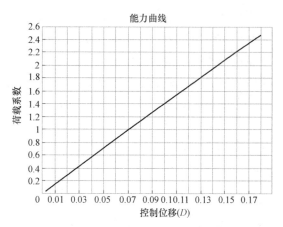

图 4.3-7　1.0 恒荷载＋1.0 活荷载，
荷载-位移曲线

图 4.3-8　1.0 恒荷载＋1.0 半跨活荷载，
荷载-位移曲线

4.3.5　地基基础设计思路

根据勘察设计报告，本项目所在场地地基持力层为中风化凝灰质含砾砂岩，地基承载力特征值 $f_{ak}=3500\text{kPa}$，地基情况良好。根据实际场地地基情况，基础选型为环形基础梁形式。环形基础梁对本项目而言非常关键，应采取可靠措施确保基础梁竖向及水平变形可控。由于基础梁直接支承于岩层上，故环形基础梁的竖向变形易得到有效控制。关键是采取有效措施保证基础梁的水平刚度，控制其水平变形。

由于山势起伏变化，局部位置环形基础梁需增设钢筋混凝土柱支承于下部山体上。支承柱截面沿柱高度线性变化，顶端为 2500mm×3000mm，底部为 H_1×3000mm。环形基础梁与支承柱剖面如图 4.3-9 和图 4.3-10 所示。

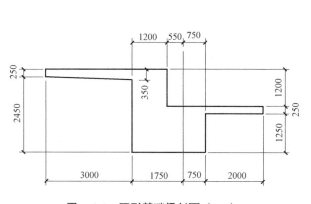

图 4.3-9　环形基础梁剖面（mm）

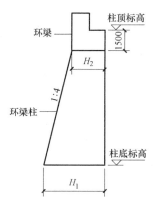

图 4.3-10　支承柱剖面

4.3.6　关键节点问题的解决方法

1. 节点设计

网壳结构通用节点采用十字插板焊接节点（图 4.3-11），根据节点受力情况确定插板的厚度，插板高于构件截面 50mm。截面高度不同时，节点范围内变截面过渡。支座节点根据支座水平力大小区分为竖向和水平同时支承的双向支座或仅竖向单向支承支座（图4.3-12），此支座为铸钢节点，共72处，其中双向支座节点（图4.3-13中ZZ1）14处，竖向单向支承支座（图4.3-13中ZZ2）共58处。这两类节点形式均进行有限元分析验证。

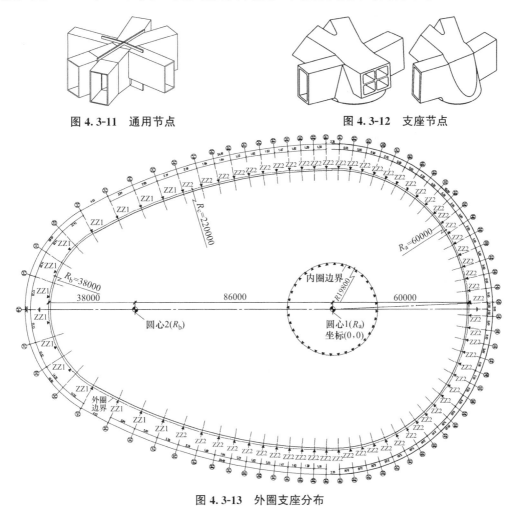

图 4.3-11　通用节点　　　　　　图 4.3-12　支座节点

图 4.3-13　外圈支座分布

落地筒体与内部钢筋混凝土筒体连接支座由于仅承受径向约束，故设计为摇臂节点形式（图4.3-14）。节点构造简单，受力明确，安装方便。

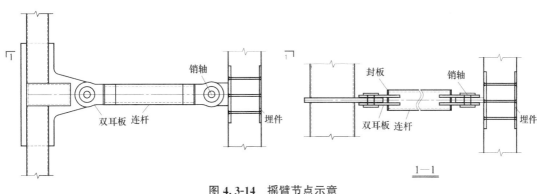

图 4.3-14　摇臂节点示意

2. 节点分析

为确保节点安全可靠，采用大型通用有限分析软件 ABAQUS 进行了细部分析。典型节点有限元模型如图 4.3-15 所示，支座节点有限元模型如图 4.3-16 所示。有限元计算结果分别如图 4.3-17 和图 4.3-18 所示。

图 4.3-15　典型节点有限元模型

图 4.3-16　支座节点有限元模型

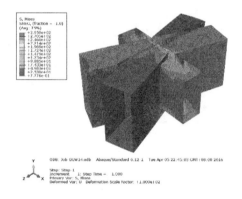

图 4.3-17　典型节点 von Mises 应力图（MPa）

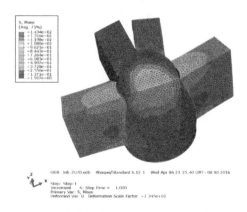

图 4.3-18　支座节点 von Mises 应力图（MPa）

在各个荷载组合下，节点有限元计算结果显示材料均处于弹性阶段，节点最大 von Mises 应力为 295MPa，小于钢材强度设计值。节点能够满足承载力设计要求。

4.4　评议与讨论

龙华法堂罩棚采用造型与支承条件复杂的单层网壳葵花形三向网格布置，长向跨度为 184m，短向跨度为 120m，是国内跨度最大的单层网壳之一。该单层网壳通过找形优化，发挥出了网壳结构的优势，具有良好的经济性。同时，该单层网壳的形式和支座条件具有一定特殊性和复杂性。从本项目的设计过程中不仅能看到单层网壳设计所涉及的常见要点和技术手段，也能看到针对特殊问题的思考和应对措施，是一项很具代表性的单层网壳结构设计。具体而言，本项目设计的重点和亮点如下。

（1）单层网壳的找形优化。设计中结合建筑形态对单层网壳进行找形优化，贯彻杆件弯矩最小原则，使杆件内力以拉压为主，充分发挥"壳"的作用，减小构件截面尺寸，一方面满足建筑师对于罩棚通透性的需求，另一方面节省了材料，保证了设计的经济性。

（2）对复杂支座条件的处理。单层网壳对支座变形极为敏感，而本项目场地自然地形标高复杂，且支承柱长短不一、抗侧刚度各异，支座情况非常复杂。如在设计中不加控制，较大的支座变形可能导致单层网壳失稳破坏。设计中，首先整体控制各支座刚度，同时在设计中真实建模，反映各支座实际情况，进而准确计算分析结构实际受力状态，保证结构安全可靠。另外，本项目支座间设置的环形箱梁提供了可观的约束刚度，计算中也按真实情况进行建模并参与分析。

（3）落地薄壳筒体的受压稳定设计。罩棚中央壳体局部呈筒状落地，高度近 40m 且轴力巨大，稳定性是设计难点。如果一味加大构件截面，会破坏视觉效果，建筑师不能接受。设计中，通过从须弥山上伸出支撑，为落地筒体提供侧向约束，巧妙解决了落地薄壳筒体的受压稳定问题。对侧向约束方案进行的屈曲分析、几何非线性稳定性分析及几何＋材料双非线性分析均表明，结构整体稳定性能良好。最终采用的结构断面很小，保证了建筑效果。

（4）采用直线形构件及十字插板式节点，每根杆件在空间可绕轴旋转，杆件表面与曲面比较贴合，可高度呈现建筑效果，且优化了主体构件及节点的受力性能。同时，降低了杆件和节点的制作难度，节约了工程造价，取得了较好的经济效益。

（5）网壳支座距山中隧道最近仅 12m，设计中，细致分析了网壳对隧道的受力影响，保障了隧道安全。

（6）完备考虑多工况组合、防连续倒塌、罩棚防火防腐、岩壁稳定性以及施工工序配合等问题。

附：设计条件

1. 自然条件

（1）风荷载

基本风压为 0.60kN/m²（100 年一遇），地面粗糙度类别为 B 类，并考虑山地修正；风荷载体型系数、风振系数按照风洞试验报告取值。按风向角以 30°为间隔施加风荷载，即 12 种风荷载工况。另外，附加一正风压工况，共计 13 种风荷载工况。

（2）雪荷载

基本雪压为 0.35kN/m² （100 年一遇），考虑到项目对雪荷载较为敏感，应考虑积雪不均匀分布系数影响。

（3）温度作用

根据建筑特点和当地气温情况，分别按照升温 40℃、降温 30℃计算温度应力；整体结构考虑不均匀升温、降温的不利影响。钢结构的合拢温度暂定为 15～20℃，应根据实际合拢温度进行设计复核。

（4）支座强迫位移

考虑场地地基条件良好，不考虑支座竖向强迫位移。下部支承环梁与单层网壳结构协同分析，可有效考虑环梁的水平变形。此外，在环梁支座支承点处沿环梁法线方向仍附加考虑±5mm 强迫位移。

（5）地震作用

抗震设计参数见表 1。考虑到本项目的复杂程度，实际地震作用计算按照抗震设防烈度 7 度考虑。

抗震设计参数 表 1

抗震设防烈度	设计基本地震加速度	设计地震分组	特征周期值	建筑场地类别
6 度	0.05g	第一组	0.20s	I_0 类

2. 主要控制参数

本项目结构设计使用年限为 50 年，结构耐久性年限为 100 年，建筑结构安全等级为一级。建筑抗震设防类别为乙类，地基基础设计等级为甲级，建筑耐火等级为一级。

根据本项目的建筑特点，屋盖主体结构为异形超大跨度单层网壳结构体系，变形控制限值提高至 $L/600$ （L 为最小结构跨度），关键构件应力比控制限值为 0.80，一般构件应力比控制限值为 0.85。

3. 构件尺寸

主体结构构件采用焊接箱形截面，经过优选，共采用了 9 种构件截面，如表 2 所示。

主体结构构件截面 表 2

序号	构件截面（$\Box H \times B \times t_w \times t_f$）/mm	材质
1	$\Box 300 \times 200 \times 8 \times 8$	Q345B
2	$\Box 300 \times 200 \times 12 \times 12$	Q345B
3	$\Box 400 \times 200 \times 12 \times 12$	Q345B
4	$\Box 500 \times 300 \times 16 \times 12$	Q345B
5	$\Box 500 \times 300 \times 18 \times 18$	Q345B

序号	构件截面($\square H \times B \times t_w \times t_f$)/mm	材质
6	$\square 600 \times 300 \times 18 \times 18$	Q345B
7	$\square 700 \times 400 \times 20 \times 16$	Q345B
8	$\square 800 \times 400 \times 25 \times 20$	Q345B
9	$\square 800 \times 400 \times 40 \times 40$	Q345B

第 5 章

清华大学北体育馆工程结构设计

结构设计团队：

李征宇　陈　宏　来庆贵　王　昊　张一舟　张雪辉

5.1 工程概况

5.1.1 建筑概况

清华大学北体育馆位于北京市海淀区清华大学校园内，总建筑面积为 $38280m^2$，其中地上面积为 $16889m^2$，地下面积为 $21391m^2$。

工程通过设置防震缝将地上部分分为西区、东区两个结构单元，地下部分不分缝。如图 5.1-1 所示。

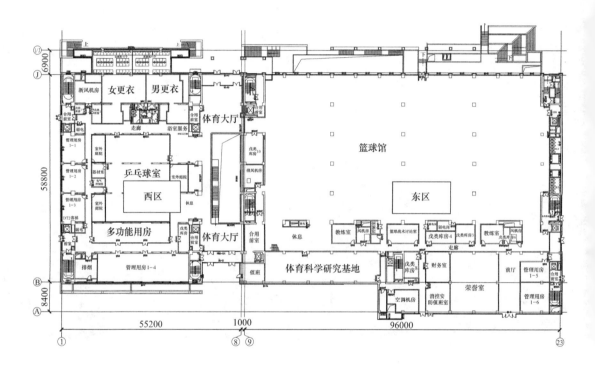

图 5.1-1　分区示意

西区典型平面尺寸为 $55.9m×66.5m$，建筑高度为 $4.6m$。地下一层，层高 $12m$（2层通高），局部设夹层，功能为冰上运动中心；地上一层为乒乓球馆，层高 $4.6m$，一层屋面为轮滑场地。

东区典型平面尺寸为 $96.8m×68m$，建筑高度为 $21.0m$（算至弧形屋顶一半高度）。地下二层，层高均为 $6m$，功能为壁球场、击剑室、健身中心等多功能房；地上二层，其中一层为篮球馆，层高 $9.5m$，二层为网球场，层高 $7.95m$（檐口）。

建筑典型剖面如图 5.1-2 所示。

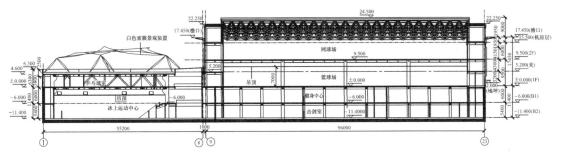

图 5.1-2　建筑剖面图

5.1.2　建筑特点与特殊需求

体育场馆类建筑多要求高大的无柱空间来保证使用与观赛功能。考虑到大跨度结构的实用性和经济性因素，通常采用单层建筑、轻质屋盖系统。但本项目因建设场地限制，要求设置多层运动场地，建筑功能需要设置部分大跨度重楼盖系统。

西区地下一层为冰球场，跨度 36m（39.3m），层高 12m，地上为乒乓球室，层高 4.6m。首层屋顶设置索膜结构景观。因冰球场功能限制，需实现大跨度、大净空；上层乒乓球室对空间要求较低，但对楼面振动控制要求较高。

东区地下为常规配套用房，地上首层为篮球场，最大跨度为 21.6m，层高 9.5m，建筑要求严格控制结构高度，保证使用净空。二层为网球场，屋面建筑造型为柱面弧形，其短向跨度为 42m，结构下净高需 6.5m，以保证球场使用时的净空高度。

5.2　结构体系与特点

5.2.1　结构体系

作为大跨度结构，将荷载转化为轴力是最经济有效的结构形式。通俗地说就是，抵抗轴力材料的利用率高，抵抗弯矩材料的利用率低。

壳体结构通过空间作用，在适当的找形设计后，利用拱效应，可以将荷载几乎完全转化为压力；索结构也是通过找形设计就能将荷载完全转化为拉力。这两种结构一正一负，都能用很小的截面完成大跨度结构。但利用形状就要求这类结构有一定的矢高比，且对形状的依赖度高，下部支座存在较大推（拉）力等特点，建筑形态和外部条件都不一定能够适配结构要求。

建筑常用的平面大跨度结构形式为：随着矢高比逐步减小，空间壳体逐渐蜕变为平面网架，效率有所降低，但杆件仍存在空间作用，内力以轴力为主；进一步将受力结构集中收拢就成了桁架，桁架也还是利用结构高度将荷载转化为轴力；再对结构高度进一步压缩就形成梁式构件，如钢组合梁、预应力混凝土构件等，材料利用率较低，需要通过一定措施增加结构刚度。

结构设计从经济高效的角度来说，应该在建筑许可的前提下尽量选择轴力式结构形式。本工程就是根据这一原则，在不同的大跨度空间使用了不同的结构形式。

1. 大跨度钢网壳

东区二层建筑功能为大空间网球场，屋面形式为轻质屋面，荷载较轻，屋盖的高度限制较少，允许结构合理造型。因此，结合建筑外形需求，采用变厚度弧形钢网壳。结构形式经济高效，屋盖造型也使建筑更具理性的韵律。弧顶网壳厚 2.5m，弧底网壳厚 2.0m，弧面顶点矢高约 6.5m，需配合网球场建筑净空要求确定。

2. 大跨度钢桁架

本项目西区地下建筑功能为冰球场，对空间要求较高，需要一个完整的 36m×66m 无柱空间且有净高要求。为尽可能提高结构高度，使受力更加合理，考虑地上一层建筑功能（乒乓球室）有条件分隔为几个较小的空间，经与建筑专业协调，结构构件布置充分利用乒乓球室的隔墙位置，设置 36m 跨整层高钢桁架（桁架高度 4.83m），形成混凝土柱＋钢桁架体系，解决地下大空间的需求，同时将结构高度内的空间也能够利用起来。

桁架上、下弦分别设置钢筋混凝土楼板，形成一般楼层，供建筑使用。从构件层面考虑，由于桁架上、下弦杆兼作楼层水平构件，受力较大，且楼层平面布置存在两侧不均衡的情况，因此桁架弦杆均采用箱形截面，以保证较大的抗扭刚度。

3. 大跨度组合梁

东区首层柱网尺寸为 7.2m×8.4m 与 21.6m×8.4m，跨度差距较大，但建筑要求结构高度统一控制。经试算，现有荷载与结构布置条件下，21.6m 大跨度楼面如采用一般钢梁，截面高度需 1050mm，超过建筑要求的限值，所以需采取特殊结构方式。经方案对比分析，最终选择组合楼面的方式来降低结构高度。整体楼面梁均采用工字形截面钢梁，组合楼板采用现浇钢筋混凝土楼板。经计算，主框架组合梁截面高度可减至 850mm，挠度控制在约 $L/600$，综合用钢量较一般钢梁布置方式节约 10kg/m²。在满足建筑空间高度需求的前提下，还进一步提高了结构的经济性。

5.2.2 体系特点与关键问题

1. 大跨度构件在重力荷载作用下对端部竖向构件存在水平推力

不论是屋面采用的钢网壳、西区采用的钢桁架，还是东区采用的钢组合梁，本项目的结构跨度均较大。网壳类结构支座存在水平推力是结构工程师们都非常熟悉的，但大跨度桁架在重力荷载作用下对端部竖向构件的水平推力却很容易被忽略。

桁架在重力荷载作用下通过上、下弦杆的轴力抵抗弯矩，上弦受压，下弦受拉。在桁架端部，常规连接时，与上弦连接的框架柱受到拉力而与下弦连接的框架柱受到推力，当桁架跨度较大时，这种水平力就不可忽略，需要采取相应的处理措施。

本项目中，西区整层高钢桁架的上、下弦兼作楼层水平构件，荷载较大，因此其与框架柱的连接部位就存在很大的水平力，需要对连接部位与连接方式进行特殊设计。依据收放结合的原则，采用特定方式释放部分水平力。

2. 温度作用对大跨度钢结构的影响

本项目考虑了整体温度作用，升降温 15℃（合拢温度 15℃）。

3. 大跨度钢结构楼面的舒适度问题

由于体育建筑使用功能对变形和震动的要求均较高，而钢结构楼面刚度相对较弱，因此设计一方面应严格控制结构的竖向变形，另一方面还应考虑楼面舒适度的问题。

4. 结构体系抗侧力方案

大跨度带来大柱距的情况通常会造成此类结构抗侧刚度较弱，结合建筑平面超长或布置不对称、不均衡等情况，水平力作用下结构容易发生扭转。结构布置时应注意考察抗侧力体系与传力路径的合理性，对薄弱环节有意识地采取加强措施，从概念设计的角度避免抗侧刚度差造成的扭转等问题。

5.3 结构分析

5.3.1 结构布置与抗震设计

由于建筑东、西区形体差别较大，结构布置方式也有明显区别，通过设置防震缝将地上部分分为西区、东区两个结构单元，地下部分不分缝。

西区结构布置如图 5.3-1 所示。西区地上部分仅一层，即钢桁架层，在大跨度桁架东侧，建筑设有功能房间，采用钢筋混凝土框架；西侧原建筑方案仅为单柱，为提高结构刚度，与建筑专业协商增加一个开间，也形成钢筋混凝土框架。结合钢桁架，整体结构形成钢-混凝土混合体系。这是一种非典型体系，刚度分布不均匀，为控制结构扭转，结合建

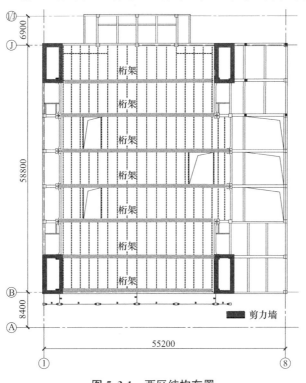

图 5.3-1 西区结构布置

筑楼梯间布置在四角设置抗震墙。由于整体地下室的刚度很大，能够达到嵌固要求，地上仅一层 4.6m，高度较小，地震作用很小，因此整体抗震性能满足三水准要求。

东区结构布置如图 5.3-2 所示。东区地上部分二层为钢-混凝土组合梁＋钢筋混凝土柱组成的组合框架结构，屋面为钢网壳，结构体系清晰明确。为控制结构扭转，也结合建筑楼梯间布置在四角设置抗震墙。

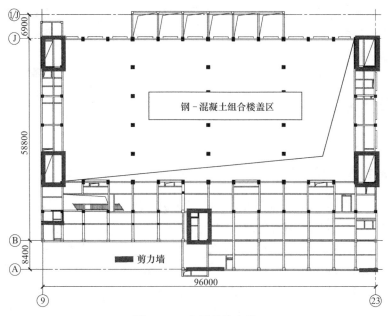

图 5.3-2　东区结构布置

5.3.2　具体分析项目

1. 整体模型分析

采用 YJK 程序建立结构整体计算模型（图 5.3-3），屋面网架简化采用钢梁模拟。该整体模型用于提取结构整体信息，验证主体结构体系合理性。

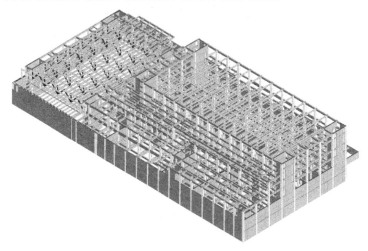

图 5.3-3　整体计算模型

2. 钢桁架计算分析

采用 MIDAS Gen 程序建立西区整层钢桁架单榀计算模型（图 5.3-4）。桁架两端与框架柱按铰接考虑，钢桁架取整体模型与单榀模型计算结果包络设计。

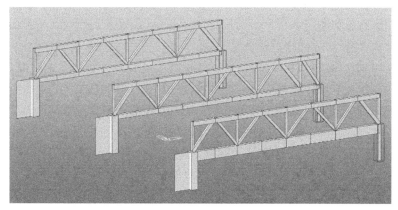

图 5.3-4　桁架计算模型

钢桁架采用平行弦桁架，若按两端固结计算，桁架会产生较大水平力。本工程典型桁架在恒荷载作用下水平推力约 1100kN，活荷载作用下水平推力约 400kN，对框架柱受力不利。设计中采取措施释放部分水平力，以减小对竖向抗侧力构件的影响。

为解决大跨度钢桁架产生较大水平力问题，框跨柱上设置牛腿，桁架支座放置在牛腿上。桁架支座一端采用抗震固定支座，一端采用滑动支座作为部分应力释放措施。在桁架滑动支座一端楼板设置后浇带，确保滑动支座在恒荷载作用下可滑动，同时支座预留恒荷载作用下的滑移量，在恒荷载加载完成后再封闭后浇带，以达到释放恒荷载作用下水平力的目的。

在构造上还加强了钢梁和混凝土楼板的连接，以及连接部位局部的楼板配筋，保证钢桁架楼板和普通现浇混凝土楼板间设置的后浇带封闭后局部应力集中不会造成楼板开裂。同时，设置了控制缝，保证一旦出现楼板裂缝时位置可控，便于处理。节点部位桁架支座与后浇带位置如图 5.3-5 所示。

3. 大跨度组合梁计算模型

采用 MIDAS Gen 程序建立东区组合楼面局部模型，进行组合结构受力计算与变形分析，提取组合钢梁内力校核组合梁承载力。组合钢梁取整体模型与局部模型计算结果包络设计。

本项目典型大跨度组合钢梁截面为 850mm × 530mm × 24mm × 35mm，楼板厚

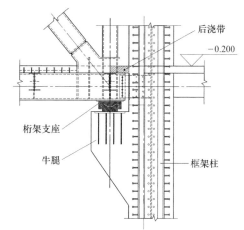

图 5.3-5　节点部位连接示意

150mm，有效翼缘宽度为 4850mm。钢梁顶部设置栓钉与混凝土板连接，栓钉直径为 19mm，钢梁顶部设置三排，横向间距 150mm，纵向（顺钢梁方向）间距 120mm。

组合梁首先需要进行施工阶段验算。钢梁施工阶段验算活荷载取 1.5kN/m^2，经计算，施工阶段需要在大跨度钢梁跨中设置一个临时支撑，施工阶段钢梁的承载力与变形方可满足规范要求。

其次，组合楼面钢梁与混凝土框架柱连接，节点设计是保证结构传力和安全的关键。连接的主要问题有以下两个：

(1) 钢梁与混凝土柱的连接方式

本工程采用钢套筒来解决。在组合楼面钢梁节点处柱端外套一个矩形钢套筒，钢套筒外伸牛腿，牛腿腹板和梁端腹板用高强度螺栓连接。为了保证连接可靠，钢梁翼缘位置处钢套筒内设置内隔板（预留混凝土浇筑孔），牛腿腹板贯通钢管壁。内隔板上开孔，柱纵筋通过。节点做法如图 5.3-6 所示，钢套筒施工现场如图 5.3-7、图 5.3-8 所示。经计算，钢套筒与混凝土柱间设置栓钉承担竖向剪力，栓钉直径 19mm，长度 130mm，套筒内每侧侧壁设置 4 列，纵向间距 150mm，节点核心区抗剪满足要求。

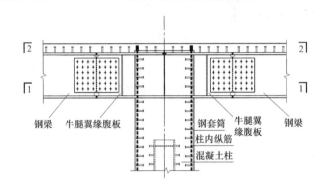

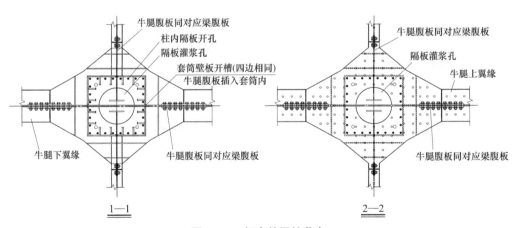

图 5.3-6 钢套筒梁柱节点

(2) 钢梁与混凝土柱的连接负弯矩区混凝土开裂问题

栓钉连接件的抗剪作用是导致组合结构负弯矩区混凝土板产生拉应力的根本原因。为解决大跨度组合结构钢梁负弯矩处裂缝问题，采用了聂建国院士团队提出并经过实践检验的新型连接技术——抗拔不抗剪连接技术。保留传统连接件的抗拔作用并取消其抗剪作用，使钢-混凝土界面在不发生分离的条件下产生自由滑动，释放混凝土板拉应力，降低混凝土板开裂风险，这种新型连接技术被定义为"抗拔不抗剪连接"技术，图 5.3-9 所示为传统栓钉连接件与抗拔不抗剪连接件的对比。这种技术通过在负弯矩区布置新型的抗拔不抗剪栓钉来实现，本工程采用抗拔不抗剪栓钉的施工现场如图 5.3-10 所示。

图 5.3-7　绑扎完的钢套筒
（摄影：来庆贵）

图 5.3-8　浇筑完的钢套筒
（摄影：来庆贵）

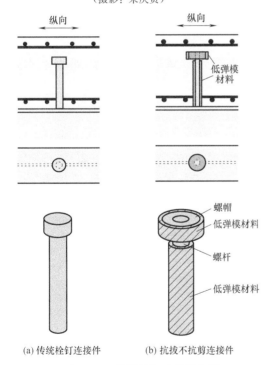

(a) 传统栓钉连接件　　(b) 抗拔不抗剪连接件

图 5.3-9　传统栓钉连接件与抗
拔不抗剪连接件的对比

图 5.3-10　抗拔不抗剪栓钉
（摄影：来庆贵）

4. 屋面网壳计算模型

屋面网壳分别采用 PMSAP 程序建立整体模型，采用 PKPM-网架网壳设计程序建立单独网壳模型进行计算分析，计算模型如图 5.3-11 所示。计算结果以单独网壳模型计算为准，整体模型用来校核下部混凝土结构与 YJK 整体模型包络设计。网壳单向短边支撑，采用固定铰支座。网壳在每个支座处产生水平力约 300kN，将水平力返回到整体模型进行整体计算。最终屋面网壳用钢量为 52.1kg/m^2。

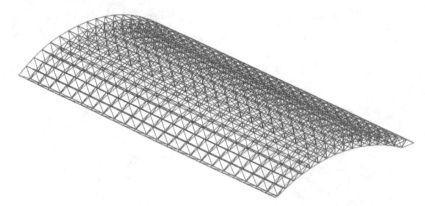

图 5.3-11　屋面网壳计算模型

5.3.3　特殊分析

由于西区整层钢桁架弦杆兼作水平构件，结构荷载大、刚度弱、兼具建筑功能，对舒适度有要求；东区网球场采用组合楼面，钢梁高度仅为跨度的 1/22，竖向刚度弱，因此桁架与组合楼面均进行了楼面舒适度验算。

采用 SAP2000 程序建立局部模型，桁架层与组合楼面模型分别如图 5.3-12、图 5.3-13 所示。

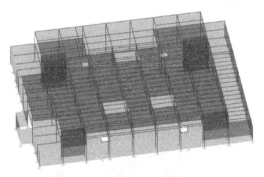
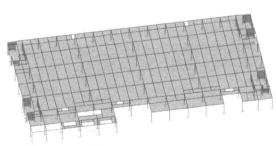

图 5.3-12　桁架层模型　　　　　　图 5.3-13　组合楼面模型

分别计算桁架层与组合楼面层的竖向振动频率，桁架层竖向振动频率为 3.71Hz，组合楼面层竖向振动频率为 3.86Hz，即两处楼面的竖向振动频率均大于 3Hz。为进一步评价两处楼面的舒适度，对两处楼面进行加速度时程分析。由于行人行走过程的复杂性和随机性，国内外对行走激励荷载曲线还没有一个统一的标准。本工程加速度时程分析时，选取 IABSE（国际桥梁及结构工程协会）建议的步行荷载，如图 5.3-14 所示。同时，还通过设置跳跃工况对结构进行验算。跳跃荷载激励按 ATC（北美应用技术委员会）的建议取值，如图 5.3-15 所示。荷载激励施加按照人群密度取 1 人/m^2，行人质量取 75kg，同步率均取 0.1。

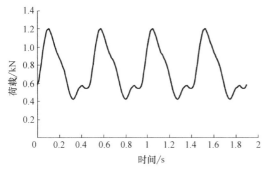

图 5.3-14　步行激励时程曲线

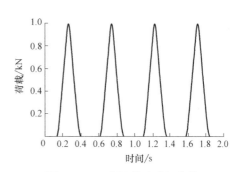

图 5.3-15　跳跃激励时程曲线

经分析，桁架层最大加速度达到 0.15m/s^2，未超过规范限值 0.17m/s^2；组合楼面层最大加速度达到 0.20m/s^2，超过规范限值。考虑桁架层上荷载大、使用功能多样的特点，即便桁架层加速度未超过规范限值，对桁架层也采取减震措施。分别在桁架层与组合楼面处跨中部位设置 TMD，经分析，设置 TMD 后，桁架层最大加速度减小到 0.13m/s^2；组合楼面最大加速度减小到 0.16m/s^2，均满足规范要求。考虑到不希望 TMD 的荷载增加对结构产生较大影响，TMD 的质量取 1t，阻尼比取 0.08，自振频率取与结构振动频率相同，计算得出 TMD 参数见表 5.3-1。

TMD 参数　　　　　　　　　　　　　　　　　　　　　　表 5.3-1

编号	质量/ t	自振频率/ Hz	阻尼比 ζ	弹簧刚度 K /(kN/m)	阻尼系数 C /(N·s/m)	数量/ 台
TMD-1	1.0	3.71	0.08	1020	7400	12
TMD-2	1.0	3.86	0.08	1050	7700	16
合计						28

5.4　地基基础设计

本工程的基础设计较为复杂。西区为地下一层，地上一层；东区为地下二层局部夹层，地上二层局部夹层。两区整体荷载均不大，若采用天然地基＋筏板基础，地基持力层承载力均能满足要求。但是，基础埋深均超过 12m（地下室相对高度参见图 5.1-2），需设置配重或抗浮锚杆解决抗浮问题。另外，建筑存在较大范围的大跨度结构，柱下荷载大，筏板受力不均匀，易引起地基不均匀沉降。

为解决上述问题，本工程采用柱下或墙下承台＋桩基的基础形式。此基础形式受力直接、传力途径明确，同时桩基可兼作抗拔桩解决抗浮问题。西区冰场局部设置筏板基础，筏板基础下设置抗浮锚杆。

5.5 评议与讨论

本工程为多层体育馆建筑，跨度大，建筑对空间高度的要求严格，结构设计人员需要在种种限制条件下完成建筑要求。

设计人对大跨度结构有着理性认知，针对不同建筑情况选取相应的更为经济合理的结构形式。本项目中分别采用了网壳、桁架、组合梁三种大跨度形式，各具特色。

5.5.1 大跨度钢桁架楼屋盖设计

特别是西区首层采用的整层通高钢桁架，既控制了首层楼面与屋面处的结构高度，也在保证结构安全的同时满足了建筑的使用功能。本工程钢桁架的设计也有独到之处。一般与钢桁架相连的框架柱采用型钢混凝土柱，便于将钢桁架与框架柱固结，这种连接方式可以加强桁架的竖向刚度，改善楼面舒适度。但将钢桁架与框架柱固结，就需要解决桁架水平推力的问题。这个推力通常情况下可以由楼板和楼层梁来传递，但设计时应考虑到水平力的传递路径，有时边跨单排柱就无法通过梁板来传递这一水平推力。以本工程为例，恒荷载作用下钢桁架端部的水平推力约为 1100kN，完全依靠竖向构件承担会造成结构尺寸增加等一系列问题，因此设计人采用"放"的方法，消除这部分水平推力带来的不利影响。本工程采用了滑动支座+后浇带这种方式，释放了主体结构自重荷载作用下的桁架水平推力，框架柱在使用过程中仅承受由活荷载产生的水平推力，适当加强竖向构件的强度与刚度即可满足设计需求。

设计师需要注意到大跨度构件水平推力的问题，具体情况具体分析，不宜一味硬扛，应该张弛有度。"放"的方式不仅指上文提到的滑动支座，还指可采用控制施工顺序，即后连接的方法：施工时先不连接桁架下弦；在恒荷载加载完成，变形稳定后再连接下弦。这一问题的解决方法很多可依据具体工程条件灵活设定，其基本原则就是在保证施工阶段结构安全和使用阶段结构变形的前提下释放水平力，减小结构的"初始应力"。

5.5.2 钢梁-混凝土板组合楼面设计

东区网球场楼面采用钢梁-混凝土板组合楼面，大跨度组合梁的跨高比为 1/22，有效地控制了梁高。相比一般钢梁、混凝土楼面，本项目采用组合梁后，节省结构高度 200mm，节约用钢量约 10kg/m^2。单从经济数据来看，组合梁优势明显，但实际工程中的使用一直不广泛，矛盾焦点之一就是跨度较大的组合梁在施工阶段验算常常需要设置临时支撑，而为了加快进度、便于施工，钢结构施工过程中尽量避免采用临时支撑措施。究其原因是组合梁施工时，混凝土未硬结、组合作用尚未形成，材料重量和施工荷载由钢梁承受，同时楼板对上部受压区的侧向支撑作用不明确，难以定量。而我国现行《钢结构设计标准》GB 50017—2017 规定，钢梁应根据临时支撑的情况验算其强度、稳定性和变形。因此，施工阶段组合梁验算（特别是整体稳定性验算）应该如何考虑边界条件是个难点，控制过严将造成临时支撑设置困难，无法推广；控制过松又容易造成施工安全隐患。建议设计人员可参考《欧标钢结构设计手册》（冶金工业出版社，2014）的相关规定把握取舍。

第一篇 大跨度结构

欧标钢结构设计手册规定：如果钢筋桁架楼承板或压型钢板组合楼板的跨度方向与钢梁垂直并与其有效连接时，可以假定钢梁受到钢筋桁架楼承板或压型钢板的侧向约束，能阻止钢梁上翼缘的侧向位移；如果钢筋桁架楼承板或压型钢板组合楼板的跨度方向与钢梁平行，则需要设置与钢梁垂直的次梁提供侧向约束。

另外，组合梁设计还存在负弯矩裂缝问题、与混凝土柱的连接问题等。在本项目中，为解决大跨度组合结构钢梁负弯矩处裂缝问题，采用了聂建国院士团队专利连接技术——抗拔不抗剪栓钉。组合楼面钢梁与混凝土柱连接则采用了钢套筒连接技术。采用钢套筒连接技术时，框架柱钢筋需穿套筒内隔板并避开套筒内栓钉，因此要求较高的加工精度和精细施工。相比起来，常规做法中框架柱采用型钢混土柱或钢管混凝土柱将钢梁与钢骨或钢管相连，构造简单，施工方便，但采用型钢柱或钢管柱会增加用钢量。究竟采用哪种连接做法需进行全面对比分析，以保证结构安全可靠、经济合理。

5.5.3　楼面舒适度计算

体育建筑对楼面的舒适度要求较高，而大跨度钢结构一般都存在楼面刚度较弱的问题。楼面舒适度的计算方法和加强措施是非常值得探讨的。

首先，控制指标究竟应该以频率为主还是以加速度为主？从能量输入的角度来说，当输入能量的频率与结构自振频率吻合时，能量会不断叠加累积，结构将发生共振现象，如不考虑阻尼导致的能量消散，结构振幅就会不断增大，导致舒适度问题甚至结构安全性的问题。因此当外界能量输入的频率一定时，需调整结构自振频率，尽量远离输入频率。

民用建筑楼盖主要以人的日常活动作为能量输入源，一般情况下楼盖的刚度越大，自振频率越小。经总结发现，当楼盖结构的竖向频率不小于 3Hz 时，就足够远离常规人行频率，从而保证楼盖结构的舒适度。楼盖结构竖向振动的频率是结构的固有属性，计算比较容易。所以，对于多数结构来说，应首先验算楼盖结构的竖向振动频率，满足要求即可。

其次，当计算得到的楼盖自振频率小于 3Hz，即自振频率与能量输入频率近似时，振动存在叠加的情况。尽管由于频率不完全一致及结构阻尼影响等，楼盖振幅不会持续增加，但振动叠加带来的楼盖竖向加速度将直接影响人体的舒适度。这就需要进一步计算设计楼面的加速度了。竖向振动加速度越大，人体感受到的振颤越明显。因此，对于自振频率加大的楼盖，考察舒适度时应以竖向加速度为主要参数。对于住宅、办公等较为安静的场合，人体对振动的感觉较为敏感；在商场等嘈杂的场合，人体对振动的感觉较为迟钝。因此，《高层建筑混凝土结构技术规程》JGJ 3—2010 对不同场合的楼盖竖向振动加速度限值作出规定。由于楼盖的竖向振动加速度不是楼盖的固有特性，其大小与外界激励的路径、方式有关，在不同的激励下结果不同，因此，不同建筑需根据楼盖的功能，按照人流方向、行走作用等验算楼盖竖向振动加速度。计算楼盖的竖向振动加速度须采用时程分析方法或简化近似方法，计算过程较为复杂。

本建筑作为体育建筑的外部活荷载与传统公共建筑有一定区别，强度更大、频次更高，且存在局部集中的情况，应选择与建筑使用功能匹配的激励方式准确模拟结构振动。本工程振动计算采用了人行荷载并考虑了跳跃激励，符合体育建筑的使用特点。计算显示，在此类激励下楼盖的竖向振动加速度偏大，因此在西区钢桁架层与东区组合楼面梁跨中位置设置 TMD，有效改善了大跨楼盖的舒适度。

5.5.4 东区屋面设计

东区屋面采用弧形柱面钢网壳，同时满足了结构受力与建筑屋面造型的要求。

钢结构网壳采用了变厚度弧形钢网壳，造型更加优美轻盈，矢跨比约为 1/6.5，用钢量约为 52.1kg/m^2，结构经济合理，安全可靠。

附：设计条件

1. 自然条件

（1）风荷载

基本风压为 0.45kN/m^2（50 年一遇），地面粗糙度类别为 B 类。

（2）雪荷载

基本雪压为 0.45kN/m^2（50 年一遇）。

（3）地震作用

抗震设计参数见表1。

抗震设计参数   表 1

抗震设防烈度	设计基本地震加速度	设计地震分组	特征周期值	建筑场地类别
8 度	0.20g	第二组	0.55s	Ⅲ

2. 设计控制参数

（1）主要控制参数

结构设计使用年限为 50 年，建筑结构安全等级为二级，地基基础设计等级为乙级，建筑抗震设防类别为标准设防类（丙类）。

（2）抗震等级（表2）

抗震等级   表 2

位置	楼层	抗震等级	
		框架	抗震墙
东区	地上	二级	二级
	地下	二级	二级
西区	地上	二级	二级
	地下	二级	二级
钢组合梁、钢桁架	地上	三级	

3. 结构主要构件尺寸

（1）主要混凝土构件尺寸

东区抗震墙厚度为 400mm，框架柱主要截面尺寸为 800mm×800mm、800mm×

1200mm、1000mm×1000mm，框架梁主要截面尺寸为 400mm×800mm、500mm×900mm。西区抗震墙厚度为 400mm，框架柱主要截面尺寸为 800mm×800mm、1200mm×1200mm，框架梁主要截面尺寸为 400mm×800mm、600mm×800mm。

（2）西区钢桁架构件立面图

西区典型钢桁架立面如图 1 所示，桁架构件关于对称轴左右对称。

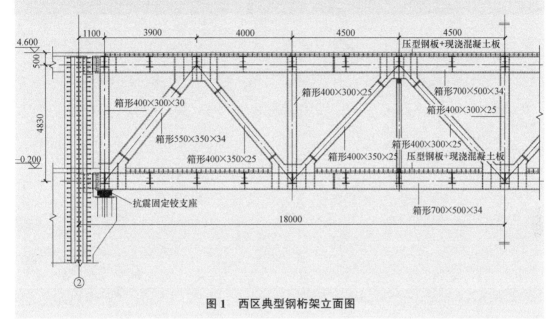

图1　西区典型钢桁架立面图

第二篇

特色高层结构

第 6 章

亚投行总部永久办公用房结构设计

2021 年世界高层建筑与都市人居学会（CTBUH）亚洲最佳高层建筑奖

2021 年度行业优秀勘察设计奖优秀（公共）建筑设计项目一等奖

2021 年度教育部优秀勘察设计建筑结构与抗震设计一等奖

2021 年北京市优秀工程勘察设计奖建筑工程设计综合奖（公共建筑）一等奖、装配式建筑专项奖一等奖

结构设计团队：

刘彦生　李青翔　陈宇军　刘培祥　李滨飞　刘　俊

李英杰　罗虎林　王石玉　段春姣　程　进

6.1 工程概况

6.1.1 建筑概况

亚洲基础设施投资银行（简称亚投行）总部永久办公用房项目位于北京市中轴线上，位置优越，是奥林匹克公园地区核心建筑物之一。项目用地北隔科荟路与奥林匹克森林公园相望，东邻奥运观光塔，向南与国家会议中心、国家体育馆、"水立方"等标志性建筑连为一体。

本项目用地面积约 61160m²，总建筑面积为 389972m²，其中地上建筑面积 256872m²，地下建筑面积 133100m²。平面投影呈"中国结"形状（由 5 个"口"字组成），南北向长 244m，东西向宽 181m，地面以上立面分为两个梯度：外围"四个口"12 层，高 60m；中间"一个口"16 层，高 80m。地上建筑主要功能为办公。地下共三层地下室，基底埋深 17.9m。建筑效果图见图 6.1-1、平面图见图 6.1-2、剖面图见图 6.1-3、楼层透视关系见图 6.1-4。

图 6.1-1　效果图

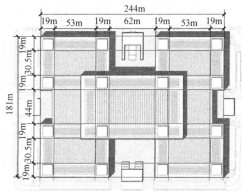

图 6.1-2　平面图

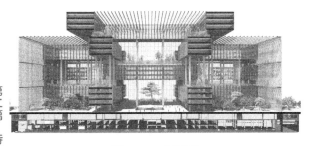

图 6.1-3　剖面图

图 6.1-4　楼层透视关系

（摄影：夏至）

6.1.2 建筑特点与特殊需求

建筑平面呈 5 个"口"字形，16 个交点上设置交通核筒体，外围 4 个口字形与中央口字形在四个角部重叠相接并由 4 个竖向筒体将这 5 个口字形结构"串"为一体。中央 4 个筒体成为 5 个口字形结构的竖向连接体。

进一步分析建筑平面。从楼层关系上看，每 4 层为一个体系，2～5 层为两个竖放的 M 形，6～9 层这两个 M 形绕整体建筑形心旋转 90°，呈两个水平放置的 M 形，10～13 层再次旋转 90°，成为两个竖放的 M 形。每层都存在 2 个由 8 个筒体和其间框架形成的水平连体结构。

这样的平面形态使中央口字形的四个角部筒体位置每隔 4 层形成一个大错层，同时存在 3 个错层部位，受力特别复杂。如图 6.1-5～图 6.1-9 所示。

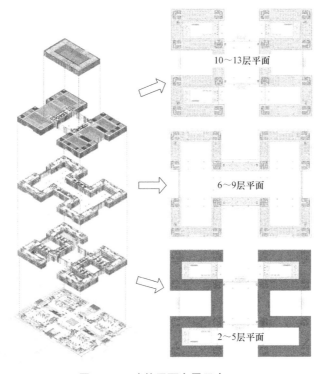

10～13 层平面

6～9 层平面

2～5 层平面

图 6.1-5　建筑平面布置示意

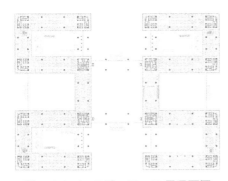

图 6.1-6　2～5 层、10～13 层平面图

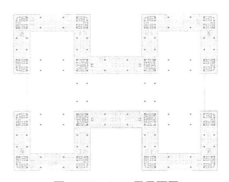

图 6.1-7　6～9 层平面图

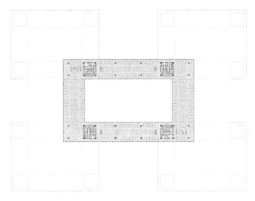

图 6.1-8　14 层至屋面平面图　　　　图 6.1-9　中央口字形四个角部筒体错层实景

（摄影：张广源）

此外，14～16 层为南北两侧凸出下方中央四个核心筒的口字形，南北两侧伸出下方支承范围，形成 51.0m 跨度的悬空楼层（图 6.1-10）。

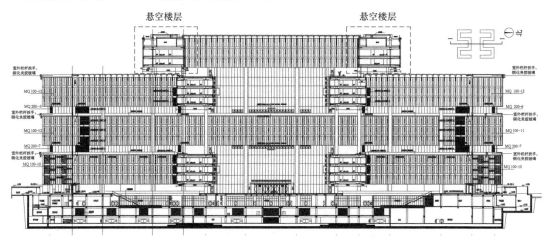

图 6.1-10　悬空楼层剖面图

同时，这种大的层空间穿插形成的内部共享空间使得部分竖向管线路由只能通过筒体，而筒体尺寸又被严格限制，不能增加，造成筒体内部空间异常紧张并挤压结构构件尺寸。

6.2　结构体系与特点

6.2.1　结构体系

由于建筑方案限定，结构只能在 5 个口字形的 16 个交点位置，利用交通核设置抗震墙筒体，筒体轴线尺寸仅 12m×12m。东西方向每两个筒体之间距离为 37.5m 和 51m，南北方向每两个筒体之间的距离为 60m 和 69m。只能每 4 层一个系统，设置水平构件，且对水平构件的尺寸限制也相当苛刻，占据 1～2 层高的钢桁架无法满足建筑空间要求。

因此，在 2 个筒体之间增加 2 排框架柱，柱间跨度为 12m 和 27m，从而形成两榀单跨框架，作为筒体间的框架构件。建筑对梁、柱尺寸也有非常严格的限制。

建筑平面的角部口字形单元由 4 个筒体及两榀单跨框架（4 根框架柱）组成（图 6.2-1），每个角部单元靠近中央的一个筒体兼作中央单元的 4 个筒体之一，并在每 2 个筒体间布置两榀单跨框架，形成中央单元（图 6.2-2）。

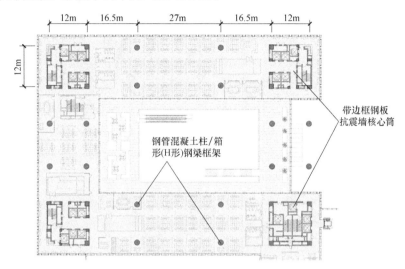

图 6.2-1　角部单元平面图

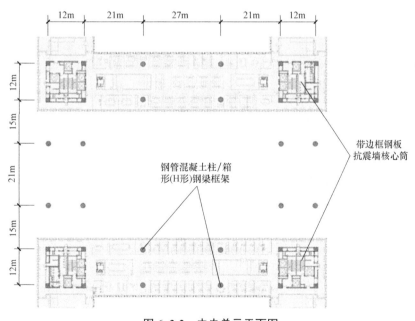

图 6.2-2　中央单元平面图

具体结构构件尺寸大致如下：16 个筒体外轮廓尺寸为 13.8m×13.8m，采用带边框的钢板抗震墙，边框柱尺寸为 1265m×1265m，采用矩形钢管混凝土柱，边框梁为 H600mm×300mm×30mm×20mm，钢板抗震墙厚 20～30mm；框架柱采用钢管混凝土柱，外径为 1550mm，壁厚 40mm，最大无支撑高度为 26.3m；钢框架梁最大跨度为

27m，典型断面为 1000mm×1000mm×20mm×30（40）mm 箱形截面。

本工程结构体系由刚度相对较大的 16 个筒体（或称为巨型柱）和筒体间的普通框架形成主要竖向及水平受力体系，是独特的巨型柱（筒体）和普通柱框排架结构体系（图 6.2-3）。本体系的重要特点在于水平作用和垂直作用有各自独立的传导方式。

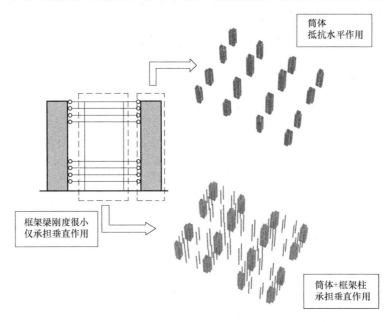

图 6.2-3 巨型柱（筒体）和普通柱框排架结构体系示意

为便于理解，可以将子结构假设为巨型构件，将筒体看作柱，筒体间的水平构件看作梁。

在传统结构体系中，梁在将竖向荷载传给柱的同时，也通过自身刚度约束柱的变形，形成能够抵抗水平作用的框架结构，框架兼顾水平作用和垂直作用。

但在本项目中，由于建筑要求，16 根"柱"的刚度很大，而"柱"之间的"梁"仅为 4 根一组的一般尺度框架梁，"梁"与"柱"断面、刚度均存在数量级的差距，"梁"对"柱"的约束作用微不足道。水平构件无法约束筒体形成"框架"作用，因此，结构受力更近似于排架的模式，各筒体独立承担水平力，不能形成整体受力。虽然每 2 个筒体之间设有两榀单跨框架，但其抗侧刚度很小，基本上仅承担垂直荷载，水平荷载仍主要通过楼板传递给两端的筒体。结构抗侧刚度也基本为 16 个筒体抗侧刚度的代数和，总刚度相对偏小。

在传统结构体系中，框架兼顾水平作用和垂直作用，用材较省，是一种经济合理的处理方式。本项目采用的特殊体系，类似排架结构（水平作用和垂直作用各自传递，传力路径不共用），必然会带来材料用量的增加，整体结构的经济性可能不如传统体系。但为配合建筑方案，将建筑内部空间利用到极限，通过创新体系，提出有限条件下的最优解，同样具有非常积极的意义，是结构工程师的重要工作内容。

从力学角度分析，此结构既不是传统意义上的典型框架-抗震墙结构体系，也不是抗震墙结构体系。结构整体变形以弯曲型为主，每个巨型柱（筒体）受到的水平荷载引起的弯矩较大，竖向荷载产生的压力偏小，类似竖向受弯构件。设计时注意不要照搬传统结构体系的设计方法，而应结合工程实际，从受力情况出发进行设计。

6.2.2 体系特点与关键问题

1. 结构整体性较弱

结构周边 4 个口字形平面与中央的口字形平面依靠中央 4 个筒体竖向连接，平面内连接刚度很弱。从振型上看（图 6.2-4），4 个周边单元和中央单元在地震作用下将各自相对独立地振动，整体性较差。同时，这种平面布置与连接方式使中央 4 个筒体受力格外复杂，以整体弯扭受力为主。

SAP2000第一振型T_1=1.754s

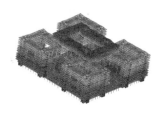

SAP2000第二振型T_2=1.728s

SAP2000第三振型T_3=1.463s

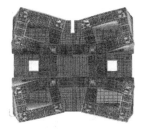

SAP2000第四振型T_4=1.131s

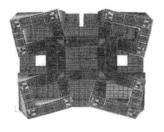

SAP2000第五振型T_5=1.110s

SAP2000第六振型T_6=1.100s

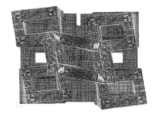

SAP2000第七振型T_7=1.070s

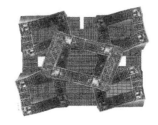

SAP2000第八振型T_8=0.853s

图 6.2-4 振型平面图

2. 刚度与质量分布不均匀

筒体位于建筑平面的转角处，承担的竖向荷载相对较小，但抗侧刚度较大；框架柱位于建筑平面中部，承担的竖向荷载相对较大，但单跨框架的抗侧刚度很小。结构的质量与刚度分布非常不均匀，容易产生扭转，不利于抗震。同时，这种结构布置方式会形成楼层惯性力水平荷载与主要的抗侧刚度提供构件位置相距较远，需要通过水平构件转换传递，梁板等水平构件有明确的传力需求，增加了水平构件的面内内力。

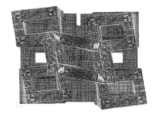

3. 筒体刚度大、轴力小

周边 12 个筒体由于抗弯刚度大，承担的水平荷载大，倾覆力矩大，但承担的竖向荷载小，轴向压力小，筒体接近竖向受弯构件，在小震作用下筒体就将出现较大拉力。

4. 非典型框架-抗震墙体系，框架刚度占比很小

结构柱数量及与梁形成的框架抗弯刚度在整个结构中占比非常小，基本不能出现典型的框架-抗震墙结构体系的受力特点，因此不能够称为框架-抗震墙（筒体）结构，也不应该按照框架-抗震墙（筒体）结构的有关经验和规定进行设计。

5. 框架部分的整体稳定性

框架部分虽然因为抗侧刚度小，承担的水平作用有限，但由于本工程特殊的建筑平面空间布局，会在多处形成 26.3m 高的穿层柱。此部分框架结构的整体稳定性是设计重点之一。

6. 顶部大跨度桁架

14 层至屋面南北两翼分别向南北偏出，下方 51.0m 范围内没有竖向构件支承，为此，在 16 层布置整层东西向桁架下挂 13 层、14 层，桁架跨度为 51.0m，吊柱采用铰节点以减小水平作用效应（图 6.2-5、图 6.2-6）。大跨度桁架与筒体、钢管柱连接处杆件在地震作用下内力较大，使得截面较大，需采取措施降低内力。

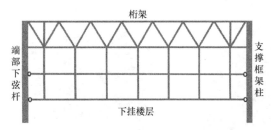

图 6.2-5 吊挂桁架示意图

图 6.2-6 吊挂桁架施工现场

6.2.3 结构设计思路

1. 针对整体性较弱、质量刚度分布不均的分析方法

（1）多模型包络设计

由于本工程结构体系不典型，采用传统设计方法计算时，软件与规范的各种简化计算假定可能与实际结构存在较大误差，设计结果与实际受力情况不匹配。因此，针对 5 个口字形分部相互之间连接较弱，在地震作用下各自相对独立振动的特点，本工程按照角部分体模型、中部分体模型分别进行计算，再与整体模型分析比较，进行多模型包络设计，使结构整体振动和独立振动的受力状态都能涵盖在内，使本项目这一特殊体系在缺乏经验构造数据的情况下，设计结果的可靠度与采用传统方法设计的经典体系一致。

（2）采用性能化抗震设计方法

对结构关键部位、耗能部位和一般部位的构件分别设置不同的性能目标，采用性能化设计方法进行设计，并针对这些性能目标进行罕遇地震作用下弹塑性分析，以验证整体结构和构件的抗震性能达到或优于设定目标。

（3）进行楼板专项设计，提高结构整体性

针对本项目楼层惯性力水平荷载与主要的抗侧刚度提供构件位置相距较远，需要通过

水平构件传力的情况，对筒体间楼板进行专项分析。通过计算确定楼板内力，采用通长钢筋配筋，保证楼板承载力需求，同时增设楼面水平钢支撑（图 6.2-7），作为二道防线，保证楼板在大震作用下部分失效后水平构件仍能具有一定的刚度和传力性能，避免结构整体失效。

图 6.2-7　楼面水平钢支撑设置

2. 筒体的设计方法

本工程的竖向传力体系和水平传力体系基本各自独立。结构竖向传力体系由钢板抗震墙的边框梁柱和外径 1550mm 圆钢管混凝土柱/钢梁框架组成；水平作用传力体系由钢板抗震墙筒体与钢框架组成，筒体承担大部分水平作用，框架承担很少。筒体是本工程最重要的抗侧力构件，因此应从设计目标上提高筒体的性能目标，达到大震不屈服；从抗震构造上将筒体的抗震等级提高一级，保证结构整体抗侧能力。

本项目筒体的特点如下：

（1）建筑师对筒体尺寸严格限制，构件截面必须尽量小，为竖向交通和设备管道留出空间。

（2）筒体承担的竖向荷载小，水平荷载大，因此在底部很容易出现受拉状态。特别是周边 12 个筒体，在小震作用下就出现较大拉力。筒体设计时应重点解决受拉问题。

（3）中间 4 个筒体在 M 形楼层变方向位置受力很大，存在弯扭剪混合作用的复杂受力状态，传统混凝土结构难以承受。

设计师综合分析考量后，在结构布置时采用高强材料来解决构件内力大、允许截面尺寸小的问题，16 个筒体均采用带边框的钢板抗震墙筒体（图 6.2-8）。

图 6.2-8　钢板抗震墙筒体施工现场

针对钢板抗震墙受压易屈曲，影响抗剪、抗扭性能的问题，对钢板抗震墙进行专项设计，优化截面，合理设置加劲肋。最重要的是通过施工过程控制，避免钢板承受过大的压应力，将钢板抗震墙设计为仅承担竖向活荷载和水平作用。这需要在施工阶段考虑钢板抗震墙安装顺序，即：先施工边框梁柱和框架形成竖向传力体系，待全楼的楼板施工完成后，再将钢板抗震墙与边框梁柱连接。针对组焊次序和焊缝要求采取措施，以保证钢板抗震墙筒体的整体性。

针对中央4个筒体作为5个口字形分部的竖向连接体所产生的受力状态复杂问题，限于建筑空间尺寸，只能通过采用高强材料的方式来达到承载力要求。因此，一方面，在筒体角部的边框柱内浇筑C80混凝土，保证边框柱竖向承载力；另一方面，为满足复杂受力情况下较大的内力，这4个筒体的钢板抗震墙增加厚度至30mm，并从底到顶保持不变，保证钢板抗震墙的抗剪和抗扭性能。

综合上述做法，解决了筒体结构构件尺寸小、受力复杂的问题。

3. 框架的设计方法

（1）框架梁与筒体的连接方式选择。首先对框架梁与筒体刚接或铰接带来的受力差异进行比较。由于本工程框架偏少，框架刚度偏弱，理论上框架对结构整体性能的影响很小。设计师希望通过对框架梁与筒体结构连接方式的详细分析，在不影响结构性能的前提下，优化结构布置，减小施工难度。

通过对框架梁与筒体刚接、铰接两个模型的周期、框架在基底剪力中占比的比较，分析判断刚接模型是否比铰接模型性能更高，主要对比结果见表6.2-1～表6.2-3。

模型第一周期对比

表6.2-1

模型名称	第一周期（s）
框架梁刚接模型	1.780
框架梁铰接模型	1.867

X 向各层柱剪力占比对比

表6.2-2

层号	框架梁刚接模型			框架梁铰接模型		
	总剪力（kN）	柱剪力（kN）	柱占比	总剪力（kN）	柱剪力（kN）	柱占比
B01	260764	65605	25.2%	267766	65244	24.4%
F00	244396	9477	3.9%	241811	9436	3.9%
F01	235377	24845	10.6%	233925	16784	7.2%
F02	226427	29469	13.0%	226133	22699	10.0%
F03	217049	26163	12.1%	216099	20353	9.4%
F04	206025	5916	2.9%	70348	5066	7.2%
F05	193601	21188	10.9%	95707	17168	17.9%
F06	181373	26464	14.6%	180543	20186	11.2%
F07	168758	22905	13.6%	167321	17418	10.4%
F08	155024	6254	4.0%	152715	6373	4.2%
F09	138100	23989	17.4%	135147	19249	14.2%

层号	框架梁刚接模型			框架梁铰接模型		
	总剪力(kN)	柱剪力(kN)	柱占比	总剪力(kN)	柱剪力(kN)	柱占比
B01	250530	56669	22.6%	249774	60463	24.2%
F00	237822	10240	4.3%	225242	10905	4.8%
F01	229026	20854	9.1%	218087	15125	6.9%
F02	219343	23576	10.8%	210472	18684	8.9%
F03	209017	21522	10.3%	201300	18082	9.0%
F04	198266	7880	4.0%	71480	4778	6.7%
F05	187228	25907	13.8%	79017	21064	26.7%
F06	177110	29026	16.4%	168749	22234	13.2%
F07	166285	24319	14.6%	157173	18676	11.9%
F08	152553	10228	6.7%	142739	8642	6.1%
F09	134333	21990	16.4%	125386	16867	13.5%

从表 6.2-1～表 6.2-3 可看出，框架梁与核心筒采用不同的连接方式对结构周期，特别是框架柱剪力占比有一定影响，但结果差异不明显，两个模型框架部分的基底剪力占比基本都远小于15%。这表明框架梁与筒体铰接对结构整体性能影响不大，水平荷载产生的整体倾覆力矩将主要由各个筒体独立承担。相较于框架梁的连接方式，提高各个筒体的安全冗余更为重要，应将其性能目标提高至大震不屈服。

考虑到框架梁与筒体铰接方案传力清晰、构造简单，同时由于筒体边框梁的截面高度受到限制，刚接方案还会给边框梁带来较大的弯矩，造成设计困难，本工程框架梁与核心筒采用了铰接连接。

（2）由于建筑每 4 层一个转换，建筑内存在大量超过 25m 的穿层柱（图 6.2-9）。设计时，通过提高侧移控制标准，即小震控制 1/350，大震控制 1/70，以减小跃层柱在侧移下的 P-Δ 效应，保证其稳定性。框架抗震等级采用一级。

图 6.2-9 穿层柱实景

（摄影：夏至）

4. 顶部大跨度桁架的设计要点

顶部桁架上弦杆与柱连接处的内力过大，通过施工过程控制可降低连接处内力。即，采取施工措施，保证桁架在施加恒荷载阶段，弦杆与筒体、钢管柱连接形式为铰接，待 14～16 层楼面施工完毕，再将节点形式改为刚接，从而有效降低弦杆与筒体、钢管柱连接处的内力，减小桁架杆件截面。

6.3 结构分析

6.3.1 整体模型弹性计算分析

1. 整体模型验证

本工程采用 YJK 和 SAP2000 软件进行分析并相互校核。整个建筑周边在 B1 层存在下沉式开敞环廊，所以整体分析时将嵌固端设在地下一层楼面。

结构各振型如表 6.3-1 所示。其中整体模型前三个振型分别为 X 向平动、Y 向平动及整体扭转。第一扭转周期与第一平动周期之比，YJK 与 SAP000 分别为 0.843 和 0.834，均小于规范限值 0.85。两组模型结果指标基本吻合，验证了模型的正确性。地震作用下基底剪力对比如表 6.3-2 所示。

2. 结构位移及位移角

表 6.3-3 为 YJK 模型在小震作用下的结构顶点位移及层间位移角，可以看出，楼层位移和层间位移角均满足规范要求。

结构周期（取 9 个振型） 表 6.3-1

模态	YJK	SAP2000	SAP/YJK
T_1	1.867	1.754	0.94
T_2	1.836	1.728	0.94
T_3	1.573	1.463	0.93
T_3/T_1	0.843	0.834	

地震作用下基底剪力（kN） 表 6.3-2

基底剪力(kN)	SAP2000	YJK	剪重比	SAP/YJK
X 向	267766	251940	5.62%	1.06
Y 向	249774	243826	5.44%	1.02

小震作用下结构顶点位移及层间位移角 表 6.3-3

顶点位移(mm)		层间位移角		位移限值
X 向	Y 向	X 向	Y 向	
122	119	1/491(13 层)	1/427(13 层)	1/350

3. 多模型包络设计

整体结构由 5 个口字形单元在角部相互拼接而成，从各振型（参见图 6.2-4）可以看出，前三个振型为整体震动振型。前三个振型之后的振型，由于各口字形单元动力特性相近，导致各单元模态同向或反向扭转，对中央口字形单元的 4 个筒体产生扭转和错动效应。结构设计过程中，一方面，在结构方案选取时采用钢板抗震墙作为筒体主要构件，该类型构件具有很好的强度和延性，可以极大地提高筒体抵抗扭转和错动的能力。另一方面，进行多模型包络设计。计算时按照整体模型、周边分体模型、中央分体模型分别建模计算，最终设计成果取多模型结果的包络值。

本工程的整体性偏弱,从平面组合上看,结构角部 4 个筒体形成 4 个口字形框架-筒体结构单元。4 个这样的结构单元通过中部的框架连成整体结构(图 6.3-1)。由于彼此间连系较弱,因此有必要将 4 个角部口字形结构单元作为独立结构,单独进行分析,并与整体模型分析的结果取包络作为设计依据。角单元结构模型如图 6.3-2 所示。

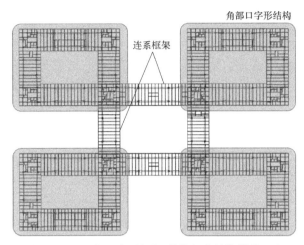

图 6.3-1　四角口字形框架-筒体组合结构拼装示意

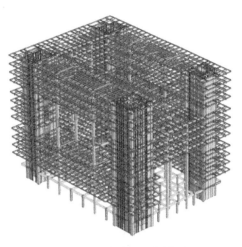

图 6.3-2　角单元结构模型

同样,结构亦可看作由中央 4 个筒体与框架形成的中央口字形结构单元与周围 4 组 L 形框架-筒体结构进行连系所构成(图 6.3-3)。因此,也应将中央口字形结构及角部 4 个 L 形结构各自作为独立结构进行分析,并与整体模型分析结果取包络设计。角部 L 形结构模型如图 6.3-4 所示,中央单元结构模型如图 6.3-5 所示。

各类模型第一周期对比见表 6.3-4。可以看出,角部两种模型第一周期非常接近。角部模型由于总高度小,且负载面积小,周期比中部模型短。

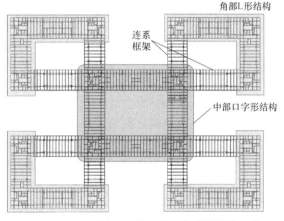

图 6.3-3　四角框架-核心筒组合结构拼装示意

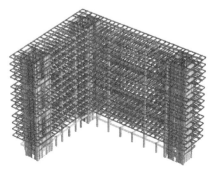

图 6.3-4　角部 L 形结构模型

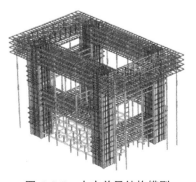

图 6.3-5　中央单元结构模型

各类模型第一周期对比		表 6.3-4
模型名称	第一周期(s)	说明
角部口字形模型	1.50	高 60.75m
角部 L 形模型	1.48	高 60.75m
中部口字形模型	2.25	高 79.8m 负载面积较大

各类模型剪重比的对比见表 6.3-5。可以看出,角部模型因高度较小,剪重比也较大;中部模型则与整体模型较为接近。这再次表明结构各个筒体之间属于弱连接,框架无法对筒体形成有效的空间约束。

各类模型剪重比对比				表 6.3-5
方向	整体铰接模型	角部口字形模型	角部 L 形模型	中部口字形模型
X 向	5.60%	7.50%	7.90%	6.10%
Y 向	5.40%	7.70%	7.70%	5.80%

各类模型扭转位移比的对比见表 6.3-6。可以看出,筒体对结构扭转侧移的约束较强,局部模型并未因与整体结构脱离而产生较大的扭转效应。

各类模型扭转位移比对比		表 6.3-6
模型名称	扭转位移比(X 向)	扭转位移比(Y 向)
整体模型	1.06	1.13
角部口字形模型	1.15	1.25
角部 L 形模型	1.19	1.20
中部口字形模型	1.12	1.21

以上分析表明,各局部模型计算的主要指标与整体模型还是非常接近的。产生这种结果的原因是框架对于各个筒体的整体空间约束作用非常弱,导致各个筒体在抵抗水平力时类似于并联的排架柱,所以拆分后的模型与整体模型计算结果相近。

6.3.2 弹塑性动力时程分析

本项目采用大型通用有限元软件 ABAQUS(6.12)进行罕遇地震作用下的弹塑性时程分析。根据设防烈度、场地的特征周期、地震分组、结构自振特性等参数,选择了 2 条天然波及 1 条人工波。

分析结果显示,各地震波水平向基底剪力与反应谱结果吻合较好,可用时程分析结果指导结构设计。

结构弹塑性分析显示,大震作用下的结构位移、层间位移角均能满足要求。结构整体满足性能目标要求,个别部位设计时采取了针对性的加强措施。

(1)五个口字形组合平面在中央口字形平面的角部叠接,中央 4 个筒体起到竖向连接体的作用,受力复杂。通过大震分析,未发现该部位出现大范围塑性变形,满足性能目标的要求;筒体钢板墙塑性变形仅发生在中央 4 个筒体的底部两层,但边框柱未屈服,亦未发生连续性破坏。该部分钢板在设计时采取增加墙体平面外支撑的加强措施,以保证达到性能目标的要求。

（2）楼板损伤较为明显，但未发生连续破坏，满足性能目标的要求。设计时适当增加通长配筋率并设置交叉水平撑。

6.3.3 地震作用下基底倾覆力矩在筒体内产生的拉（压）力

由于本工程结构的布置特点，导致筒体承担了大部分的基底倾覆力矩，所承担的竖向荷载又偏少，特别是周边 12 个筒体均布置在楼层转角处，有两个边没有楼层，造成小震作用下即出现拉力。小震、中震作用下最大拉力值分别为 10735kN 和 25273kN。通过采用钢板抗震墙筒体可以较好地适应这种受力状况。

另外，中央 4 个筒体在小震、中震作用下基底倾覆力矩产生的压力更大，小震、中震作用下压力值分别为 40784kN 和 58328kN。设计中通过设置钢管混凝土边框柱解决，柱截面尺寸为 1265mm×1265mm，内浇筑 C80（周边 12 个筒体为 C60）混凝土。

6.3.4 特殊专项设计

1. 框架穿层柱稳定分析

本工程的建筑平面每隔 4 层绕平面形心旋转 90°，使建筑空间中形成许多穿层柱，柱高 26.3m，最大柱轴力达到 36000kN。为此需进行穿层柱的稳定性分析。

（1）弹性屈曲分析

分析采用 SAP2000 软件进行。先在柱顶添加竖向力 1000kN，通过风荷载对柱顶施加初始缺陷位移，位移值为 636mm，相当于结构高度的 1/94，这个变形也与结构在大震作用下的性能要求一致。然后对模型进行弹性屈曲分析。

计算结果显示，导致柱失稳的屈曲模态为第 18 模态，屈曲因子为 508.0。此时相当于给柱子施加了 508000kN 的压力。

（2）几何非线性稳定分析

仍取结构在风荷载作用下的状态为初始状态，在每个柱顶施加 1000kN 的作用力，计算其稳定变形情况。当柱轴向力达到 163461kN 时停止计算，此时结构顶点位移为 726mm。但从柱轴力-顶点位移曲线来看，仍然保持着大致的线性模式，系统还未进入失稳状态，如图 6.3-6 所示。

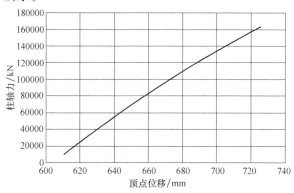

图 6.3-6 结构非线性分析柱轴力-顶点位移曲线

几何非线性分析时，结构框架柱轴力远未达到屈曲模态对应的值，但也远大于框架柱实际需要承担的压力。

2. 连接体楼板分析

地上各层楼板长宽比较大，是否能有效传递地震作用、协调各筒体变形极为关键。此外，楼板也作为穿层柱的侧向约束而发挥重要作用。为此，采用楼板实际面内刚度，对楼板在 Y 向地震作用下的位移进行了计算（图 6.3-7），结果表明，楼板中部最大位移为 37.5mm，而竖向抗侧力构件的平均位移约为 34.6mm，楼板中部最大位移约是平均位移的 1.1 倍，可见楼板在较窄方向并没有发生明显的相对变形，接近刚性楼板。但是进一步的大震作用弹塑性分析显示，楼板在大震作用下的损伤较为明显，因此采取了增大通长钢筋配筋率和增加水平交叉撑的加强措施（图 6.3-8）。

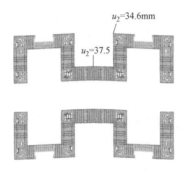

图 6.3-7 典型层楼面在 Y 向地震作用下的位移

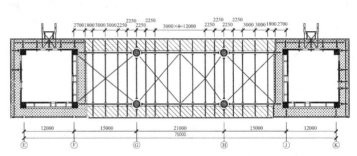

图 6.3-8 楼面内布置水平交叉撑示意

3. 幕墙设计

南北入口幕墙尺寸达 60m×43.3m（图 6.3-9），60m 高的细长矩形立柱承担竖向和水平荷载，尺寸仅为 400mm×120mm。两道人行通道的水平桁架为矩形立柱提供幕墙平面外方向支撑，立柱间的钢棒则提供面内支撑，以保持立柱的稳定。中庭顶部的采光顶（图 6.3-10）采用张弦梁承担竖向荷载。幕墙结构（图 6.3-11）支撑系统的尺寸很小，没有破坏大片幕墙的完整性，视觉效果很好（图 6.3-12）。

图 6.3-9 南北入口幕墙
（摄影：张广源）

图 6.3-10 中庭顶部采光顶
（摄影：张广源）

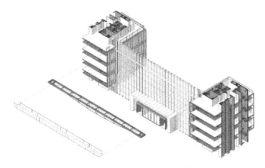

图 6.3-11　南北入口幕墙结构

图 6.3-12　幕墙立柱宽度仅 120mm

（摄影：夏至）

6.3.5　吊挂桁架设计

中间单元南北两侧的 14～16 层凸出筒体边缘一跨，设计中在 16 层设置整层高的桁架，以此吊挂 14 层和 15 层（图 6.3-13），桁架连接在中间单元筒体和角部单元的框架柱上，跨度达到 51m（图 6.3-14）。桁架对作为支座的圆形钢管混凝土框架柱产生较大的弯矩，在小震作用下接近材料设计值。设计中调整桁架下弦靠近支座的第一节间的施工安装顺序，待楼面恒荷载全部施加完成后，再连接下弦此部位（图 6.3-15）。框架柱主要承担活荷载和地震作用产生的弯矩，内力大为降低。

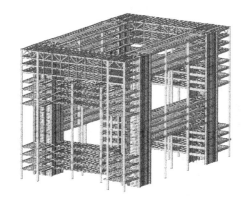

图 6.3-13　16 层的桁架吊挂 14 和 15 层

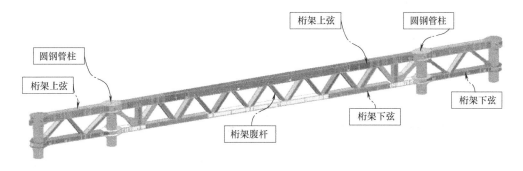

图 6.3-14　16 层的桁架形式

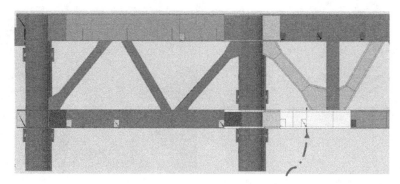

图 6.3-15　桁架下弦连接位置

6.4　评议与讨论

亚投行总部永久办公场所项目作为北京中轴线上的新地标建筑，方案借鉴中国传统院落形式及"世界园林"的理念，展现了传统又开放的国家形象。

6.4.1　采用新型"巨型柱（筒体）和普通柱框排架结构体系"

该体系适应了建筑师"非典型"的建筑方案：平面由 5 个角部交叠的口字组成，各层取消大量楼板，呈双 M 形的组合平面并随高度转换方向，形成相互穿插开敞的建筑中厅，实现灵动开阔的空间效果。

传统结构体系无法满足建筑条件限制，结构工程师基于力学原理，合理创新。通过将水平作用与竖向作用各自独立传递的方法进行结构分析，使传力路径明确，设计逻辑清晰。设计中不套用传统框架-抗震墙结构的受力方法，在对筒体和框架的刚度与共同受力方式深入剖析的基础上，专注于筒体这一结构关键构件的性能设计，化繁为简，合理简化框架梁与筒体的连接方式，形成更为简洁的结构体系，降低设计与施工的难度。

本体系结构设计在有限条件下完成了建筑方案的要求，达到相对经济合理的结构目标。通过创新体系的使用，实现水平和竖向复杂连体，这在国际上尚无先例，也为未来的设计者提供了可借鉴的设计方法与思路。

6.4.2　钢板抗震墙筒体的设计思路

针对本项目的特殊筒体受力模式和苛刻的建筑尺寸限制，设计思路是采用高强材料解决小截面问题，同时分析受力机理，将钢材与高强混凝土组合使用，以发挥各自优势。

选用钢板抗震墙这种结构构件，利用钢材抗拉强度高的特点，能有效解决小震作用下结构出现拉力的问题。针对筒体受扭的复杂受力状态，则采用了高强混凝土钢管柱作为钢板抗震墙边框来抗扭。

为解决钢板抗震墙竖向承载不利的问题，还进行了施工过程设计。通过控制钢板墙安装顺序，钢板在垂直荷载施加后再固定连接，保证其主要承受水平作用，减小钢板内的压力，解决稳定问题。

6.4.3　超长穿层柱设计

复杂连体带来结构布置沿竖向变化，产生大量高度达到26.3m的穿层柱，同时建筑对柱直径要求严格，仅允许采用1.6m的纤细断面。

穿层柱的分析方法很多，本工程体系决定了框架柱承担的水平作用不大，因此主要通过多工况受力稳定性分析，模拟穿层柱在出现较大位移的情况下的竖向承载力，保证结构的安全性。通过控制结构位移的方式，将框架柱端部的水平侧移限制在可控范围内，从而控制P-Δ效应在有限截面框架柱的承载力范围内。

根据承载力结果推算位移限制条件，这种设计思路也可以给未来的设计者提供借鉴。

6.4.4　复杂应力下的楼板设计

复杂连体结构对连接体的楼板都有很高的要求，尤其是本项目体系特殊，水平作用与竖向作用分别传递，结构刚心与质心不重合。楼板作为水平力传递构件，相比传统结构体系传力需求更高，内力更大。本项目筒体间距为69m，楼板宽仅18.3m，大长宽比楼板除了将地震作用传到筒体外，还要为超长框架柱提供侧向约束，是结构的重要传力构件。基于楼板构件的重要性和复杂受力工况，在对楼板内力进行针对性设计分析的同时，设置水平支撑作为二道防线，保证在楼板开裂、刚度削弱的情况下，结构仍具有约束作用，能够可靠传力。

6.4.5　复杂巨型幕墙设计

外围幕墙尺寸为60m×43.3m（高×宽），普通幕墙厂家采用常规方法无法达到建筑效果。结构设计配合幕墙要求，巧妙利用建筑人行通道作为幕墙的支撑条件，减小了幕墙龙骨的设计跨度，使幕墙立柱尺寸减小到400mm×120mm，实现了优异的建筑效果。

6.4.6　大跨度悬挂结构

针对14～16层以桁架悬挂于间距51m的柱上，通过保证悬挂节点转动性能，消除了地震作用下的节点弯矩；通过施工过程设计，调整结构内力，大大减小了支承柱内力和断面，同时满足结构安全与建筑效果的要求。

项目通过创新性的体系设计，达到了建筑与结构的完美结合，非常好地满足了建筑需求，展现了建筑设计思想。同时，结构方案合理、安全、经济。各专业间通过精细设计、高度融合，设计与建造共同努力，创造了高品质的标志性建筑，展现了我国建筑业设计与施工的先进水平。

附：设计条件

1. 自然条件

（1）风荷载、雪荷载

依据《建筑结构荷载规范》GB 50009—2012，按50年一遇的基本风压值与基本雪压值设计。

（2）地震条件

抗震设计参数见表1。

抗震设计参数　　　　　　　　　　　　　　　　　　　　　　表1

抗震设防烈度	地震动峰值加速度	设计地震分组	特征周期值	建筑场地类别
8度	0.086g(小震) 0.200g(中震) 0.380g(大震)	第二组	0.55s	Ⅲ

2. 设计控制参数

（1）主要控制参数

结构设计使用年限为50年，结构耐久性年限为100年，建筑结构安全等级为一级；地基基础设计等级为甲级；基础设计安全等级为一级。建筑抗震设防类别：重点设防类（乙类）。

（2）抗震等级（表2）

抗震等级　　　　　　　　　　　　　　　　　　　　　　表2

结构部位	钢板抗震墙	钢框架	混凝土框架
地上各层	一级	一级	一级
地下一层	一级	一级	二级
地下二层	一级	一级	二级
地下三层	二级	二级	三级

（3）超限情况

本工程采用新型"巨型柱（筒体）和普通柱框排架结构体系"，结构形式较为特殊。按照《建筑抗震设计规范》GB 50011—2010及《超限高层建筑工程抗震设防专项审查技术要点》相关规定，属于"非常用形式"结构体系。

3. 性能目标

构件抗震性能目标见表3。

构件抗震性能目标　　　　　　　　　　　　　　　　　表3

抗震烈度(参考级别)		频遇地震	设防地震	罕遇地震
关键构件	钢板抗震墙	弹性	弹性	不屈服
	边框柱、边框梁、框架柱	弹性	弹性	不屈服
	16层桁架	弹性	弹性	不屈服
耗能构件	连梁、框架梁	弹性	轻微损坏	轻度损坏
普通竖向构件	其余柱	弹性	不屈服	轻微损坏

4. 结构布置及主要构件尺寸

建筑平面为5个角部叠合的口字形平面。角部口字形单元由4个筒体及两榀单跨框架（4根框架柱）组成，每个角部单元靠近中央的1个筒体兼作中央单元的4个筒体之一，并在每两个筒体间布置两榀单跨框架，形成中央单元，如图1所示。

结构基本抗侧力单元为16个筒体（图2），筒体外轮廓尺寸为13.8m×13.8m，采用带边框的钢板抗震墙，钢板抗震墙厚度为20~30mm；边框柱采用矩形钢管混凝土柱，典型柱截面边长1265mm，壁厚30mm，内浇C60~C80的高强混凝土；边框梁典型截面为H600mm×300mm×30mm×20mm。每两个筒体之间布置两榀单跨框架，框架柱采用大直径钢管混凝土柱，外径1550mm，壁厚40mm，内浇C60高强混凝土；框

图 1 整体结构体系

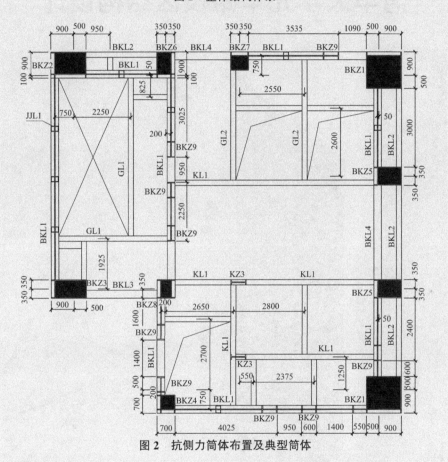

图 2 抗侧力筒体布置及典型筒体

架梁为钢梁，最大跨度为 27m，主要采用 □1000mm×1000mm×20mm×30mm 的箱形截面梁。钢板抗震墙材料采用 Q345C，边框梁、边框柱、钢管混凝土柱和大跨框架梁的钢材采用 Q345GJ-C。

由于功能需要，地上部分的各层楼盖跨度大，均采用型钢-混凝土组合梁、板体系，标准层板厚为 120mm。中间口字形顶部 14～16 层楼层从筒体往外悬挑，因此 16 层设置了一层高的桁架，并悬挂 14 层和 15 层楼面。

通过以上体系布置，整个结构的传力路径比较明确，即：水平地震作用最终由筒体承担，筒体间的楼盖负责传递筒间楼层的地震作用；筒间各楼层的竖向力由框架部分承担，筒内竖向力由边框架和抗震墙钢板共同承担。

第 7 章

清华大学光华路校区结构设计

结构设计团队：

刘彦生　李青翔　陈宇军　李滨飞　李　剑　沈敏霞
王彩玲　祝乐琪

7.1 工程概况

7.1.1 建筑概况

清华大学光华路校区工程位于北京市朝阳区 CBD 核心区，其用地地块北邻光华路与中央电视台相望，东邻中信大厦（中国尊）。项目占地面积为 8876m²，总建筑面积约 150000m²，其中，地上建筑面积约 120000m²，地下建筑面积约 30000m²。

本工程由主楼及裙房两部分组成，其中主楼地上高度为 219.7m（含塔冠高度 230.8m），共 48 层，主要功能为办公、培训、商业等，平面尺寸为 49.0m×49.0m，首层层高 6.5m，2～4 层层高 5.5m，标准层层高 4.2m，空中大堂层高 5.5m；裙房地上高度为 17.5m，共 3 层，与主楼连为一体，主要功能为商业、会议等，平面尺寸为 30.5m×56.4m，首层层高 6.5m，2 层、3 层层高 5.5m；主楼及裙房地下设 4 层地下室，其中地下一层为人行通道，地下二层为车库，地下三层和地下四层为人防、车库及设备机房等；地下一层层高 8.8m（夹层层高 4.5m），地下二层层高 5.0m，地下三层和地下四层层高 3.6m，地下室埋深 25.0m。建筑场地实景见图 7.1-1。

图 7.1-1　建筑场地实景

7.1.2 建筑特点与特殊需求

本工程主楼结构高度为 219.7m，属于超过规范高度限制的高层建筑。

整个项目为自筹资金，业主限定的单方造价为 8000 元/m^2，在周边类似高度建筑里相对偏低，属于较低土建造价的限额设计。

7.2 结构特点与设计思路

7.2.1 主楼方案比选

1. 算例对比分析

为得到最经济的结构体系，在方案设计阶段，对适当简化的筒中筒结构（图 7.2-1）、框架核心筒结构（图 7.2-2）和巨型框架-核心筒结构（图 7.2-3）进行了比较分析。其中，三种结构体系的核心筒材料、截面均相同；框架-核心筒体系和筒中筒体系外框筒用钢量相同。

(a) 三维图   (b) 标准层平面图   (c) 标准层三维图

图 7.2-1 筒中筒结构示意

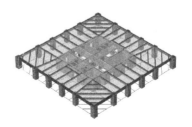

(a) 三维图   (b) 标准层平面图   (c) 标准层三维图

图 7.2-2 框架-核心筒结构示意

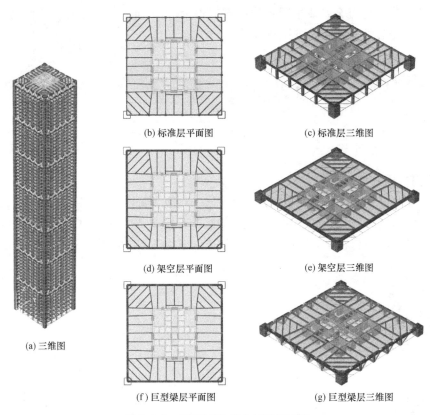

(a) 三维图

(b) 标准层平面图　　(c) 标准层三维图

(d) 架空层平面图　　(e) 架空层三维图

(f) 巨型梁层平面图　　(g) 巨型梁层三维图

图 7.2-3　巨型框架-核心筒结构示意

　　简化结构条件如下：结构平面为 47.6m×47.6m 的正方形，核心筒位于塔楼正中心，平面尺寸为 22.0m×24.5m；基本层高 4.2m，共 70 层，其中 1~4 层层高 5.5m，24 层、31 层、69 层和 70 层层高 5.4m，结构总高度达 304m，高宽比为 6.39。假设各层除构件截面尺寸不同之外，构件布置等条件均保持一致，不同结构体系的核心筒部分保持一致。经过初步设计调整，各结构模型均采用方钢管混凝土柱、钢主梁和钢楼面连系梁、混凝土核心筒。

　　经计算，各结构模型的基本周期、顶点位移、最大层间位移角及最大扭转位移比如表 7.2-1 所示。由于三种结构布置都比较规则，周期比均远小于 0.85，最大扭转位移比也小于规范 1.2 的限值；除框架-核心筒结构 X 向层间位移角偏大外，三种结构的侧移均满足规范要求。

结构弹性分析结果　　　　　　　　　　　　　　　　　　　表 7.2-1

结构	T_1/s	T_2/s	T_3/s	周期比	顶点位移/mm		最大层间位移角		扭转位移比	
					X	Y	X	Y	X	Y
筒中筒	6.33	5.96	2.99	0.47	448.41	400.58	1/529	1/594	1.19	1.16
框架-核心筒	6.51	6.04	3.01	0.46	479.76	416.29	1/480	1/555	1.19	1.16
巨型框架-核心筒	5.36	5.12	2.95	0.55	336.09	310.26	1/675	1/730	1.16	1.13

　　各结构模型的楼层位移和层间位移角曲线如图 7.2-4 和图 7.2-5 所示。巨型框架-核心

筒结构的刚度最大，层间位移角明显小于其他两种结构体系；筒中筒和框架-核心筒结构的变形曲线形状基本一致，呈弯剪型；巨型结构存在主次结构之分，层间位移角曲线呈波浪形分布，巨型桁架梁所在楼层层间位移角较小，中间的次框架楼层层间位移角较大。在结构中下部，筒中筒结构和框架-核心筒结构的层间位移角分布基本一致；在结构中上部，框架-核心筒结构的层间位移角较大，X 向最大层间位移为 $1/480$，位于 48 层，不满足规范要求，说明在这种平面条件下，框架-核心筒结构的上部刚度偏弱，应采取加强措施。

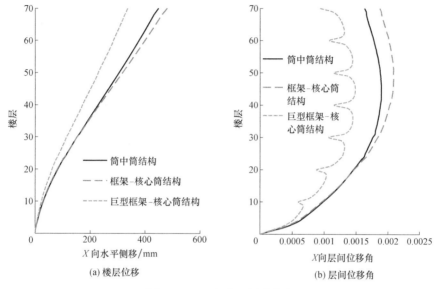

图 7.2-4　X 向水平侧移分布

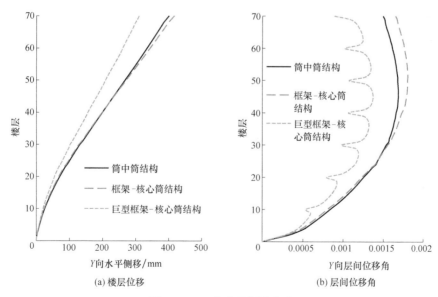

图 7.2-5　Y 向水平侧移分布

在假设条件下，巨型框架-核心筒结构的材料用量明显大于其余两种结构体系，因此初步设计阶段选取了框架-核心筒体系和筒中筒体系作进一步方案比选。

继续深化结构布置、荷载、结构层高等参数，使之更加吻合实际情况后，细化结构模型。比选条件以核心筒材料和截面相同、外框架和外框筒用钢量相同为前提。由于结构两个方向刚度基本相同，取 X 向地震作用效应进行详细比较，结果见表 7.2-2。

X 向地震作用效应

表 7.2-2

指标	筒中筒	框架-核心筒	比值
最大层间位移角	1/634	1/508	0.8
外筒倾覆力矩占比	0.356	0.122	—
小震作用下核心筒承担的倾覆力矩/(kN·m)	3624060	4710538	0.77
中震作用下核心筒底层最大名义拉应力	$2.2f_{tk}$	$3.0f_{tk}$	0.73

算例对比结论如下：

（1）筒中筒结构最大层间位移角远小于框架-核心筒结构，说明同样材料用量下，筒中筒结构具有更好的抗侧刚度。

（2）由于筒中筒结构外筒刚度较大，承担了较大比例的倾覆力矩，使核心筒底层最大名义拉应力小于框架-核心筒结构。

（3）现有条件下，框架-核心筒结构最大层间位移角不满足规范要求，需进一步加强结构刚度；核心筒底层名义拉应力较大，需采取相应措施减小底层筒体拉应力；需以增设腰桁架和伸臂桁架的方式，提高整体刚度并减轻核心筒负担。

但增设腰桁架与伸臂桁架，一方面，桁架自身会增加部分用钢量；另一方面，会使结构竖向刚度发生突变，产生薄弱层，需额外采取结构措施，并相应增加结构造价。此外，设置桁架的加强层施工更为复杂，对工期也会产生不利影响。对其他专业来说，加强层最好能结合避难层、设备层来进行设置，但有时专业间需求的加强层位置难免不同，无法设置在结构最合适的位置（图 7.2-6）。

2. 筒中筒结构的优势分析

超高层建筑可以看作嵌固在地面的悬臂构件，水平荷载往往起控制作用。在水平荷载的作用下，此悬臂构件的弯矩与高度的 3 次方成正比，水平位移与高度的 4 次方成正比。在建筑平面确定、限价设计的前提下，结构体系需尽量提高悬臂构件的平面抗弯刚度，提高抵抗倾覆弯矩的能力。

（1）竖向构件布置在建筑平面的周边，形成空间受力的筒体。

周边竖向构件形成筒体后，不但平行于水平作用的筒体腹板发挥抗弯作用，垂直于水平作用的筒体翼缘同样发挥抗弯作用，抗弯刚度远大于建筑周边仅腹板平面内框架发挥作用的外框架体系。同时，外框筒剪力滞后效应越小，筒体受力越接近平截面假定，外圈筒体的刚度越大，体系的抗弯能力越强。

（2）采用外框筒＋内核心筒的双重抗侧力体系，形成二道防线。

本工程采用外框筒＋内核心筒的双重抗侧力体系，可提高整个体系的冗余度。同时，外框筒承受的地震剪力根据 0.2 倍基底剪力进行调整，保证在大震作用下核心筒一旦出现损伤、刚度下降，外框筒能够承担相对更大的地震剪力，提高整体结构体系的延性。

典型平面

典型剖面

图 7.2-6 桁架加强层示意

（3）中震作用下有利于控制核心筒混凝土墙体的拉应力。

地震作用下核心筒混凝土墙体产生拉应力的原因是核心筒承担了大部分地震倾覆弯矩，且核心筒平面尺度较小，使墙肢拉应力较大。在中震作用下，若墙肢平均名义拉应力大于 $2f_{tk}$，则核心筒与外围结构的抗弯刚度比太大，核心筒承担了过多的地震倾覆弯矩，结构体系不合理，需要通过调整核心筒与外围结构的抗弯刚度比例，使地震倾覆弯矩更多地由外围结构承担。一般有三种调整方法：①降低核心筒刚度；②在核心筒和外框柱之间设置伸臂桁架；③外围框架改为刚度更大的框筒体系。本工程由于造价受到限制，所以采用造价更低的外围框筒体系，框筒具有更高的抗弯刚度，承担更多的地震倾覆弯矩，能很好地控制核心筒墙肢的拉应力。

3. 比选结论

综上，筒中筒结构较框架-核心筒结构在材料使用效率、结构合理性上具有优势，但在建筑立面和视野上有所欠缺。经与建筑专业协商，综合考虑项目造价、使用功能、空间效果等各项因素后，最终确定采用筒中筒结构体系。

7.2.2　结构体系

1. 主体结构采用筒中筒体系

主楼由布置于中部的核心筒和周边框架梁、柱构成的外筒组成，竖向布置及标准层结构布置如图 7.2-7 所示。外筒平面尺寸为 47.6m×47.6m，建筑高宽比为 4.5，核心筒尺

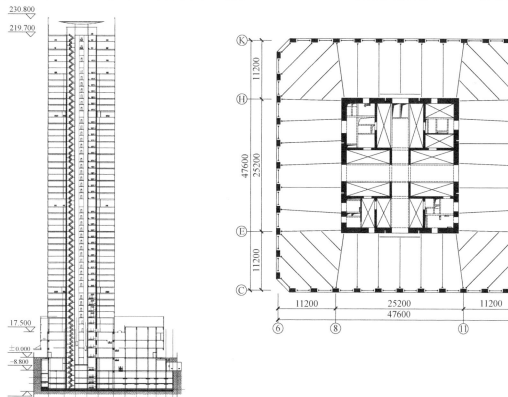

图 7.2-7　建筑竖向布置及标准层结构布置

寸为 22.1m×24.5m，高宽比为 10.0，采用钢筋混凝土抗震墙，外围墙厚 1000~600mm，内部墙厚 450~300mm；内外筒之间楼层采用组合梁形式，板厚 120mm；Y 向、X 向钢梁跨度分别为 11.2m 和 12.5m，钢梁高度分别为 450mm 和 500mm，间距 4.2m。裙房采用框架-抗震墙体系，楼面为钢筋混凝土现浇梁板。

2. 由于建筑功能要求，在 4 层设托柱转换层

由于建筑要求底部 3 层的外框柱采用大柱距，因而在 4 层设置了托柱转换层（图 7.2-8）。转换构件采用矩形钢管混凝土支撑，支撑钢管截面为 700mm×900mm×30mm；转换层以上采用矩形钢管混凝土柱＋H 型钢裙梁，柱距 4.2m，柱截面为（1200mm×700mm）~（1200mm×600mm）；转换层以下为型钢混凝土柱和型钢混凝土梁，柱距 8.4m，柱截面为 1500mm×1500mm。

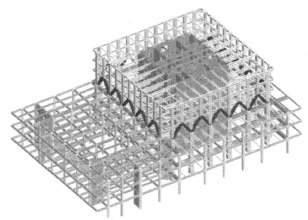

图 7.2-8 转换层示意

3. 嵌固层位置

首层楼板南侧开大洞（图 7.2-9），而北侧与地下室顶板存在 3.0m 高差（图 7.2-10），

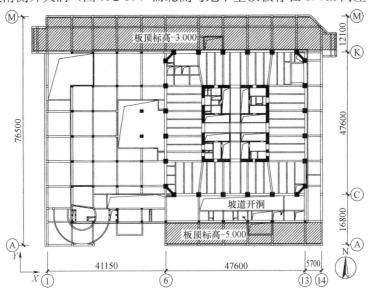

图 7.2-9 首层平面布置

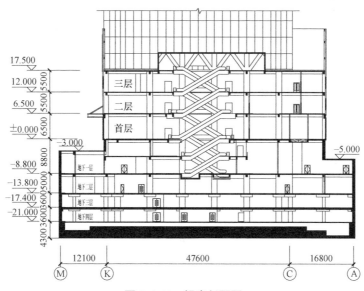

图 7.2-10　裙房剖面图

所以首层不满足嵌固条件，嵌固端设在地下二层顶板。

7.2.3　设计措施

1. 建筑规则性控制

从方案阶段控制结构规则性，保证与规范的规则性要求相匹配，这样规范的构造与措施才能切实有效地保证结构的可靠度。

小震设计阶段控制剪力系数、刚重比、周期比、刚度比、层间变形、位移比、楼层剪力分配、轴压比等关键指标符合设计规范要求。

2. 提高竖向构件的延性

控制外筒柱轴压比小于 0.65，内筒抗震墙墙肢轴压比小于 0.50；对轴压比大于 0.25 的墙肢均设置约束边缘构件。

3. 保证计算模型可靠

本项目为超高层建筑，尤其需保证计算模型的可靠性。采用 SATWE、SAP2000 两个空间分析程序对比计算，两个程序结果相互印证，确保计算结果真实可靠。

4. 修正计算结果

采用弹性时程分析与反应谱分析进行对比，查找结构薄弱部位，对反应谱计算结果进行必要的修正。

5. 设定性能目标

本项目为超限工程，采用性能设计方法。设防地震作用下，控制核心筒加强区抗震墙偏压不屈服、偏拉和受剪弹性，其余墙肢达到受剪不屈服的性能目标；控制墙肢名义拉应力小于 $2f_{tk}$，且大于 f_{tk} 的范围不超过结构总高度的 20%。控制外框筒的框架柱偏压不屈服、偏拉和受剪弹性，其余外筒柱达到受剪不屈服的性能目标。

进行大震弹塑性计算，分析并找出结构薄弱部位，复核结构变形满足性能目标要求；检查出铰部位，复核构件满足受剪截面控制条件。

6. 设置二道防线

对外框筒进行基底剪力的调整,使外框筒形成体系的二道防线,提高结构体系的延性。

7.3 结构主要分析结果

7.3.1 模态分析

SATWE 和 SAP2000 计算的结构前 6 阶振型周期见表 7.3-1。可以看出,两个软件计算结果基本一致,结构前 3 阶振型分别为 X 向平动、Y 向平动及扭转,振型如图 7.3-1 所示。SATWE 和 SAP2000 计算的结构第一扭转周期与第一平动周期之比分别为 0.57、0.59,均小于规范限值 0.85。SATWE 计算的结构前 27 阶振型 X 向、Y 向质量参与系数分别为 94% 和 93%;SAP2000 计算的结构前 27 阶振型在 X 向、Y 向质量参与系数均为95%,满足规范大于 90% 的要求。

结构前 6 阶振型周期　　　　　　　　　　表 7.3-1

模型	周期/s						周期比
	T_1	T_2	T_3	T_4	T_5	T_6	T_3/T_1
SATWE	4.75	4.49	2.7	1.3	1.21	0.93	0.57
SAP2000	4.82	4.48	2.85	1.33	1.2	0.98	0.59

第1阶振型T_1=4.75s　　　第2阶振型T_2=4.49s　　　第3阶振型T_3=2.70s

(a) STAWE计算结果

第1阶振型T_1=4.82s　　　第2阶振型T_2=4.48s　　　第3阶振型T_3=2.85s

(b) SAP2000计算结果

图 7.3-1　结构前 3 阶振型

7.3.2 结构质量

SATWE 与 SAP2000 计算的结构质量对比见表 7.3-2。结果表明，SATWE 与 SAP2000 计算的质量基本一致。通过模态分析和结构质量计算结果对比可以看出，SATWE 模型是可靠的，可以用于小震分析设计。

结构质量对比   表 7.3-2

质量参数	SATWE	SAP2000	SATWE/SAP2000
恒荷载总质量(DL)/t	177177	175592	1.01
活荷载总质量(0.5LL)/t	18800	18719	1.00
总质量/t	195977	194413	1.01
单位面积质量/(t/m^2)	1.49	1.48	1.01

7.3.3 小震分析

1. 结构位移和位移比

设防地震作用下位移及层间位移角计算结果见表 7.3-3。可以看出，SATWE 和 SAP2000 计算的中震作用下结构最大层位移和最大层间位移角均满足规范要求；除首层 Y 向扭转位移比为 1.21，其余均小于 1.20。

设防地震作用下位移及层间位移角   表 7.3-3

模型	顶点位移/mm		层间位移角		规范限值
	X 向	Y 向	X 向	Y 向	
SATWE	265	247	1/631	1/660	1/588
SAP2000	273	246	1/619	1/657	

2. 小震基底剪力、倾覆力矩及剪力系数

SATWE 和 SAP2000 计算的结构基底剪力及倾覆力矩见表 7.3-4。图 7.3-2 所示为各层剪力系数曲线，均满足《建筑抗震设计规范》GB 50011—2010（2016 年版）最小剪力系数要求。

结构基底剪力及倾覆力矩   表 7.3-4

模型	基底剪力/kN		倾覆力矩/(kN·m)	
	X 向	Y 向	X 向	Y 向
SATWE	48652	49374	5624707	5762486
SAP2000	48374	50027	5276902	5444432

3. 楼层剪力分配

水平地震作用下，结构中框架柱所承担的剪力占层剪力百分比如图 7.3-3、图 7.3-4 所示。可以看出，地下一层含有地下室外墙、地上 4 层（计算模型中的第 5 层）含有转换斜撑，使得框架分担楼层剪力占比很低，首层、2 层楼层剪力大于 7%，其余各层均大于 10%。

外框柱 X 向、Y 向楼层剪力放大系数分别采用小震作用下连梁刚度折减系数 0.2 与折减系数 0.7 两个模型计算结果的比值的最大值 1.21 和 1.23（不考虑转换层）。两个模型外框柱剪力比值分布如图 7.3-5、图 7.3-6 所示。

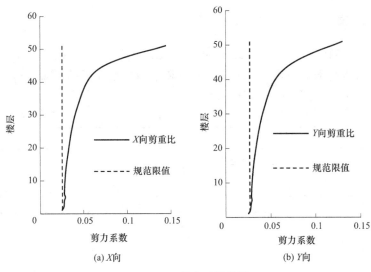

(a) X向   (b) Y向

图 7.3-2 剪力系数曲线

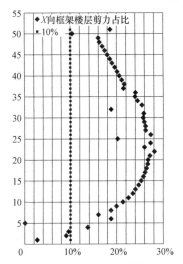

图 7.3-3 X 向框架楼层剪力占比

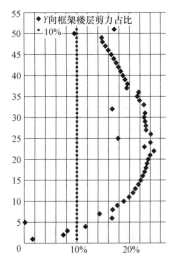

图 7.3-4 Y 向楼层剪力占比

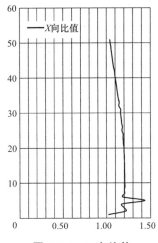

图 7.3-5 X 向比值

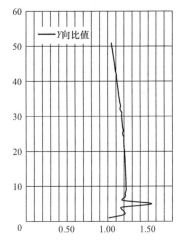

图 7.3-6 Y 向比值

4. 楼层刚度比

结构各层侧移刚度与上一层侧移刚度的90%的比值如图7.3-7所示，结构各层刚度比均大于1，不存在薄弱层，刚度比满足规范要求。

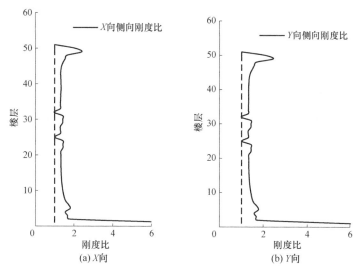

图 7.3-7　楼层刚度比曲线

结构转换层上、下层刚度比按照《高层建筑混凝土结构技术规程》JGJ 3—2010（简称《高规》）附录 E.0.3 条计算，转换层下部结构高度为 31.75m（1～5 层）；转换层上部结构高度为 29.40m（6～12 层），计算结果如下：①下部结构 X 向刚度为 $6.578 \times 10^{7} kN/m$，上部结构 X 向刚度为 $2.998 \times 10^{7} kN/m$，X 向等效刚度比为 2.3696；②下部结构 Y 向刚度为 $6.989 \times 10^{7} kN/m$，上部结构 Y 向刚度为 $3.285 \times 10^{7} kN/m$，Y 向等效刚度比为 2.2974。满足要求。

5. 轴压比

主楼外筒轴压比最大值出现在首层，为 0.52，小于 0.65；内筒墙体轴压比最大值出现在首层，为 0.46，小于 0.5。均满足规范要求。

6. 刚重比

结构整体稳定验算结果：X 向刚重比 2.85，Y 向刚重比 3.11，均大于 1.4，能够通过《高规》的整体稳定验算。同时，结构刚重比大于 2.7，可以不考虑重力二阶效应。

7.3.4　中震作用下构件性能

采用等效弹性方法计算构件组合内力，连梁刚度折减系数取 0.4，阻尼比取 0.05。计算结果表明，中震弹性下，核心筒加强区范围内剪力与受剪承载力比值最大为 0.84；首层框架柱剪力与受剪承载力比值为 0.14，均满足受剪弹性目标要求。中震不屈服下，选取底层和转换层上层核心筒上两个内力最大的墙肢分别进行 X 向、Y 向地震作用下的正截面验算，两处内力均处于 PMM 包络面以内；选取首层两处内力最大的框架柱进行 X 向、Y 向地震作用下的正截面验算，两处内力均处于 PMM 包络面以内，满足偏压不屈服的性能目标要求。

在中震不屈服下对核心筒首层和 11 层墙肢名义拉应力进行计算。结果表明：首层最大拉应力为 6.13MPa，略大于 2×2.85（C60 混凝土抗拉强度标准值）＝5.7MPa；11 层最大拉应力为 3.23MPa，略大于 2.85MPa。因此，在 12 层及以下墙体内设置型钢以提高墙体承载力。

在中震弹性下，转换桁架杆件最大应力比为 0.535，满足中震弹性性能目标并留有较大余量。

对主楼底部 3 层框架边梁进行中震不屈服计算，框架梁采用型钢混凝土截面，梁截面为：首层 800mm×1500mm，2 层、3 层 800mm×1200mm。计算结果表明，底部 3 层框架边梁均处于不屈服状态。对主楼其余框架边梁进行中震不屈服设计，梁截面为 H900mm×300mm×14mm×26mm。结果显示，梁截面抗剪应力比最大值为 0.61，表明梁处于抗剪不屈服状态，框架边梁满足中震受剪不屈服的性能目标。

对核心筒抗震墙连梁进行中震不屈服计算，连梁截面采用双连梁方式。计算结果表明，部分连梁端部抗弯超筋、梁端屈服；除一道连梁外，其余连梁处于抗剪不屈服状态。由此看出，核心筒连梁满足中震受剪不屈服的性能目标。对于不满足条件的连梁，通过降低连梁受弯承载力措施以满足抗剪截面控制要求。

7.3.5 大震弹塑性分析

采用 ABAQUS 进行弹塑性分析，以模拟结构在大震工况下的受力及变形，观察关键构件的损伤状态，查找结构存在的薄弱层，最终确定结构是否满足大震性能目标。

1. 结构基底剪力和变形

按照《高规》的要求，采用 2 条天然波（TH2、TH5）和 1 条人工波（RH1）进行大震弹塑性时程分析，层间位移角如图 7.3-8 所示，结构各项指标对比见表 7.3-5。在人工波 RH1 作用下，结构最大层间位移角为 1/156，小于规范 1/120 的限值，满足性能目标要求。

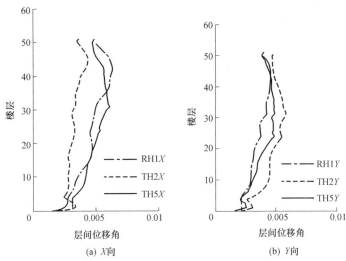

图 7.3-8　层间位移角曲线

工况		基底剪力最大值/kN		顶点最大位移		最大层间位移角(楼层)
		弹塑性	弹性	位移/m	顶点位移角	
RH1	X 向	223249	248755	0.793	1/282	1/156(42 层)
	Y 向	236277	299711	0.614	1/365	1/216(42 层)
TH2	X 向	198630	213916	0.557	1/402	1/226(44 层)
	Y 向	248640	239872	0.995	1/225	1/170(31 层)
TH5	X 向	246227	262276	0.933	1/240	1/204(24 层)
	Y 向	222788	235322	0.73	1/307	1/161(31 层)

2. 抗震墙及连梁损伤

以基底剪力最大的 TH5 波为例，介绍结构核心筒抗震墙损伤情况，如图 7.3-9 所示。

结构在大震作用下墙体受压损伤规律为：

（1）核心筒外围墙体受压损伤因子大于核心筒内墙体。

（2）底部加强区及核心筒角部墙体受压损伤较大，核心筒底层角部墙体单元受压损伤因子最大值为 0.399，对应压应力约为 31.2MPa，压应变为 $2853\mu\varepsilon$。

（3）除角部外，核心筒底部其余墙体受压损伤因子普遍分布在 0.21～0.27 之间，对应的压应力为 38.1～35.9MPa，压应变为 2043～$2300\mu\varepsilon$。

（4）洞口连梁连接部位局部墙体单元受压损伤因子较大，超过了 0.8，但仅局限于单个单元，并不向四周扩散，显示出局部应力集中的特征，不影响结构整体性能。

通常情况下，当混凝土达到压应力的峰值应变时，混凝土的受压损伤因子为 0.2～0.3，因此，当混凝土的受压损伤因子小于 0.3 时，可以认为混凝土尚未被压碎。从图 7.3-9 显示的抗震墙受压损伤情况可以看出，底部加强区墙体混凝土的受压损伤因子绝大多数小于 0.3；核心筒除底部加强区以外，部分墙体受压损伤因子则绝大多数小于 0.2，说明在大震作用下核心筒墙体基本完好。

大震作用下连梁构件的塑性发展情况如图 7.3-10 所示。可以看出，大量连梁在端部屈服，进入塑性，这符合以连梁作为大震作用下耗能构件的设计要求。

根据核心筒剪力时程曲线，分别选取 X 向、Y 向基底剪力最大值验算墙体剪压比，墙体混凝土强度等级为 C60，$f_{ck}=38.5MPa$，复核结果见表 7.3-6，满足受剪截面控制要求。

墙体剪压比　　　　　　　表 7.3-6

方向	墙体面积 /mm²	受剪截面限值 $0.15f_{ck}bh_0$ /N	基底剪力 V /N	墙体剪压比
X 向	67570000	390216750	143534422	0.055
Y 向	68420000	395125500	170697976	0.065

3. 主框架性能

在大震作用下，结构主框架梁柱及桁架腹杆塑性应变分布情况如图 7.3-11 所示。可以看出，主框架柱、梁、桁架腹杆均未进入塑性，满足性能目标的要求。

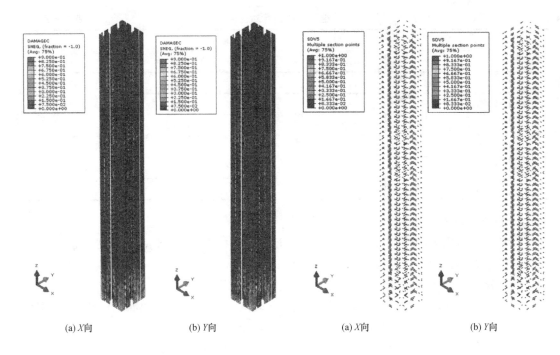

(a) X向   (b) Y向   (a) X向   (b) Y向

图 7.3-9　抗震墙受压损伤云图   图 7.3-10　连梁受压损伤云图

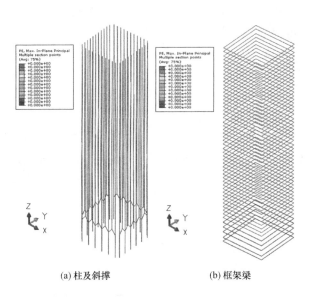

(a) 柱及斜撑   (b) 框架梁

图 7.3-11　框架及桁架腹杆塑性应变分布

4. 桁架腹杆复核

选取桁架内力最大的腹杆进行 X 向、Y 向地震作用下正截面验算，轴力时程曲线如图 7.3-12 所示。最大拉力为 13603kN，最大压力为 33729kN，轴压比为 0.591，构件在大震作用下仍处于弹性状态，满足性能目标要求。

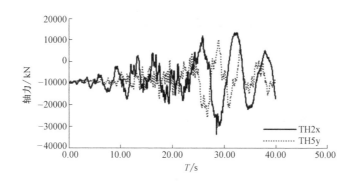

图 7.3-12 腹杆轴力时程

7.3.6 上部结构设计结论

（1）本工程关键问题为建筑高度超过了《高规》的适用高度，同时限制较低的单方造价。基于此，通过方案比选并结合建筑功能要求，选取了抗侧效率较高的筒中筒体系，按照"三水准"设计思想，采用性能设计方法，按三个阶段分别对结构设计指标进行控制，结果表明满足性能目标要求。

（2）小震弹性设计结果表明，结构剪力系数、刚重比、周期比、刚度比、层间变形、位移比、楼层剪力分配、轴压比等关键指标满足规范要求，并基于此考虑抗震措施进行设计。

（3）中震采用等效弹性方法，复核核心筒、外框筒底部加强区偏压不屈服、偏拉和受剪弹性的性能目标，复核桁架弹性要求，以及框架梁、连梁的性能目标要求。

（4）大震采用弹塑性时程分析方法，真实模拟结构在大震工况下的受力及变形，对小震、中震设计进行量化检验，复核结构位移是否满足规范要求，确认了结构损伤部位、损伤程度符合设计要求，结构关键构件承载力水平满足性能目标要求，可保障安全。

7.4 基础设计

项目主楼地上 48 层，上部结构传至基底的附加压力较大，估算达到 1000kPa。根据地勘报告，主楼基底土层为⑥卵石、圆砾层和⑥₁细砂、中砂层，承载力标准值分别为 420kPa 和 350kPa，考虑修正后的承载力无法满足要求。因此，本项目基础采用桩筏基础形式。根据勘察报告提供的参数，综合考虑地基承载力、变形及经济因素，选取多种配桩组合（表 7.4-1），最终确定现有基础方案，即：筏板下采用两种不同桩长的后注浆钻孔灌注桩，桩径均为 1100mm。其中，核心筒范围布桩 105 根，有效桩长 48m，桩端持力层为⑫卵石、圆砾层，单桩承载力特征值为 13000kN；外围框架柱下布桩 120 根，有效桩长 30m，桩端持力层为⑩细砂、中砂层，单桩承载力特征值为 10500kN。

主楼核心筒下采用较大桩长且以更为坚实的⑫卵石、圆砾层作为持力层，不但使主楼下筏板变形减小，同时由于主楼总沉降减小，也使主裙楼间沉降差减小。经计算，主楼中心点沉降15mm，筏板最大变形差为 7mm，主裙楼间沉降差小于 8mm。主楼基础如图 7.4-1 所示。

方案	持力层		桩长		注浆方式		桩数		《建筑桩基技术规范》JGJ 94 等效作用分层总和/mm			桩身材料用量		筏板钢筋用量（核心筒下部）
	内筒	外筒	内筒	外筒	内筒	外筒	内筒	外筒	内筒	外筒	变形差	混凝土/m³	钢筋/m³	钢筋量/m³
1	10层	10层	30	30	注浆	注浆	125	112	30.6	12.4	18.2	6755	31	192
2	12层	10层	48	30	不注浆	注浆	125	112	21.7	8.3	13.4	8892	40	142
3	12层	10层	48	30	注浆	注浆	105	112	20.7	8.3	12.4	7980	90	131
4	12层	10层	48	30	注浆	注浆	125	112	15.2	8.3	6.9	8892	40	73

裙房采用天然地基上筏板基础，基底持力层为⑥卵石、圆砾层和⑥₁细砂、中砂层。根据地勘报告提供的抗浮设防水位，基底水头高度为 17.55m，通过增加配重的方式可解决裙房基础抗浮问题。

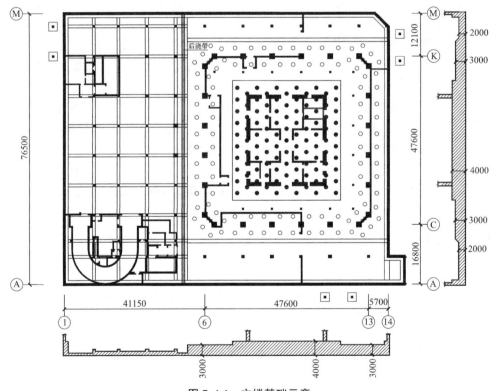

图 7.4-1 主楼基础示意

7.5 评议和讨论

本项目属严格的限额设计，全部投资折合每平方米不超过 8000 元，在同类型高层建筑中造价非常节省；钢筋用量为 $97.5kg/m^2$、钢材用量为 $74kg/m^2$，明显少于周边类似高度的项目。本项目的亮点包括：

（1）与国内外超高层项目相比，本项目整体经济性突出，建筑完成效果也非常美观，具有很高的性价比。结构采用筒中筒布置方式，安全合理，侧向刚度连续无突变，材料用量少；平面尺寸选择时综合各方因素，平面系数高，使用面积大；外立面采用朴实细腻的设计策略，完成效果也很好。

筒中筒结构从结构的角度来看是非常合理的，外围框筒柱参与抵抗水平作用，大大改善了结构整体刚度和核心筒受力状况。但筒中筒的特点"密柱深梁"并不一定能为每个建筑师所接受，毕竟这会直接导致建筑开窗范围较小，造成视野和采光方面的限制。本项目能够实现这种体系，也有限额设计的因素。从最后的完成效果来看，无论是建筑外观还是使用感受，本项目都具有良好的品质，体现出建筑师与结构工程师紧密协作、精心设计的成果。

（2）本项目为国内高烈度区少见的采用筒中筒体系的超高层建筑。本次设计以探索非常经济的超高层结构方案为目标，设计成果充分验证了筒中筒结构在高烈度区具有很大的经济性优势，为类似条件超高层建筑设计提供了有力的依据。

通过对比案例不难发现，在高烈度区 200～300m 建筑高度范围，单纯的框架-核心筒体系较难满足刚度要求，需要采取设置伸臂桁架等措施，从而增加建造成本，而巨型框架-核心筒体系的材料用量也明显偏高，筒中筒体系在这种条件下的适用性和经济性有优势。

（3）通过桩基刚度的调整大量节省底板钢筋用量。通过调整内外筒桩长、后注浆范围来调整桩基刚度，使内外筒的潜在沉降差缩小一半以上，从而减小筏板的内力，减少钢筋用量。裙房采用天然地基上的筏板基础而不使用抗拔桩，可提高裙房部分的沉降量，使其与主楼沉降量匹配，减小主楼和裙房连接部位的筏板内力，节省钢筋用量。相应地，裙房抗浮采用压重方式解决。

（4）采用多样化的构件形式以提高整体经济性。主楼内筒为钢筋混凝土抗震墙筒体，外筒在第 4 层设托柱桁架转换层，转换层以上采用钢管混凝土柱＋H 型钢裙梁框筒。钢管混凝土柱可以避免采用 H 型钢混凝土柱时复杂的节点连接及大量模板；转换层以下柱截面较大，采用型钢混凝土框架；主楼标准层楼面采用组合楼板，考虑组合作用，其余楼面为现浇钢筋混凝土梁板。

（5）如何降低造价是本项目结构设计的主题，为此进行了深入的研究和对比，探索了造价与超高层建筑形式的关系，对今后的类似工程具有很好的启发和借鉴意义。

附：设计条件

1. 自然条件

（1）风荷载、雪荷载

依据《建筑结构荷载规范》GB 50009—2012，按 50 年一遇的基本风压值与基本雪压值设计。

（2）地震作用

抗震设计参数见表1。

抗震设计参数				表 1
抗震设防烈度	水平地震影响系数	设计地震分组	特征周期值	建筑场地类别
8 度	0.16（小震） 0.46（中震） 0.90（大震）	第一组	0.40s	Ⅱ

2. 设计控制参数

（1）主要设计控制参数

结构设计使用年限为 50 年，建筑结构安全等级为二级，地基基础设计等级为甲级，基础设计安全等级为二级，建筑抗震设防类别为标准设防类（丙类）。

（2）抗震等级（表 2）

抗震等级		抗震墙	表 2 框架
结构部位		抗震墙	框架
塔楼		特一级	一级
裙房		一级	一级
地下室	塔楼地下一层	特一级	一级
	裙房地下一层	一级	
	地下二层	一级	一级
	地下三层	二级	二级
	地下四层	三级	三级

（3）超限情况

按照《超限高层建筑工程抗震设防专项审查技术要点》，本工程属于高度超限的超限结构。

3. 抗震性能目标

本项目为超限高层结构，除按照一般程序进行结构设计外，还根据设定的抗震性能目标（表 3）进行性能化设计。

抗震性能目标		设防地震	表 3 罕遇地震
结构构件		设防地震	罕遇地震
核心筒抗震墙	底部加强部位	偏压不屈服，偏拉、受剪弹性	形成塑性铰、出现弹塑性变形，满足大震截面控制条件
	其他区域	受剪不屈服	形成塑性铰、出现弹塑性变形，满足大震截面控制条件
周边框架柱	底部加强部位	偏压不屈服，偏拉、受剪弹性	形成塑性铰、出现弹塑性变形，满足大震截面控制条件
	其他层	受剪不屈服	形成塑性铰、出现弹塑性变形，满足大震截面控制条件

结构构件	设防地震	罕遇地震
转换桁架	弹性	大震不屈服
周边框架边梁	受剪不屈服	梁端部形成塑性铰、出现弹塑性变形，满足大震截面控制条件
核心筒连梁	受剪不屈服	梁端部形成塑性铰、出现弹塑性变形，满足大震截面控制条件

4. 结构布置及主要构件尺寸

外筒在 4 层设托柱转换层，采用支撑转换形式，支撑采用矩形钢管混凝土，截面为 700mm×900mm×30mm。转换层以上采用矩形钢管混凝土柱＋H 型钢裙梁，柱截面为 1200mm×（700～600）mm；转换层以下为型钢混凝土柱和型钢混凝土梁，柱截面为 1500mm×1500mm。

转换层以上楼层水平分体系采用组合梁形式，板厚 130mm，钢梁跨度为 11.7m 和 13.0m，钢梁高度为 450mm 和 500mm，间距 4.2m。转换层以下，首层顶梁高 1500mm，2 层、3 层顶梁高 1200mm。

核心筒尺寸 22.1m×24.5m，采用钢筋混凝土抗震墙，外围墙厚 1000～600mm，内部墙厚 450～300mm。

竖向构件截面及材料见表 4。

竖向构件截面及材料　　　　　　　　　　　　　　　　　表 4

楼层		层高/mm	混凝土强度等级	外筒截面/mm		内筒截面/mm	
				角柱	中柱	外墙	内墙
	机房层	5500		—	—		
	F48	4050					
	F47	5500	C30			600	300
	F46	8400		1200×600 ×18	1200×600 ×16		
	F45	8400					
	F42～F44	4200					
	F36～F41	4200	C40			700	350
	F34～F35	4200					
	F31～F33	4200	C45	1200×600 ×20	1200×600 ×18		
	F26～F30	4200				800	400
	F22～F25	4200					
	F20～F21	4200	C50	1200×700 ×22	1200×700 ×20	900	400
	F18～F19	4200					
	F15～F17	4200	C55				
	F10～F14	4200	C55			900	400
	F7～F9	4200		1200×700 ×22	1200×700 ×20		
	F6	4200					
	F5	4200					
转换层	F4	5500					
裙房	F3	5500				1000	450
	F2	5500	C60				
	F1	6500					
地下室	B1	8750		1500×1500	1500×1500		
	B2	5000					
	B3	3900					
	B4	3900					

第 8 章

江门市档案中心结构设计

结构设计团队：

李征宇　刘彦生　陈　宏　张一舟　朱显伟　王　松
房轻舟

8.1 工程概况

8.1.1 建筑概况

江门市档案中心项目位于广东省江门市，总建筑面积为 104475m²，地上 15～18 层，建筑面积为 80676m²；地下 2 层，建筑面积为 23799m²。东西方向长 128.6m，南北方向宽 100m，屋面结构高度为 84.6m。连接体位于 14～15 层，顶标高 72.6m，连接体高 9m，跨度为 25.2～42m。地上结构由底部裙房、3 栋塔楼、1 栋观光电梯交通核以及 14 层、15 层高位连接体组成。建筑效果如图 8.1-1 所示，建筑典型平、立剖面如图 8.1-2、图 8.1-3 所示。

图 8.1-1　建筑效果图

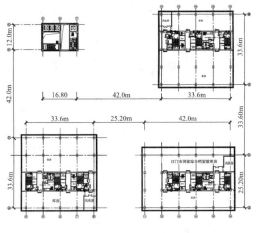

图 8.1-2　4～13 层平面图

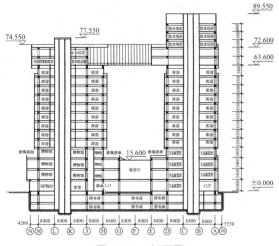

图 8.1-3　剖面图

8.1.2 建筑特点与特殊需求

本工程为4座高层（4塔）高位连体复杂结构，根据建筑造型要求，连接体位于整体结构顶部。连接体尺度大，两个方向平面尺寸均超过100m，共2层高。连接体将4栋塔楼连为一体，是本工程的最大特点。

8.2 结构体系与特点

8.2.1 主要结构体系

建筑设计4个单体结构分别为3栋塔楼及1栋电梯交通观光塔，平面布置及分区如图8.2-1所示。A区为电梯交通观光塔，建筑平面紧凑，主要是为顶部连接体服务的竖向交通核与部分设备房间，功能单一，采用抗震墙结构；B区、C区、D区为3栋塔楼，建筑平面规整，高宽比适当，采用典型的框架-抗震墙结构，中部利用建筑楼（电）梯间布置核心筒，四周伸出1~2榀框架。

4个单体结构通过14层与15层的2层高连接体连接。连接体在A区与B区、D区间最大跨度为42m，其余各区的跨度为25m、33m不等。

首先，由于连接体自身跨度大，在满足垂直荷载作用的前提下，连接体结构断面、刚度需求都很大，没有调整余地。为保证连接体承载力与刚度，结构采用2层通高钢桁架，连接体层结构平面布置如图8.2-2所示。

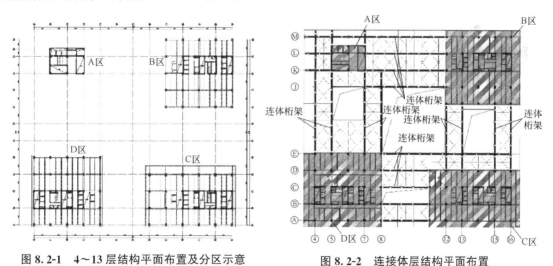

图 8.2-1　4~13层结构平面布置及分区示意　　　图 8.2-2　连接体层结构平面布置

其次，由于建筑平面布置原因，连接体在A区存在较大的悬挑区域，这就使连接体布置方式受到限制，连接体必须与A区强连接，与B区、C区也宜采用强连接。综合考虑各方因素，采用弱连体结构的条件明显受限，因此本项目采用了强连体结构方案。

为满足建筑形体要求，大刚度、强连接的连接体对各单体的约束作用明显，必须按照四座塔楼连接为一整体进行结构设计。

8.2.2 体系特点与关键问题

1. 连体结构存在刚度突变

连体结构作为复杂结构，最根本的问题在于结构刚度突变。刚度突变会造成结构受力复杂，应力集中，各种简化假定不准确，因此按常规假定进行的计算结果也会存在误差。

解决刚度突变问题的思路如下。

（1）尽量减小刚度突变。对连体结构来说，应在条件允许的情况下尽量减小连接层自身的刚度，适当增加连接体下部结构的刚度，避免"头重脚轻"。

（2）尽可能延长内力消散路径，均匀过渡。常用的连体结构杆件尽量多深入单体内、将连接部位型钢柱下延等构造措施，都能够避免应力集中，保证力的均匀消散。

（3）针对采用常规方法有可能造成的计算误差，可以通过增大系数的方法来解决。规范中规定的提高抗震等级、刚度突变的薄弱层加乘 1.25 放大系数等措施，都能有效解决"算不准"的问题。

本项目应按以上思路进行常规设计加强。

2. 各单体的结构动力性能不同

强连体使四座塔楼协同工作形成整体。若各单体的平面尺寸、动力性能差异大，会造成整体结构的质量中心和刚度中心不重合，由此产生结构平扭耦合效应，导致结构易发生扭转，不利于结构整体性能。

本项目各分区单体结构外形尺寸如表 8.2-1 所示。可以看出，A 区单体结构与另外三区在平面尺度上有显著差别，其高宽比大于 6，单体自身的抗水平荷载性能较差，需要改善。其余各区单体平面尺度近似，体型规则，结构性能良好。A 区与 B 区、C 区、D 区的动力性能存在显著差异，在连体结构设计中应重点予以关注。

各分区单体结构外形尺寸 表 8.2-1

单体名称	地上层数/高度/m	长×宽/m	长宽比	高宽比
A 区	15 层/72.6	16.8×12.0	1.40	6.05
B 区	15 层/72.6	33.6×33.6	1.00	2.16
C 区	18 层/84.6	42.0×25.2	1.66	3.35
D 区	15 层/72.6	33.6×33.6	1.00	2.16

3. 各单体的结构受力变形模式不同

A 区采用了抗震墙结构，在水平作用下为弯曲变形；而 B 区、C 区、D 区采用框架-抗震墙结构，在水平作用下为弯剪变形。不同的受力变形模式导致各单体变形的竖向分布规律不同。连接体需要使各单体结构共同受力、协调变形，这就需要强行改变 A 区结构的抗侧变形模式。因此推测连接体及 A 区单体结构的附加内力必然很大，设计时应有所侧重。

4. 连接体自身设计复杂

因各种条件限制，连接体与单体采用强连接方案；同时，连接体采用 2 层高钢桁架，自身刚度也很大。在这种情况下，连接体会改变各单体原来的动力特性，并强制协调各单体变形。如前所述，4 个单体结构形式不同，动力特性相差较大，这势必造成连接体结构、单体结构与连接体相连部位及连接节点内力均比较大且受力状态复杂。加之连接体位于顶层，连接体需协调的绝对变形大，因而结构内力更大、更不利，对设计提出了很高的要求。

5. 复杂连体结构应从可靠度的角度选取结构方案

性能化设计考虑连接体失效通常有如下两种方案。

（1）连接体在大震作用下失效。针对这种情况，可以采用整体结构、单体结构包络设计的方法。这将造成单体结构构件尺寸增大、配筋显著增加，但可以降低连接体自身的性能目标。

（2）设计连接体在大震作用下的性能，保证大震作用下各单体仍部分协调，共同工作，不出现单体独立工作的工况。一般情况下，这种方案能有效降低单体的建造成本，对连接体的设计要求很高。

以本项目为例，因连接体大幅度地改变了各单体的动力特性，如采用方案（1），对单体特别是 A 区的影响很大，甚至会造成建筑功能损失。因此，本工程采用方案（2）。从设计保证率的角度考虑，将连接体及其相关部位作为结构最后失效的部位进行设计。将连接体作为关键构件，同时采取有效措施保证连接节点的抗震性能，保证其在大震作用下仍能工作。同时考虑连接体楼板部分退出工作后，水平力仍能通过备用路径传递，各单体结构仍能部分共同工作的特殊工况，作为"二道防线"。这样既保证了结构安全度，又兼顾了建筑效果与经济效益。

6. 温度效应

高位连接体位于主体结构屋顶，采用钢桁架结构，跨度较大，对温度作用较敏感，应考虑温度效应。结构合拢温度按 20℃考虑，最大温升 25℃，最大温降−25℃。

8.2.3 结构设计思路

1. 单体的结构平面布置优化调整

（1）按连体结构整体考虑结构布置方案，在满足建筑功能需求的前提下，优化平面布置。

整体 4 个单体自身合理的结构布置，不一定是四塔连体整体结构最合理的结构布置方案。整体结构中纵向和横向抗侧力单元共同抵抗扭矩，距离刚心越远的抗侧力单元对抗扭刚度贡献越大。对各单体结构，适当将主要抗侧力单元偏置到外侧，可以增加整体结构的抗扭刚度，如图 8.2-3 所示。考虑到可靠度问题，对单体结构也应同时兼顾，保证极端工况下单体结构的安全。

（2）优化单体结构布置，尽量减小连接体内力。A 区为抗震墙结构，水平作用下呈弯曲型变形，B 区、C 区、D 区为框架-抗震墙结构，水平作用下呈弯剪型变形。各单体经强连接体强制协调变形后，整体结构在水平作用下以弯剪变形为主。因此须适当减小 A 区抗震墙在结构上部的墙厚，降低其刚度，以减小连接体强制改变其抗侧力性能造成的内力。

2. 根据连接体跨度和使用功能确定连接体结构形式

由于连接体最大跨度达到 42m，在竖向荷载作用下连接体构件须具备较大断面和刚度，以满足承载力极限状态和正常使用极限状态的要求。连接体采用 2 层通高钢桁架。

（1）对连接体桁架进行分类。根据建筑条件与连接体层的平面布置，连接体桁架分为两类：①连接体桁架两端均与单体结构直接连接，桁架端部弯曲约束大，杆件内力较大；②连接体桁架一端与单体结构相连，另一端与连接体桁架或悬挑桁架相连，只有一端弯曲

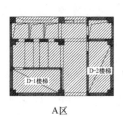

A区

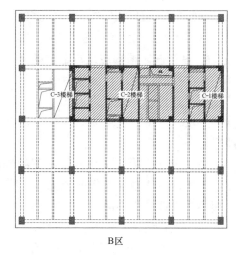

B区

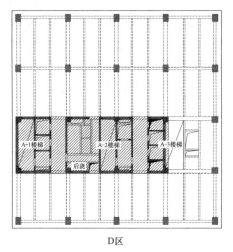

D区

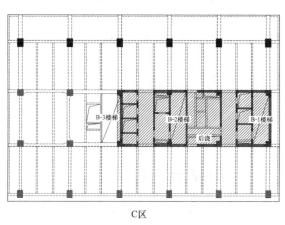

C区

图 8.2-3 各单体抗震墙调整

约束大，相对第①类连接体桁架而言，内力较小。构件设计时根据不同的受力情况区分。

（2）连接体桁架设计。连接体钢桁架杆件为压弯或拉弯构件，与一般钢构件受弯为主的受力状态不同，轴力占比较大，采用箱形截面以减小构件截面尺寸。距离刚心较远的杆件内力更大，采用较大的截面。

3. 确定连接体与单体结构的连接程度和连接方法

考虑结构受力性能和建筑使用功能的限制，本工程连接体桁架与 A 区抗震墙直接连接，与 B 区、C 区、D 区的最外侧框架柱相连，上、下弦杆伸入单体结构与抗震墙相连，如图 8.2-4 所示。

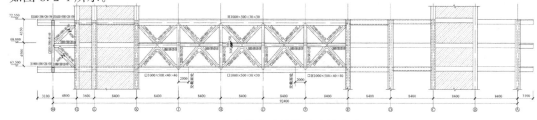

图 8.2-4 钢桁架连接体及连接方式

8.3 结构分析

8.3.1 结构模型弹性计算分析

主体结构整体模型如图 8.3-1 所示。

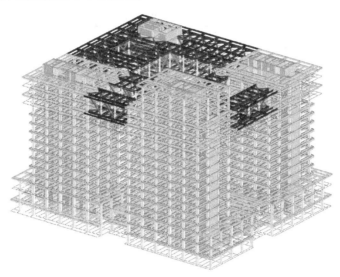

图 8.3-1 主体结构整体模型

采用 YJK 和 MIDAS 软件对整体模型和单体模型的动力性能进行计算分析，结构整体模型和分塔模型周期如表 8.3-1 所示。可以看出，整体模型的前两阶自振周期小于各单体模型；C 区单体与其余各区单体第 1 阶自振周期相差较大；A 区单体从第 3 阶自振周期开始与其余单体相差较大。可见，连体结构整体刚度明显大于单体结构，整体模型的刚度最大；A 区、C 区单体的动力性能与 B 区、D 区单体明显不同。

结构整体模型和各分塔模型周期　　　　　　　　　　　　　　　表 8.3-1

阶数	周期及各塔振型情况									
	YJK					MIDAS				
	整体	A 区	B 区	C 区	D 区	整体	A 区	B 区	C 区	D 区
第 1 阶	1.5711	1.6012	1.7262	2.0052	1.7476	1.4530	1.5404	1.7891	2.0709	1.7639
第 2 阶	1.4689	1.4795	1.5155	1.5584	1.5490	1.4180	1.4561	1.6346	1.5947	1.5349
第 3 阶	1.3610	0.9545	1.2767	1.4009	1.2579	1.2960	0.8424	1.2824	1.4103	1.2543
第 4 阶	0.5186	0.2926	0.5029	0.5489	0.4996	0.5318	0.2943	0.4804	0.5195	0.4516
第 5 阶	0.4551	0.2231	0.4041	0.4391	0.4007	0.4890	0.2329	0.3871	0.4064	0.3683
第 6 阶	0.4419	0.1641	0.3508	0.3721	0.3492	0.4708	0.1579	0.3446	0.3593	0.3304
T_1/T_t	0.866	0.596	0.740	0.699	0.720	0.892	0.547	0.717	0.681	0.711

地震作用下结构整体模型与各分塔模型的最大层间位移角和顶点位移见表 8.3-2。结

构整体模型的顶点位移和最大层间位移均较小；C 区单体在 Y 向地震作用下的位移明显大于整体模型和其余各单体模型；A 区单体出现最大层间位移的楼层与其余各单体明显不同（这是由于 A 区单体结构体系与其余单体不同造成的）；整体结构在 Y 向的力学性能受到较大改变。

地震作用下结构最大层间位移角和顶点位移 表 8.3-2

地震作用		X 向地震作用		Y 向地震作用	
		顶点位移 /mm	最大层间位移（楼层）	顶点位移 /mm	最大层间位移（楼层）
整体模型		26.40	1/2021(7 层)	25.96	1/2169(10 层)
分塔模型	A 区	26.33	1/2284(10 层)	25.02	1/2277(13 层)
	B 区	28.46	1/2058(7 层)	32.39	1/1844(8 层)
	C 区	31.17	1/2081(8 层)	44.93	1/1289(8 层)
	D 区	27.94	1/2099(7 层)	31.96	1/1885(9 层)

以上对比也验证了之前对结构的定性判断基本准确，强连接体强制各分塔共同受力，变形协调。

8.3.2 抗震性能化设计

本项目为超限高层结构，除按照一般程序进行结构设计外，还根据设定的抗震性能目标进行性能化设计。

地震作用下，连接体协同各单体在水平力作用下共同工作，连接体钢桁架、4 个单体结构的顶部是受力最为复杂的部位，也是可靠度要求最高的部位，抗震等级提高一级，并设为性能设计的关键构件。同时，水平力主要由楼板传递，因此对连接体楼板的性能应重点分析。

此外，单体结构底部加强区也是抗震关键构件，应按要求加强。

8.3.3 大震弹塑性时程分析

通过大震弹塑性时程分析，对结构可能的薄弱部位和构件进行识别，给出结构损伤状况，进一步验证结构的可靠性和安全性。抗震墙在天然波 1 输入时的受压损伤因子分布如图 8.3-2 所示。可以看出在本项目中：①连梁作为结构抗震第一道防线，首先出现损伤，进入耗能阶段；在地震作用下，部分连梁破坏较为明显，发挥了屈服耗能的作用，从而保护主体墙肢不被破坏，结构整体性保持较好。②结构底部抗震墙出现一定程度的受压损伤，应进行局部加强。③底部抗震墙受拉损伤较大，混凝土受拉基本退出工作，抗震墙拉力主要由抗震墙中的钢筋承担，但抗震墙边缘约束构件钢筋的累积塑性应变较小，未进入塑性阶段。

根据大震弹塑性分析结果，考虑抗震墙连梁破坏引起的内力重分配。B 区、C 区、D 区为框架-抗震墙结构，在中震、大震下抗震墙连梁先进入塑性，在难于准确计算分析的情况下根据概念设计，抗震墙刚度降低，从而导致楼层剪力在抗震墙与框架柱之间重新分配，框架内力增加。基于 1/3 比例的空间框架抗震墙结构模型反复荷载试验及该试验模型

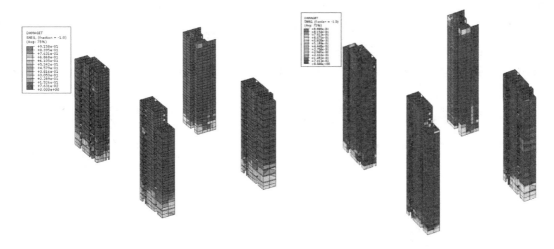

图 8.3-2　天然波 1 输入时抗震墙受压损伤因子分布示意

的弹塑性分析结果，我国规范给出了框架-抗震墙结构框架内力调整方法。本项目设计时对框架的弹性计算结果进行调整，增大框架所承担的地震剪力。

　　天然波 2 输入时混凝土柱、梁钢筋塑性应变分布如图 8.3-3 所示。可见，混凝土柱和梁的钢筋绝大部分未进入塑性阶段，累积塑性应变较小，仅有极少量的首层柱底钢筋及结构连体层的梁钢筋进入塑性阶段。混凝土柱受压损伤因子绝大部分小于 0.3，仅有极少量混凝土柱在 A 区底部达到 0.4。整体来看框架梁柱均未发生明显的塑性破坏，框架在大震作用下仍保持较高的可靠度。

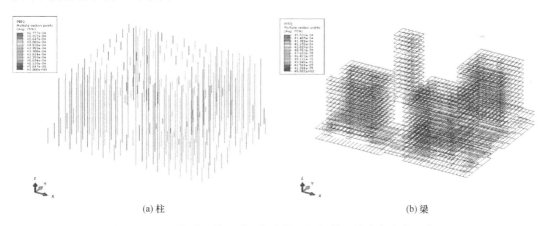

(a) 柱　　　　　　　　　　　　　　　(b) 梁

图 8.3-3　天然波 2 输入时混凝土柱、梁钢筋塑性应变分布示意

8.3.4　连接体楼板破坏分析

　　连接体协同各单体在水平力作用下共同工作，水平力主要由楼板传递。考虑到可靠度问题，设计应评价中震、大震作用下连接体楼板的破坏程度，并解决楼板失效引起的内力重分配问题。

　　首先通过大震弹塑性分析来评价楼板的性能。天然波 2 输入时连接体楼层受拉损伤情况如图8.3-4所示。整体来看，混凝土损伤主要分布在核心筒周边、部分开洞周围以及连接结构部分。可见，在中震、大震特殊工况下，楼板可能会破坏失效退出工作，此时，连接体平面变为平行弦桁架，水平力将转移到连接体钢桁架上、下弦杆中，连接体刚度大幅减小，从而使整体结构刚度减小，构件内力重新分配，甚至影响4栋塔楼作为一个整体的成立性。

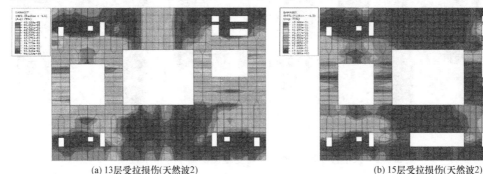

(a) 13层受拉损伤(天然波2)   (b) 15层受拉损伤(天然波2)

图8.3-4　天然波2输入时连接体楼层受拉损伤云图

本工程采取的应对措施如下。

（1）设置备用传力路径。调整结构布置，在楼板内设置面内水平支撑，使楼板失效后连接体平面形成桁架，仍能保持一定的水平刚度，以协同各单体共同变形。

（2）分析零刚度楼板工况。由于连接体刚度减小后，部分构件内力显著增大，如框架柱及连接体弦杆，为防止其在特殊工况下破坏失效，对结构全生命周期中各可能工况均应设计分析。因此，按照零刚度楼板模型重新计算，分析楼板破坏工况下的构件内力，尤其是内力增大的构件，并进行设计。以与A区抗震墙相连的连接体上弦构件为例：在X向小震作用下的轴力（图8.3-5），有楼板模型为584kN，零刚度楼板模型为1221kN，增大了109%。

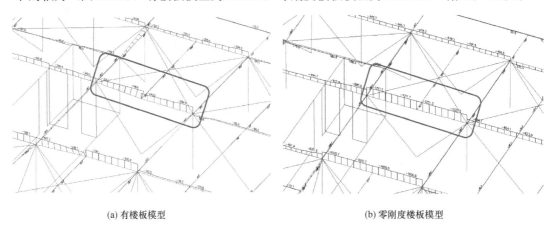

(a) 有楼板模型   (b) 零刚度楼板模型

图8.3-5　连接体上弦构件在X向小震作用下的轴力

8.3.5　特殊专项设计

1. 复杂节点设计

连接体钢桁架与单体结构连接部位应力集中，受力状况复杂，并且相交的杆件极多，包括桁架弦杆、斜腹杆、单体框架梁柱、连接体水平支撑等。除水平支撑外，杆件尺寸均很大，造成节点连接困难，施工难度亦非常大。特别是双向连接体桁架与同一个单体角柱连接的节点过于复杂。由于节点杆件不能简化，且连接体与单体结构连接的节点应为整个结构中可靠度最高的部位，因此需要利用有限元分析方法对复杂节点进行专项研究。本工程利用通用有限元软件 ABAQUS 建立三维模型，对罕遇地震作用下该节点受力情况进行数值模拟，如图 8.3-6 所示。经分析计算，该节点在罕遇地震作用下基本保持弹性状态。

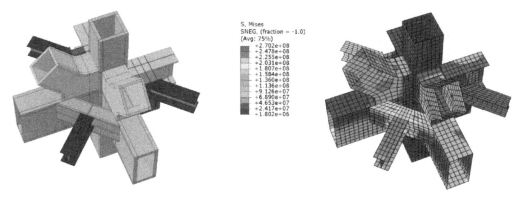

图 8.3-6　ABAQUS 三维节点模型

2. 大跨度楼盖舒适度验算

连接体结构跨度大，须注意连接体楼层在日常使用中由于人的走动引起的楼板振动问题。经验算，连接体层大跨度钢-混凝土组合楼盖的竖向振动加速度不能满足相关要求，为保证结构具有适宜的舒适度，在连接体层布置了 17 组 TMD 黏滞阻尼器。

附：设计条件

1. 自然条件

（1）风荷载

本工程基本风压为 0.6kN/m^2（50 年一遇），地面粗糙度类别为 B 类。风荷载按风洞试验报告提供的等效楼层风荷载用于结构正常使用极限状态设计，承载能力极限状态设计按等效楼层风荷载的 1.1 倍计算。

（2）雪荷载

本工程位于广东省，不考虑雪荷载。

（3）地震作用

抗震设计参数见表 1。

抗震设计参数 表 1

抗震设防烈度	设计基本地震加速度	设计地震分组	特征周期值	建筑场地类别
7 度	0.10g	第一组	0.45s	Ⅲ

2. 设计控制参数

（1）主要控制参数

结构设计使用年限为 50 年，建筑结构安全等级为二级，地基基础设计等级为甲级，建筑抗震设防类别为一般设防类（丙类）。

（2）抗震等级（表2）

抗震等级 表2

序号	分区名称	部位	结构类型	抗震等级 框架	抗震等级 抗震墙
1	A区	地下1层~2层	抗震墙	二级	二级
		13~15层		二级	二级
		其余各层		三级	三级
2	B区	地下1层~6层	框架-抗震墙	一级	一级
		13~15层		一级	一级
		其余各层		二级	二级
3	C区	地下1层~6层	框架-抗震墙	一级	一级
		13~15层		一级	一级
		其余各层		二级	二级
4	D区	地下1层~3层	框架-抗震墙	一级	一级
		13~15层		一级	一级
		其余各层		二级	二级
5	连接体		钢桁架	三级	
6	剧院		框架结构	一级	—
7	纯地下室	地下1层	框架结构	一级	一级
		地下2层		二级	二级

（3）超限情况

对照《广东省超限高层建筑工程抗震设防专项审查实施细则》（以下简称《细则》）的要求，现就本工程的各项参数和不规则项汇总如下（因剧院在地上和周边结构脱缝，结构高度不超过24m，以下不规则项未统计剧院结构）。

■ 根据《细则》表一的结构高度限值规定，本结构高度为72.6m，结构不超高。

■ 根据《细则》表二，不规则项对应检查见表3。

不规则信息（一） 表3

序号	不规则类型	定义和参考	超限判断	备注
1	扭转不规则	考虑偶然偏心的扭转位移比大于1.2	有	0.5
2a	凹凸不规则	平面凹凸尺寸大于相应边长30%等	无	
2b	组合平面	细腰形或角部重叠形	无	
3	楼板不连续	有效宽度小于50%，开洞面积大于30%，错层大于梁高	有	1
4a	侧向刚度不规则	该层侧向刚度小于上层侧向刚度的80%	无	
4b	尺寸突变	竖向构件收进位置高于结构高度20%且收进大于25%，或外挑大于10%和4m	有	1
5	竖向构件不连续	上下墙、柱、支撑不连续	无	
6	承载力突变	相邻层受剪承载力变化大于75%	无	

不规则信息说明：①各单塔结构均存在结构扭转位移比超过1.2的情况。对照《细则》表七，结构有很少的楼层扭转位移比大于1.2，且层间位移较小，属Ⅰ类。②D区

在 2 层楼板开有较大板洞，B 区 3 层楼板开洞总面积超过 B 区单塔面积的 30%，接近 50%。开洞造成高层框架柱在开洞处形成穿层柱，并与本层其他框架柱形成长短柱共用。③B 区、C 区结构在 2~4 层通过室外平台相连接，形成大底盘多塔结构，结构间室外平台逐层收进。B 区 2 层、4 层，M 轴外挑 6.0m。

■根据《细则》表三，不规则项对应检查见表 4。

不规则信息（二）   表 4

序号	不规则类型	定义和参考	超限判断	备注
1	扭转偏大	裙房以上 30% 或以上楼层数考虑偶然偏心的扭转位移比大于 1.5	无	
2	层刚度偏小	本层侧向刚度小于相邻上层的 50%	无	

■根据《细则》表四，不规则项对应检查见表 5。

不规则信息（三）   表 5

序号	不规则类型	定义和参考	超限判断	备注
1	高位转换	框支墙体的转换构件位置：7 度超过 5 层，8 度超过 3 层	无	
2	厚板转换	7~8 度设防的厚板转换结构	无	
3	复杂连接	各部分层数、刚度、布置不同的错层，连体两端塔楼高度、体型或沿大底盘某个主轴方向的振动周期显著不同的结构	有	
4	多重复杂	结构同时具有转换层、加强层、错层和连体等复杂类型的 3 种及以上	无	

不规则信息说明：结构 14 层、15 层设置连接体，连接体塔楼体型、刚度和结构类型有较大差别。

■根据《细则》表五，不规则项对应检查见表 6。

不规则信息（四）   表 6

序号	不规则类型	定义和参考	超限判断	备注
1	特殊类型高层建筑	现行《建筑抗震设计规范》GB 50011、《高层建筑混凝土结构技术规程》JGJ 3 和《高层民用建筑钢结构技术规程》JGJ 99 暂未列入的其他高层建筑结构，特殊形式的大型公共建筑及超长悬挑结构，特大跨度的连体结构等	有	
2	超限大跨度空间结构	空间网格结构或索结构的跨度大于 120m 或悬挑长度大于 40m，钢筋混凝土薄壳跨度大于 60m，整体张拉式膜结构跨度大于 60m，屋盖结构单元的长度大于 300m，屋盖结构形式为常用空间结构形式的多重组合、杂交组合以及屋盖形体特别复杂的大型公共建筑	无	

不规则信息说明：本工程 A 区和 B 区、B 区和 C 区、A 区和 D 区间连体跨度为 42m，均大于 36m，属特大跨度连体结构；C 区和 D 区间连体跨度为 25.2m，属一般连体结构。

综合以上江门市档案中心工程不规则信息情况，本工程属于超限高层建筑，应进行超限可行性论证。

3. 抗震性能目标

本项目为超限高层结构，除按照一般程序进行结构设计外，还根据设定的抗震性能目标，进行性能化设计。结构抗震性能目标设为 C 级，多遇地震、设防烈度地震和预估的罕遇地震作用下对应的性能水准分别为 1 级、3 级、4 级。地震作用下，连接体钢桁架、4 个单体结构的顶部和底部是受力最为复杂的部位，也是可靠度要求最高的部位，抗震等级提高一级，并设为性能设计的关键构件。

结构抗震性能目标见表 7。

表 7

抗震性能目标

			小震	中震	大震
层间位移角限值			1/800	—	1/125
分析方法			反应谱，时程	反应谱，时程	弹塑性动力时程
关键构件	与连体连接的抗震墙及地下1层	正截面	弹性	不屈服	允许进入塑性,钢筋应力可超过屈服强度,但小于极限强度
		受剪	弹性	弹性	不屈服
	与连体连接的框架		弹性	受弯不屈服,受剪弹性	允许进入塑性,混凝土压应变和钢筋拉应变在极限应变内
	桁架杆件		弹性	弦杆弹性	不屈服
	连接体楼板		弹性	钢筋受拉弹性	受拉钢筋不屈服,受剪截面不屈服
普通构件	底部加强区抗震墙	正截面	弹性	不屈服	允许进入塑性,钢筋应力可超过屈服强度,但小于极限强度
		受剪	弹性	弹性	不屈服
	其余框架		弹性	不屈服	允许进入塑性,不倒塌

4. 结构布置及主要构件尺寸

结构布置如图 1～图 3 所示。结构主要构件尺寸如下（单位：mm）。

抗震墙厚度：筒外圈 500、400，内部 250、200。

普通钢筋混凝土框架柱截面：900×1400、900×1200、800×1000。

与连接体相连型钢混凝土框架柱截面：900×1200（钢骨 H700×500×40）、1000×1000（钢骨 H600×600×40）。

普通框架梁截面：400×800、400×900、600×900。

连接体层型钢梁截面：900×1100（钢骨 H800×450×20×40）、700×900（钢骨 H500×250×20×30）；

连接体弦杆：□800×500×20×30、□1000×500×20×30、□1000×500×30×60。

连接体斜腹杆：□500×500×25、□400×400×25。

连接体竖腹杆：□600×500×30×30、□500×500×30×30。

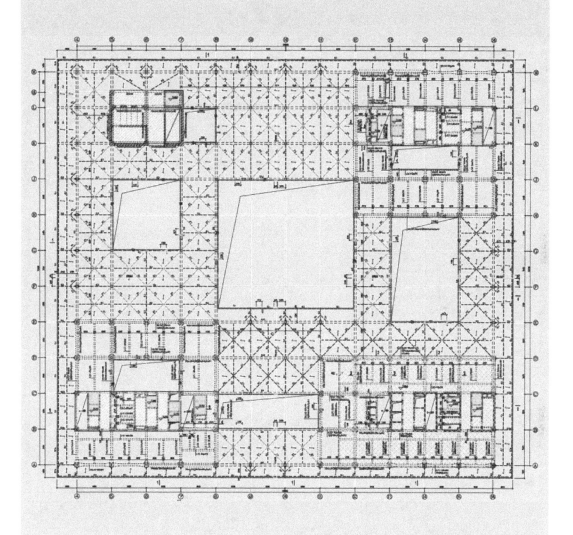

图 1　连体层结构平面布置示意

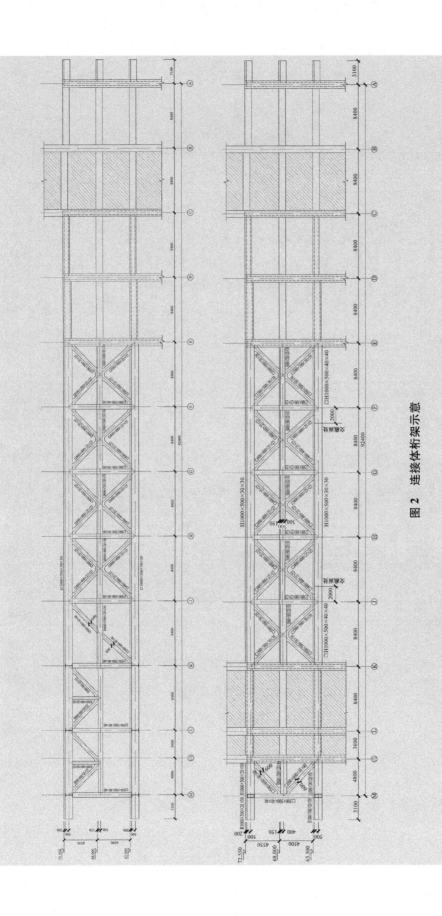

图 2 连接体桁架示意

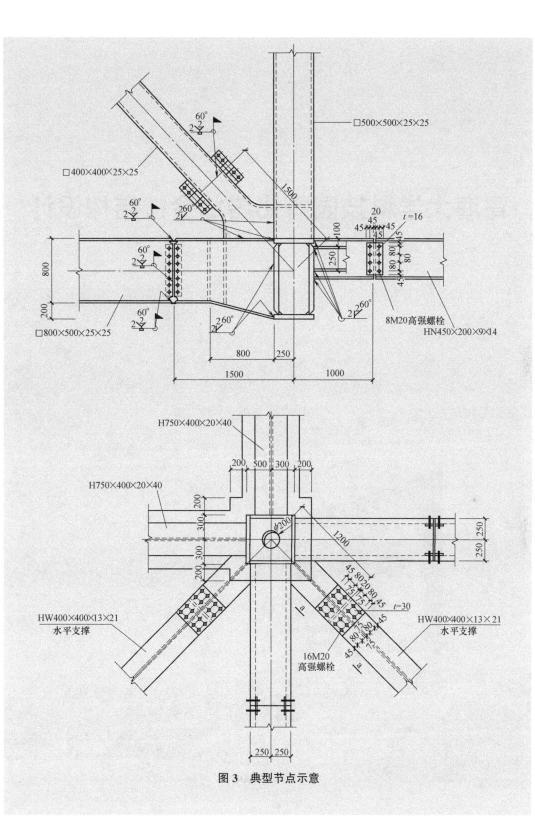

□500×500×25×25

□400×400×25×25

60°
2
2

60°
2
2

260°
2
2

800

200

□800×500×25×25

60°
2
2

60°
2
2

2 60°
2

1500

260°
2

100

250

20
45
45 45 45
45

t=16

80 80
180

45
80

2 60°
2

8M20高强螺栓
HN450×200×9×I4

800   250

1500   1000

H750×400×20×40

200 500 300 200

H750×400×20×40

200
300

200
300

φ200

1200

250 250

45 80 20 80 45
75 75 75
t=30

45
80 80
75

45

45

HW400×400×I3×21
水平支撑

16M20
高强螺栓

Ia

Ia

HW400×400×I3×21
水平支撑

250 250

图3 典型节点示意

第 9 章

青海大学科技园孵化器综合楼结构设计

摄影：三景影像（Tri-images）

2021 年教育部优秀工程设计奖建筑设计二等奖

结构设计团队：
唐忠华　李　果　刘　俊　祝天瑞　蔡为新　王增印
任晓勇　陈宇军

9.1 工程概况

9.1.1 建筑概况

青海大学科技园孵化器综合楼位于青海省西宁市城北区的青海大学国家大学科技园内，建筑面积为30988m²，其中地上建筑面积27618m²，地下建筑面积3370m²。

项目平面尺寸为61.8m×51.9m。建筑地下1层，地上12层，其中2层以下为方形平面布置，3层以上分南北两栋一字形楼，11层和12层分别通过连廊将南北楼连接成口字形平面，连廊屋面设有4.3m高的外幕墙。同时，5层西侧也设置有连廊。结构总高度为54.3m（从室外地面起算），属一类高层公共建筑。1层、2层层高5m，7层层高6.3m，其余层高均为4.2m。建筑实景如图9.1-1所示，建筑平、立剖面如图9.1-2～图9.1-4所示。

图9.1-1 建筑实景

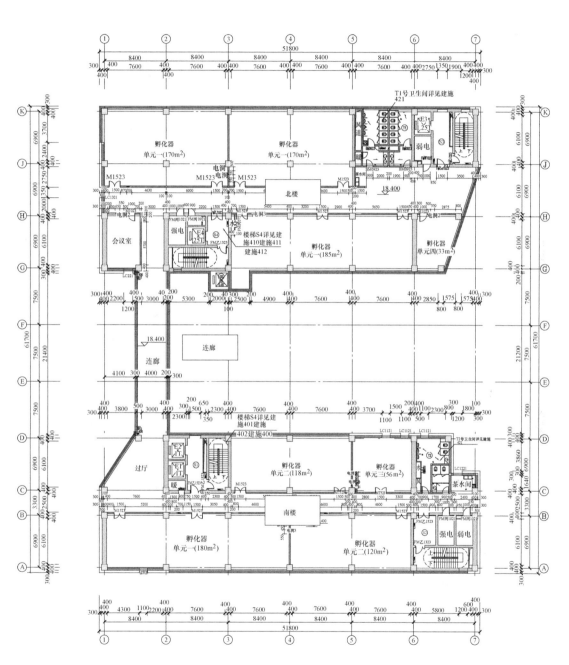

图 9.1-2 5 层建筑平面图

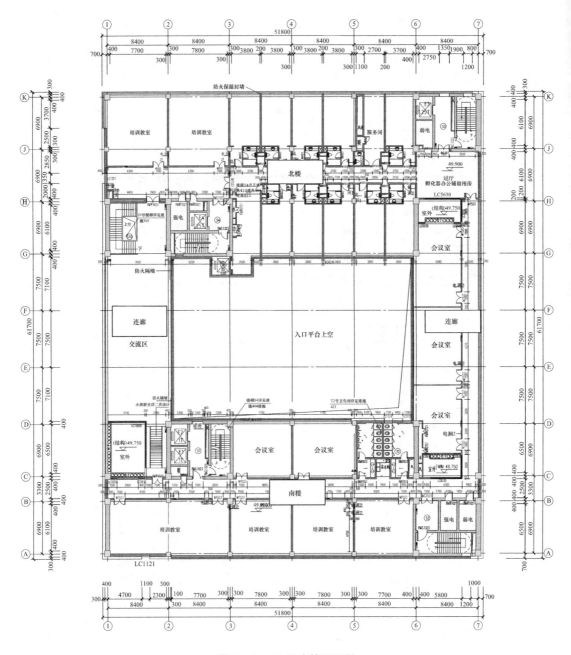

图 9.1-3 12 层建筑平面图

9.1.2 建筑特点与特殊需求

本项目主体建筑为南北两栋一字形楼，在顶部 11 层和 12 层分别通过东西两侧的两个连廊将南北楼连接成口字形平面。同时，建筑在 5 层西侧也设置有连廊，与南北楼形成 C 形平面。

整体建筑形象突出，"三桥飞架南北"，是青海省第一座高层连体建筑。

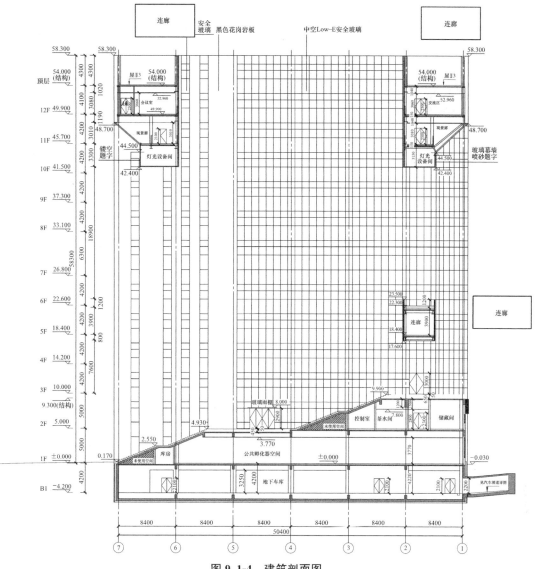

图 9.1-4　建筑剖面图

9.2　结构体系与特点

9.2.1　主要结构体系

　　本项目南北两栋主楼结构规则，基本对称，采用框架-抗震墙结构，单体动力性能相近。在第 5 层西侧，第 12 层东、西侧共有 3 处连接体（图 9.2-1），连接南北两栋主楼。项目的结构设计重点在于，合理实现建筑"三桥飞架南北"的整体形象要求。

　　由于单体自身抗震能力优良，不需要依靠连接体提升结构性能，因此结构方案采用强连体或弱连体均可行。

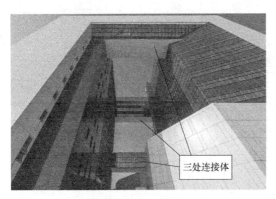

图 9.2-1 建筑仰视图

（摄像：唐忠华）

1. 连接体结构形式选择

三处连接体最大跨度为 43.2m，最小跨度为 21.7m。基于建筑功能与连接体刚度需求，连接体结构形式均采用钢结构桁架，单榀桁架高度为相应楼层的层高。

2. 5 层连接体设计思路

5 层的连接体位于主楼西侧近端部，偏心布置。如与主体结构刚性连接，强制协调变形，可能会带来整体结构扭转的不利结果。因此，在 5 层弱化连接体与主体结构的连接方式，采用滑动连接。连体结构仅考虑自身受力，不协调两单体内力与变形。

3. 12 层连接体设计思路

在 12 层的两处连接体上部有高出屋面 4.3m 的装饰幕墙，下部有 11 层的观景廊及其下部的管道层，整体荷载较大，结构尺寸也较大。为控制承载力及变形，对连接的刚度与强度均有较高要求。

两处连接体位于主体结构两端，与主体结构形成的整体平面为口字形，形状规则对称，采用强连体也不会产生过大的偏心和扭转。

因此，第 12 层的钢桁架与主体结构采用了刚性连接，桁架上、下弦伸入主体结构楼梯间的抗震墙，连接体与主体结构形成强连接，两栋单体主楼通过强连接体协调变形，共同作用。

本项目连体结构如图 9.2-2 所示。在建筑"三桥飞架南北"的总体架构下，通过"刚柔并济，上托下挂"的结构布置，经济、合理地实现建筑形象。

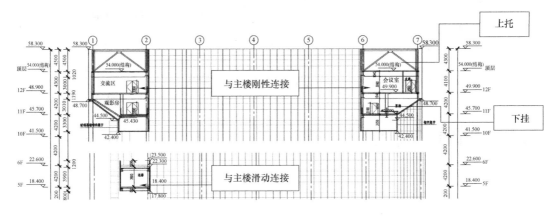

图 9.2-2 连体结构示意

9.2.2 体系特点与关键问题

1. 弱连体结构

弱连体结构连接体与单体相互作用少，本项目位于 5 层的连接体基本可以按单独受力设计。要达到各自受力，减小相互影响，设计要点在于与主体结构的连接方式的选择。连接节点一方面应能够保证正常使用阶段结构的传力与稳定，另一方面，在地震作用下应保证两座塔楼各自变形，不造成额外约束。本工程在主体结构框架柱上设置牛腿，桁架与牛腿通过滑动支座连接。牛腿尺寸考虑大震时南、北主楼的相对位移，并设置防脱落装置，从而达到各自变形的效果。

2. 强连体结构

（1）连接体形式选择

由于两单体主楼自身力学性能良好，考虑尽量减小连接体的刚度，减小结构相互作用引起的内力，因此，仅在 12 层设置 1 层高的钢桁架。通过吊柱将 11 层和下部管道层悬挂于 12 层的钢桁架下（图 9.2-3），并在钢桁架屋面设置平卧的 K 形钢架，用以支撑高出屋面 4.3m 的装饰幕墙。通过"上托下挂"，在不增加结构刚度的前提下，解决建筑功能要求。

（2）连接体设计

连接体自身设计较复杂。为达到建筑功能，使用"上托下挂"带来较大荷载，连接体桁架自身的承载能力与刚度需经详细分析验算，特别是下挂结构的布置方式与节点做法。本工程通过设置斜杆约束下挂结构的水平自由度。

连接体作为协调两塔楼变形的"构件"，受力状态复杂，内力较大，作为抗震关键构件应从概念上设置二道防线，考虑其部分失效的情况。

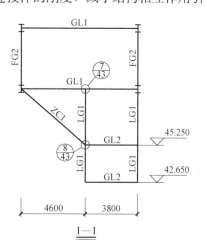

图 9.2-3　12 层连体桁架下挂剖面示意图

（3）连接方式选择

位于 12 层的连接体与两侧主楼采用刚性连接，强制协调两塔楼在连接部位的变形，改变了两主楼的单体动力特性。连接体与主楼的连接部位受力最大，也最为重要，是设计关键部位。本项目将桁架的上、下弦伸入主体结构楼梯间的抗震墙，与桁架相连的框架柱、抗震墙端柱内均设钢骨，并延伸至上、下层，保证力的传递与消散更加均匀，不致由于内力突变引起连接部位局部破坏。

9.3　结构分析

9.3.1　主要结构布置

1. 主要结构体系

本工程裙房和塔楼均采用钢筋混凝土框架-抗震墙结构，全楼共设置 4 处核心筒和 4 处带端柱的一字形墙。

2. 连接体

5 层、11 层、12 层的连廊均采用钢结构桁架，连接体楼屋盖采用免支模的压型钢板混凝土组合楼板。

（1）5 层弱连接体

连接体钢桁架与主楼采用滑动连接。连接部位主体结构设置牛腿，牛腿尺寸考虑大震时南、北主楼的相对位移，并设置防脱落装置。本位置的连接体内力较小，不承担协调主楼的功能，按一般桁架设计（图 9.3-1、图 9.3-2）。

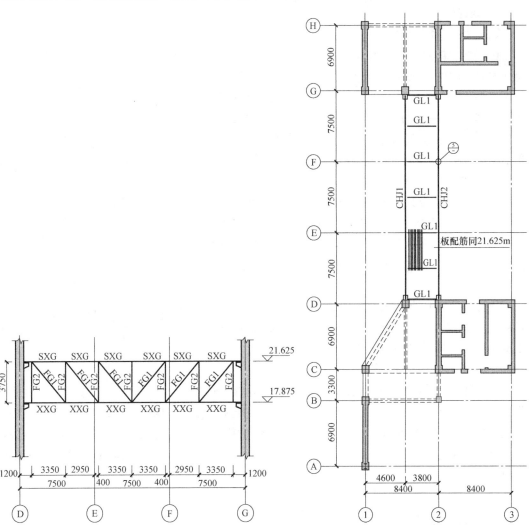

图 9.3-1　5 层连接体桁架剖面示意图　　　图 9.3-2　5 层连接体桁架平面布置示意图

（2）12 层强连接体

12 层连接体钢桁架与主楼刚性连接，连接体钢梁伸入两端主楼核心筒内，主楼与连接体钢梁相连的框架柱、抗震墙端柱内设置钢骨，并延伸至 11 层；连接体桁架在楼层平面内设平面支撑，保证地震作用下即便混凝土楼板开裂失效，连接体仍有一定刚度，能够满足两塔楼内力传递与协调变形的要求（图 9.3-3、图 9.3-4）。11 层连接体钢桁架吊挂于12 层连接体钢桁架下。

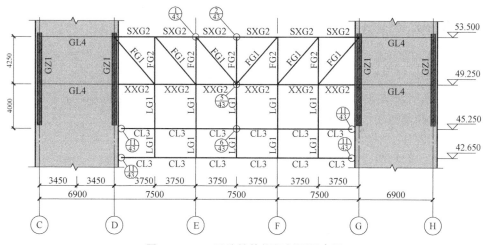

图 9.3-3　12 层连接体桁架剖面示意图

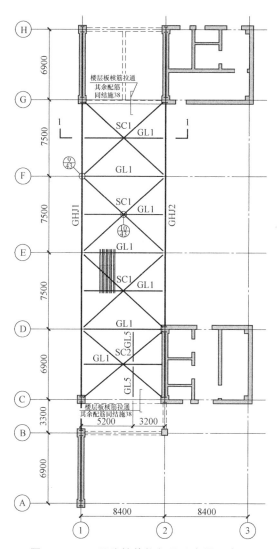

图 9.3-4　12 层连接体桁架平面布置示意图

9.3.2 具体分析项目

1. 连接体和主体结构整体分析

将12层强连体结构与主楼共同分析，整体计算。为简化计算，下挂的11层作为荷载施加于12层钢桁架节点及次梁上；由于5层连接体钢桁架与主楼采用滑动连接，在整体分析时仅作为荷载施加于两端框架柱上。

小震采用YJK（1.7.0.0）作为主要计算分析软件，SATWE（版本号：2012.6）作为辅助软件进行分析校核。分析时，均采用振型分解反应谱法计算地震作用，并考虑偶然偏心及双向地震作用；采用CQC（完全平方根组合）进行振型组合；整体分析时将嵌固端设在地下室顶板。计算模型如图9.3-5所示。

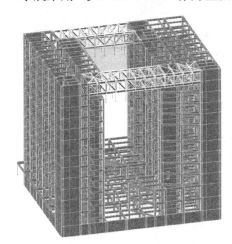

图9.3-5　整体计算模型

2. 性能化设计

本工程属于超限工程。超限项目为凹凸尺寸大、尺寸突变、构件间断。

根据《高层建筑混凝土结构技术规程》JGJ 3—2010第3.11节，结构抗震性能目标定为C，即：小震作用下满足性能水准1，结构处于弹性，控制构件承载力及结构变形满足规范要求；中震作用下满足性能水准3，结构宏观上轻度损坏，连接体、抗震墙、框架柱轻微损坏，连梁、框架梁处于轻度损坏，部分连梁、框架梁中度损坏；大震作用下满足性能水准4，控制结构变形满足规范要求，结构进入塑性状态，连接体及其竖向支撑构件、抗震墙加强区处于轻度损坏，部分普通抗震墙、框架柱中度损坏，连梁、框架梁处于中度损坏，部分连梁、框架梁比较严重损坏。

（1）抗震墙中的关键构件包括：底部加强区（1~2层）抗震墙；支撑连接体的抗震墙。

（2）框架柱中的关键构件为支撑连接体的框架柱。

（3）12层连接体钢构件均为关键构件。

9.3.3 大震弹塑性时程分析

（1）对项目进行结构弹性时程分析，并进一步验证反应谱法弹性分析结果。采用振型分解反应谱法，对项目进行中震计算。根据上述计算分析结果对结构进行调整，使其基本满足性能目标要求。

（2）进行罕遇地震作用下的弹塑性动力时程分析。通过分析可知，本结构在罕遇地震作用下的抗震性能良好，结构层间位移角双向均满足规范要求。抗震墙、框架柱除个别部位外，绝大多数在大震作用下未屈服，可满足性能目标要求。

连接体桁架在大震作用下未屈服，保持弹性状态，结构平面连接处楼板损伤较为明显，在设计中予以加强。

9.4 地基基础设计

本工程基础埋深以下黄土状土具Ⅱ级（中等）自重湿陷性—Ⅳ级（很严重）自重湿陷性，岩土工程勘察报告建议整个场地按Ⅳ级（很严重）自重湿陷性场地处理地基。

根据《湿陷性黄土地区建筑标准》GB 50025—2018，本工程为乙类建筑。拟通过地基处理消除部分或全部湿陷性。由于湿陷性土的厚度与基底标高不一，分 3 个区域确定剩余湿陷量。区域分布见图 9.4-1。

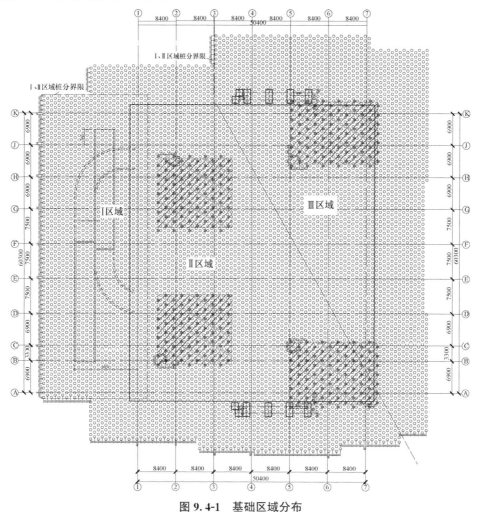

图 9.4-1　基础区域分布

Ⅰ区和Ⅱ区由于地层变化较大，考虑到地基变形的均匀性，本区域按全部消除湿陷性黄土层湿陷量考虑。

Ⅲ区考虑到拟建建筑物的重要性，下部未处理湿陷性黄土层的剩余湿陷量按不大于 100mm 考虑。

采用孔内深层强夯法（DDC）进行湿陷性处理，成孔直径为 400mm，夯后桩径不小于 550mm，采用等边三角形布桩，桩中心距为 1000mm。桩体填料采用 2∶8 灰土，桩体夯实后压实系数不小于 0.97，要求桩间土经成孔挤密后的平均挤密系数不宜小于 0.93。处理后的地基承载力特征值不小于 180kPa。

核心筒下的局部区域在进行 DDC 法处理后，再采用 CFG 桩复合地基进行地基处理，以提高地基承载力。CFG 桩桩径为 500mm，采用等边三角形布桩，桩中心距为 2000mm。桩身混凝土强度等级为 C20。处理后的地基承载力特征值不小于 250kPa。

附：设计条件

1. 自然条件

（1）风荷载

基本风压值为 0.35kN/m^2。

（2）雪荷载

基本雪压值为 0.2kN/m^2。

（3）地震作用

抗震设计参数见表 1。

抗震设计参数　　　　　　　　　　　　　　　　　　　　　　　　表 1

抗震设防烈度	设计基本地震加速度	设计地震分组	特征周期值	建筑场地类别
7 度	0.10g	第三组	0.45s	Ⅱ类

（4）场地特殊条件

场地黄土状土具有湿陷性，地勘建议整个场地按Ⅳ级（很严重）自重湿陷性场地处理地基。

2. 设计控制参数

（1）主要控制参数

结构设计使用年限为 50 年，结构设计基准期为 50 年，建筑结构安全等级为二级，建筑抗震设防类别为丙类。

（2）抗震等级（表 2）

抗震等级（YJK 分析模型主要输入参数）　　　　　　　　　　　表 2

结构类别	框架-抗震墙	地震影响系数最大值 α_{max}	0.08
地震力夹角	0°，19°，34°，45°	考虑竖向地震作用	是
基本风压	0.35kPa	框架柱抗震等级	三级
地面粗糙程度	B	抗震墙抗震等级	二级
计算振型数	39	活荷载质量折减系数	0.5
设防烈度	7 度	周期折减系数	0.75
场地类别	Ⅱ类	多遇地震结构阻尼比	混凝土 5% 钢 2%
设计地震分组	第三组	考查扭转不规则性时考虑偶然偏心	是
特征周期	0.45s	考虑双向地震作用	是
梁刚度放大系数	按规范	连梁刚度折减系数	0.7

3. 抗震性能目标

构件抗震设计性能目标见表3。

构件抗震设计性能目标　　　　　　　　　　表3

结构构件		多遇地震	设防地震	罕遇地震
钢筋混凝土抗震墙	关键构件	偏压、偏拉、受剪弹性	偏压、偏拉不屈服受剪弹性	轻度损坏（满足大震截面控制条件）
	其他区域	偏压、偏拉、受剪弹性	偏压、偏拉不屈服受剪不屈服	形成塑性铰，出现弹塑性变形，满足大震截面控制条件
框架柱	关键构件	偏压、偏拉、受剪弹性	偏压、偏拉不屈服受剪弹性	轻度损坏（满足大震截面控制条件）
	其他区域	偏压、偏拉、受剪弹性	偏压、偏拉不屈服受剪不屈服	形成塑性铰，出现弹塑性变形，满足大震截面控制条件
框架梁		偏压、偏拉、受剪弹性	受剪不屈服	梁端部形成塑性铰，出现弹塑性变形，满足大震截面控制条件
连梁		偏压、偏拉、受剪弹性	受剪不屈服	梁端部形成塑性铰，出现弹塑性变形，满足大震截面控制条件
连接体钢构件		偏压、偏拉、受剪弹性	偏压、偏拉、受剪弹性	轻度损坏（满足大震截面控制条件）

4. 结构布置及主要构件尺寸

抗震墙厚200~600mm，框架柱距为3.3~8.4m，柱截面普遍为800mm×800mm（地下1层~4层），700mm×700mm（5~7层），600mm×600mm（8~12层）。

楼屋盖为现浇梁板体系，框架梁高普遍为700mm或600mm，次梁高600mm或500mm，首层板厚180mm，首层以上板厚120mm（不含加强部位楼板）。

嵌固端为地下室顶板。

专题：连体结构评议与讨论

江门市档案中心项目是国内首批建造的多塔强连体项目之一（图 1）；青海大学科技园孵化器综合楼工程是当地首个强连体项目（图 2）。

两项目均已建成并投入使用。

图 1　江门市档案中心

图 2　青海大学科技园孵化器综合楼
〔摄影：三景影像（Tri-images）〕

对于通过连接体将两个或多个抗侧力结构连接起来协同工作，共同承受水平作用的连体结构，笔者将其称为强连体结构；对于连接体不绑定多个抗侧力结构协同工作，各单体保持独立变形的连体结构，将其称为弱连体结构。针对两类连体结构的不同特点分别进行归纳总结。

1. 强连体结构设计思路

强连体结构虽然设计、建造都较困难，但随着建筑技术发展，工程实践还是呈现出越来越多的趋势。因此，有必要通过对具体项目的深入分析，总结强连体结构的特点与设计思路，归纳出一套具有一定普遍性的设计方法。江门市档案中心项目是国内首批建造的多塔强连体项目之一，青海大学科技园孵化器综合楼工程中的 12 层部分连体也采用了强连接，是当地首个强连体项目。这两个项目都很有特点，从中整理出设计思路如下。

（1）连接位置的选择

连接体的位置主要由建筑师根据建筑造型和建筑功能确定，既可能处于结构中部，也可能处于结构上部。

当连接体处于高位时，连接体需协调的变形大，对连接体自身的刚度要求高，连接体的内力大。同时，高位连接体对各单体的协同作用效果更明显，其对单体塔楼之间的协同效率高于中位连接体。

当连接体位于中部时，结构分为两个部分：①连接体及以下部位，各单体协同工作；②连接体以上部位，各单体各自抵抗水平力。连接体上、下刚度相差越大，连接体以上部位在地震作用下的鞭梢效应越明显，应予以注意。

从概念设计上来说，连接体的位置对结构的受力和变形有着较大的影响，一般情况下，连接体位于中上部位比较合理。但由于连接体对建筑造型的影响更大，通常由建筑师决定连接位置，结构工程师应尽可能在建筑方案阶段就积极配合，提出合理建议。

（2）单体结构动力性能分析

由于强连体结构的连接体将两个或多个抗侧力结构连接起来协同工作，共同承受水平作用，因此当单体塔楼的动力特性相差很大时，连接体结构强制协调的变形也会很大。这一方面会造成连接体内部较大的应力，另一方面，也会使主体结构连接部位、连接节点都产生较大的内力，造成连体结构的合理性和经济性降低。

所以，强连体结构应注意尽可能使各单体结构自身动力性能的协调一致。《高层建筑混凝土结构技术规程》JGJ 3—2010 中规定，"连体结构各独立部分宜有相同或相近的体型、平面布置和刚度"，即从这个方面考虑的。

结构设计应对建筑方案提出合理建议，尽量避免单体动力性能差异，保证建筑效果合理可行。

（3）连接体的类型选择

强连体结构的连接体不论刚度大小，均应有效传递水平力，使各单体抗侧结构协同工作。连接体形式可以是钢桁架、空腹桁架、钢梁、型钢混凝土梁等。这些连接体的刚度不同，对相连竖向结构的转动约束也不同。通常情况下，钢桁架的刚度最大，空腹桁架次之，钢梁、型钢混凝土梁的刚度最小。

在水平力作用下，刚度较大的连接体端部整体弯矩较大（对桁架体现为上、下弦杆及腹杆轴力较大），对单体结构转动约束大，使单体结构产生轴力，水平力作用下以剪切变形为主，整体结构的受力模式类似框架（单体类似框架柱、连接体类似框架梁）；刚度较小的连接体端部弯矩小，对单体结构转动约束小，水平力作用下单体以弯曲变形为主，整体结构的受力模式类似抗震墙（单体类似墙肢、连接体类似弱连梁）。如图 3 所示。

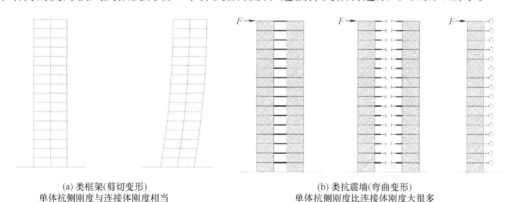

(a) 类框架(剪切变形)　　　　　　　　(b) 类抗震墙(弯曲变形)
单体抗侧刚度与连接体刚度相当　　单体抗侧刚度比连接体刚度大很多

图 3　整体结构受力模式示意

设计师可根据项目情况判断选择，一般情况下：

① 当单体结构的刚度较小，自身不能单独成立或自身抗震性能不佳时，就需要通过连接体提高单体的抗震性能。这就要求连接体自身具备较大的刚度和承载力，以满足结构受力需求。此时，连接体的形式通常选择钢桁架。

② 当单体结构可以单独成立，则可以依据连接体的跨度、建筑平面或立面条件，选用空腹桁架、钢梁、型钢混凝土梁等作为连接体的结构形式。一般应尽量选择刚度较小的

连接体形式，以降低连接体刚度对单体结构受力性能的影响，减小连接体的内力，设计更简单，结构也更为经济。

（4）连接方式的选择

连体结构设计时还应综合考虑单体结构与连接体的受力状况，对连接体与单体结构的连接方式进行设计。

一方面，"连接方式"是指连接体与单体直接相连的连接节点，其受力复杂、杆件几何条件复杂等，需要专门研究。采用这种节点的项目特殊性较强，大型项目的复杂节点建议进行有限元分析或实体试验验证。

另一方面，"连接方式"也是指连接体桁架伸入单体结构，形成的大尺度上的"节点"。其内部力的传递与消散取决于这个大"节点"的刚度，也非常需要针对性的设计研究。

① 对于框架结构单体，连接体与最外侧框架相连后最少向内延伸一跨，以避免造成所连接框架柱内力巨大。

② 对于抗震墙结构单体，连接体应与抗震墙可靠连接。

③ 对于框架-抗震墙结构，连接体与主体结构的连接方式如图4所示。

图4（a）中，连接体仅与最外侧框架相连，不向内延伸。此连接形式仅对与连接体相连的框架柱约束较大，刚度突变会造成所连接框架柱内力巨大。整体结构刚度增加不明显，还对局部构件性能要求过高，规范不允许采用。

图4（b）中，连接体与框架相连，上、下弦杆延伸进入主体至少一跨后与抗震墙连接。此连接形式对与连接体相连的框架柱约束较大，刚度增幅与连接的框架柱数量有关。上、下弦进入主体后刚度减小，对抗震墙的转动约束较小。整体结构刚度小幅增大，与连接体连接的相关框架的轴力增大。

图4（c）中，连接体桁架整体深入主体与抗震墙连接。此连接形式的结构整体刚度增幅加大，结构的底部剪力、抗震墙轴力都会明显增大。由于抗震墙承受了更多的水平力，与连接体相连的框架内力可能反而会减小。

图4（d）中，连接体伸入主体结构与抗震墙相连并继续延伸形成伸臂桁架。此连接形式连接体对抗震墙的转动约束明显增大。整体结构形成加强层，刚度大幅增大。结构的底部剪力、框架柱和抗震墙的轴力均明显增加。

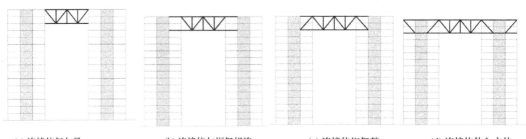

(a) 连接体仅与最外侧框架相连　　(b) 连接体与框架相连，上、下弦杆延伸至少一跨后与抗震墙连接　　(c) 连接体桁架整体与抗震墙连接　　(d) 连接体伸入主体结构并形成伸臂桁架

图4　连接体与主体结构的连接方式示意

为便于理解上述连接方式与内力变化的关系，可以将单体结构视为"柱"，将连接体

视为"梁"。从图 4（a）～（d）连接方式渐进，相当于"节点"从铰接逐渐变为刚接，使整体结构的受力模式由"排架模式"向"框架模式"过渡。

梁柱刚接的框架结构的抗侧刚度远大于梁柱铰接的排架结构，如图 5 所示。并且随着"梁"（连接体）的刚度增加，结构抗侧刚度还将进一步增大。因此，当连接体采用强连接方式时，连体结构的抗侧刚度与连接体对单体结构的转动约束正相关，也与连接体的刚度正相关。以 $\Delta_{排架}$ 表示排架结构柱顶位移，$\Delta_{框架}$ 表示框架结构柱顶位移，则有：

$$\Delta_{排架}/\Delta_{框架}=2$$

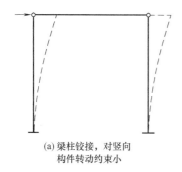
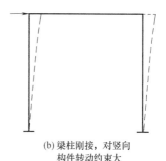

(a) 梁柱铰接，对竖向   (b) 梁柱刚接，对竖向
    构件转动约束小   构件转动约束大

图 5 "排架模式"与"框架模式"

结构整体抗侧刚度提高越多，地震作用就越大，连接体本身的内力和变形也越大。可以根据不同需求，选择不同的连接方式来调整整体结构的性能，实现刚度和内力平衡。

同时，连接体与单体结构的连接方式也决定了与连接体相连的单体结构的内力消散路径和消散梯度。连接体桁架伸入单体结构，对与其相连的框架柱、梁的内力消散提供了有利条件，使其较大的内力向周边框架柱或抗震墙传递分散。

试算一连接体桁架以不同方式伸入主体结构时的内力，观察其连接部位的内力变化如图 6 所示。可以看出，伸入程度越高，杆件内力越小，内力消散越均匀。

随着连接体桁架伸入单体结构的跨数增加，内力逐次消散、变化平缓，相连的框架柱和框架梁的内力均明显减小，结构性能更好，但需要在结构受力合理性与建筑限制之间取得平衡。

（5）多道防线设计

连体结构方案可选择的参数很多，非常考验设计人员的能力。单体性能、整体结构性能、连接体性能、连接关键部位性能的选取对结构的安全性和经济性都有很大的影响。全部选择最高性能目标结构当然能够满足可靠度要求，但一般情况下也会带来建造难度与费用的提高，以及建筑功能的损失。因此，设计应有所取舍。

基于整体可靠度目标，通过设定多道防线，设计结构破坏方式的方法，确定结构关键部位，增加关键部位可靠度；对于次要部位则可以采用较低的性能目标。这样既能保证整体结构的可靠度，又能使结构更加高效，是非常重要的设计思路。

对于强连体结构，由于连接体会影响整体结构动力性能，其刚度退化甚至失效将严重影响结构内力分布，进而导致结构的不安全，因此多道防线的设置非常必要。

① 连接体作为关键构件，应有更高的可靠度，这是"一道防线"。

② 连体结构除满足性能化设计要求外，还应从概念上考虑连接体楼板失效后的受力

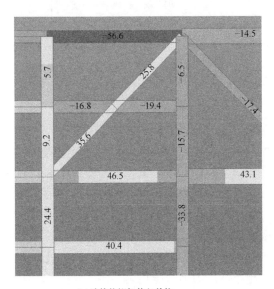

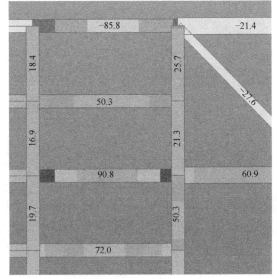

(a) 连接体桁架伸入单体   (b) 连接体桁架上、下弦杆伸入单体

图 6　不同连接方式内力变化示例

机制作为"二道防线":一种方式是考虑连接体楼板失效后,通过备用传力方式,保证连接体仍能发挥协调功能(通常可以采用在楼板内设置平面支撑的方式保证楼板失效后的水平刚度);另一种方式是考虑连接体完全失效,各单体能够独立工作。这两种方式任选其一都能保证整体结构的可靠度。

③ 如果结构有更高的性能要求,还可以进一步设定"三道防线"等性能加强方案,逐步提升结构的可靠度。

总而言之,强连体结构整体设计应从单体动力性能、连接体刚度、连接体连接方式等多方面入手,均衡考量整体结构刚度比例,选择适当刚度的连接体与连接方式,不应单纯追求"强"。结构方案也应从可靠度入手,合理设置"二道防线"。

2. 弱连体结构设计思路

相比强连体结构,弱连体结构的力学特性清晰,设计方法相对简单,工程应用也较多。青海大学科技园孵化器综合楼工程中的 5 层部分连廊即采用了弱连接,形成弱连体结构。

（1）适用范围

弱连体结构适用的必要条件为：①各单体的动力性能良好，不需要通过连体改善单体结构性能；②建筑条件允许连接体与单体结构设缝，有分离设计的条件。因为弱连体结构受力更简单、设计便捷、经济性更好，一般条件允许时优先采用弱连体结构，特别是当通过连接体形成的整体结构与单体结构相比，对称性、规则性都更加不利时，应尽可能采用弱连体结构。

（2）连接方式的选择

弱连体结构的设计假定基于各单体独立变形，连接体不承担协调单体共同作用的功能。因此，其连接方式应能够满足上述计算假定要求。主要是连接节点在地震作用下应具有充分的变形能力，并预留足够的变形空间。建议按大震作用下的变形考量支座变形。此外，还应从概念上预防变形过大造成的连接体与主体结构分离问题，设置防坠落措施等相关构造。

具体的支座形式选择多种多样，常见的是牛腿＋滑动支座（或橡胶支座）的形式。这种连接方式形式简洁，传力清晰，工程实践经验丰富。随着技术发展，还有一些新型支座出现，设计人员可依据实际工程需求开拓创新。

（3）弱连体结构中单体结构的分析

弱连体结构中的单体理论上只需要分别单独设计即可，设计时注意不要遗漏连接体传递来的竖向荷载。实际上，工程中的支座并不是完美的滑动支座，一部分水平力还是会通过支座传递给结构单体。因此，设计人员应充分考虑支座因素，对单体结构的设计进行补充。当这部分水平力的影响不大时，可通过构造加强的办法处理；但当此部分水平力的影响不可忽略时，则应进行考虑连接体对单体结构影响的补充验算。

除此以外，采用钢结构的大跨度连接体还存在许多大跨度钢结构需要注意的设计问题，如：温度作用的处理方式、大跨度楼盖的舒适性分析等，在此不一一赘述。

第10章

衡水学院滨湖新校区图书信息中心结构设计

结构设计团队：

张一舟 陈 宏 付 洁 李 烨 杨 轶

10.1　工程概况

10.1.1　建筑概况

衡水学院滨湖新校区建设工程项目一期工程 A-4 图书信息中心位于校园内中心位置，是学校的重要公共建筑。图书信息中心建筑包含图书馆、信息中心两个部分，总建筑面积为 38391m²。其中地上 14 层（含下沉庭院地面层），建筑面积为 35531m²；地下 1 层，建筑面积为 2860m²。建筑主体高度为 60m，屋面装饰架最高点为 64.8m。

建筑主要分为图书馆、信息中心两部分。其中图书馆位于地上部分，首层为密集书库（含特色馆藏区）、后勤区、学术交流中心（学术报告厅、接待室、读者培训等）等；2 层为图书馆的主要入口；3～12 层为阅览室等相关用房；13 层为管理业务用房。信息中心位于地下部分，地下 1 层为设备用房；地面层为 A 级数据机房及信息中心业务用房等。建筑效果图见图 10.1-1。

图 10.1-1　建筑效果图

10.1.2　建筑特点与特殊需求

本工程分为主楼和裙房两部分，四周均设有较大面积的下沉庭院，其中主楼地上 14 层（含下沉庭院地面层），地下 1 层；裙房地上 2 层（含下沉庭院地面层）。主楼和裙房范围如图 10.1-2 所示。主楼四周基本为下沉庭院，裙房一面与主楼或下沉庭院相接，其余三面为地下结构（图 10.1-3）。

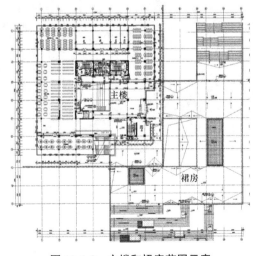

图 10.1-2　主楼和裙房范围示意

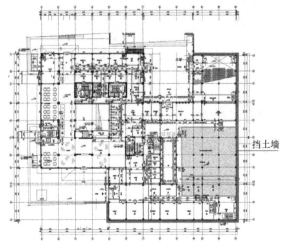

图 10.1-3　裙房挡土墙示意

图书馆主楼的建筑特点主要表现为内部空间开阔通透、外部造型凹凸有致。

为了营造通透的内部空间，主楼内设有多个中庭，中庭平面布置灵活，基本分为三段：地面层至 5 层的通高空间、5～6 层的通高空间、6～12 层的通高空间。同时，在 3 层、6 层和 9 层的中庭内设有跨层的大台阶，作为阅读共享区。典型平面及剖面如图 10.1-4 所示。

主楼建筑外部造型凹凸错落，可通过不同楼层、不同部位悬挑长度的变化来达到建筑效果，其中最大悬挑长度达到 5.5m。同时，为满足建筑立面效果，悬挑结构的尺度也有相应要求。

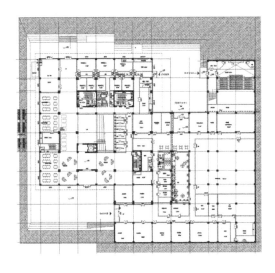

(a) 建筑地面层平面图

(b) 建筑首层平面图

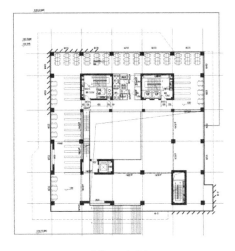

(c) 建筑3层平面图

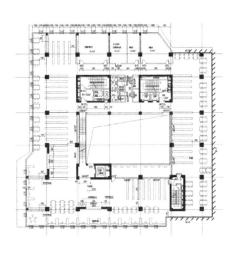

(d) 建筑4层平面图

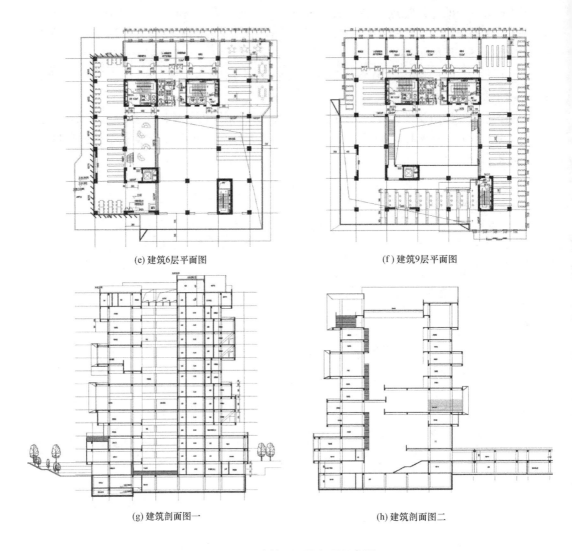

(e) 建筑6层平面图   (f) 建筑9层平面图

(g) 建筑剖面图一   (h) 建筑剖面图二

图 10.1-4 建筑平面及剖面示意图

10.2 结构体系与特点

10.2.1 主要结构体系

    建筑布置中，裙房位于主楼东南角，平面形态为局部交角互相咬合，连接较薄弱，平面不规则，因此通过设置结构缝，将主楼与裙房完全分离设计。裙房还依据平面与功能进一步设缝，分为两个区。因此，整体结构按平面布置和结构高度共分成三个区，其中 A 区为主楼，B 区、C 区为裙房。结构分区平面如图 10.2-1 所示，各区结构具体高度及外轮廓尺寸见表 10.2-1。

建筑高度及外轮廓尺寸 表 10.2-1

分区	长×宽×高 /m	层数	各层层高 /m	主要柱网 /m	高宽比	长宽比	±0.000
A 区	58.8×54.9×63.0	14/1	5.4、4.5×14	8.4×8.4、8.4×9.3	1.15	1.07	
B 区	63.0×56.4×4.5	2/0	4.5×2	8.4×8.4	0.08	1.12	24.200m
C 区	22.8×21.0×4.5	2/0	4.5×2	8.4×9.3、8.4×7.5	0.21	1.09	

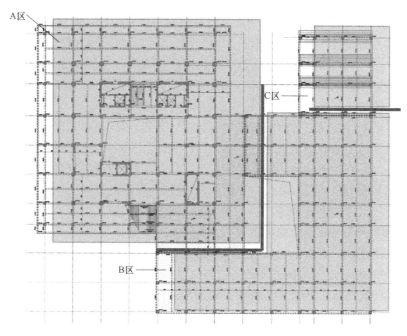

图 10.2-1　结构分区平面示意图

其中，A 区主楼基本结构采用框架-抗震墙结构，结合建筑楼梯间、电梯间布置抗震墙。抗震墙较为分散，未形成明确的中部核心筒。另外，由于建筑内部空间需求较高，从建筑平面图和剖面图可以看到，从 1 层至屋面各层中部均设置有较大洞口，其中 4 层、8 层、10 层、11 层、12 层和 13 层平面楼板有效宽度小于该层楼板宽度的 50%；3 层、6 层和 9 层平面更是严重削弱，仅剩 L 形楼板。建筑效果还要求开洞范围内不能设置框架梁，这使得较多的框架柱、抗震墙成为穿层框架柱、穿层抗震墙。结构设计时需对结构整体抗震性能进行综合考量。

B 区、C 区裙房采用框架结构，较为规则，存在的主要问题是半地下结构、三面挡土。由于一面面向下沉庭院，嵌固端设于基础顶，半地下挡土墙若与结构直接相连，会造成结构刚度的严重不均衡，因此在挡土墙与主体结构之间设置结构缝脱开，不影响主体结构在地震作用下的动力响应。

10.2.2　主楼结构关键问题

本工程裙房设计较为简单，主要的结构设计难点在于主楼。现将主楼的设计关键问题分析归纳如下。

1. 结构平面布置不规则，楼板开洞较多较大

如前所述，4层、8层、10层、11层、12层和13层平面楼板有效宽度小于该层楼板宽度的50%；3层、6层和9层平面严重削弱，仅剩L形楼板。

这一特点造成本项目与常规的高层结构特点不同。首先，楼板在自身平面内刚度弱，在水平地震作用下可能产生变形，影响结构的整体性。其次，各层平面布置差距较大，质心、刚心不重合，可能会带来较严重的结构扭转问题。最后，楼板开洞部位凹角处在水平地震作用下容易产生应力集中，发生破坏。

2. 整体结构存在竖向不规则的情况，存在大量穿层框架柱、穿层抗震墙

由于结构平面布置不规则，楼板开洞使局部框架柱和抗震墙在楼层处缺少框架梁和楼板的水平约束，形成两层通高的穿层框架柱和穿层抗震墙。特别是3层、6层和9层，由于结构平面布置仅余L形，存在较多（约占本层竖向构件的1/4）穿层框架柱、穿层抗震墙，计算高度达到两层层高（9m）。

大量穿层框架柱、穿层抗震墙带来如下问题：首先，楼板在大开洞情况下由于和穿层竖向构件无连接，无法有效地将水平力传递给穿层竖向构件。竖向构件不能实现协同受力、共同变形，影响整体结构的抗震性能。其次，穿层竖向构件的抗侧刚度较小，与相邻上、下层相比易成为软弱层。最后，穿层竖向构件的刚度条件影响水平力分配，对穿层竖向构件应进行针对性的分析处理。

3. 局部楼层存在4m以上的悬挑

由于建筑造型，一方面悬挑长度达5.5m，另一方面又要求悬挑结构高度不得超过1m。悬挑梁的端部弯矩与悬挑长度的平方成正比，悬挑梁的截面随悬挑长度增加而迅速加大。为满足建筑需求，并且从经济效益角度出发，悬挑长度大于4m的部位采用了悬挑桁架。

4. 3层、6层和9层设有跨层大台阶

大台阶斜板如与主体结构正常连接，将带来不可忽略的结构刚度，造成刚度集中且不均匀，计算与设计均很困难。因此，须采取措施减小台阶构件对主体结构抗震性能的影响。

10.2.3 结构设计思路

由于建筑条件的限制，本工程主楼采用框架-抗震墙结构，楼板开洞条件大致确定，整体结构不规则性无法避免。抗震墙的布置方式与位置主要根据建筑楼梯间位置确定，调整空间不大。主体结构模型如图10.2-2所示；典型结构平面布置如图10.2-3所示；存在大量穿层框架柱、穿层抗震墙的平面布置如图10.2-4所示。

本工程结构设计需要解决以下问题。

1. 较多穿层框架柱与穿层抗震墙的整体计算方法

本工程3层、6层、9层均存在楼板不连续、框架梁取消造成的穿层框架柱、穿层抗震墙，竖向构件缺少框架梁和楼板的水平约束，造成穿层框架柱的刚度与常规层模型的框架柱刚度相差较大。结构设计的关键点在于如何使计算模型与结构实际情况相符，使分析结果尽量准确。

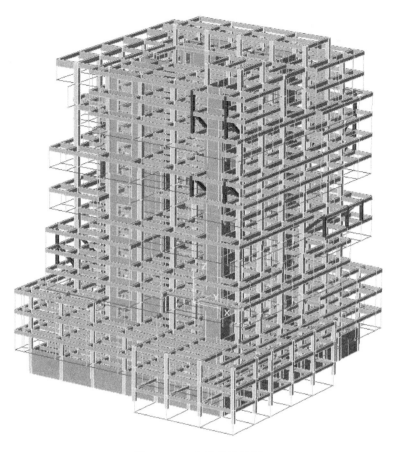

图 10.2-2　主体结构模型

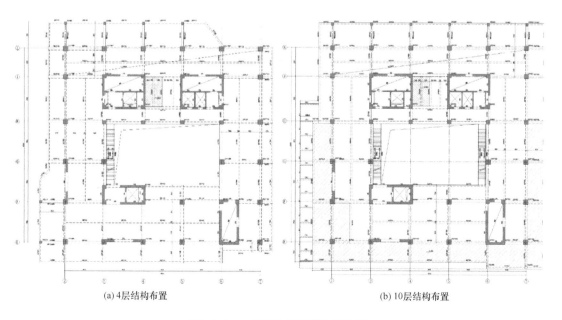

(a) 4层结构布置

(b) 10层结构布置

图 10.2-3　典型结构平面布置示意

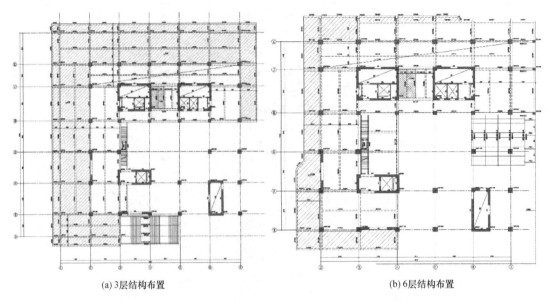

(a) 3层结构布置   (b) 6层结构布置

图 10.2-4　存在大量穿层框架柱、穿层剪力墙的平面布置示意

针对整体模型的模拟问题，由于各类简化假定都存在不完备的情况，采用单一模型精确模拟各类工况下的结构非常困难，因此，便于工程应用的解决方式就是采用多模型包络设计。本项目采用结构设计软件分别建立分层与并层计算模型进行结构分析并包络设计。

2. 穿层框架柱与穿层抗震墙自身受力的分析方法

弹性阶段由于计算长度大、刚度小，穿层框架柱分配的剪力较小。进入塑性阶段后，本层其余框架柱的刚度减小，使穿层框架柱分配的剪力突然增大，结构设计的关键点在于防止穿层框架柱剪力突变造成的突然破坏。

针对穿层框架柱、穿层抗震墙本身进行了性能设计，并采取如下加强措施。

（1）将穿层框架柱、穿层抗震墙视为关键构件进行抗震性能设计，性能目标为：中震正截面不屈服、斜截面弹性；大震正截面不屈服、满足截面受剪要求。

（2）对穿层框架柱，另取本层相似位置的框架柱的剪力进行截面验算，用来模拟结构进入塑性阶段内力重新分布后穿层框架柱地震剪力增大的情况。

（3）进行大震作用下的稳定和损伤分析，达到提高穿层框架柱、穿层抗震墙抗震性能、保证结构安全的目的。

（4）从概念设计的角度，穿层框架柱采用型钢混凝土柱，箍筋全高加密，以提高穿层框架柱的抗震性能。同时，提高穿层框架柱抗震等级为一级，并采取相应的构造措施。

穿层抗震墙的设计方法参照穿层框架柱进行。

3. 大开洞楼板的受力分析方法

通常情况下，高层结构计算分析时均假定楼板平面内不变形、平面内刚度无限大。但本工程多楼层楼板开大洞的情况造成楼板刚度削弱，局部区域可能产生显著的面内变形，与前述计算假定不符。本工程分析计算采用弹性楼板模型，考虑楼板变形对整体结构抗震性能的影响。

针对楼板开洞削弱严重的部位进行性能化设计，性能目标为：中震正截面不屈服、斜截面弹性；大震正截面不屈服、满足截面受剪要求。

进行大震弹塑性时程分析，对各层楼板在大震作用下的应力情况进行分析，并依据分析结果采取加强措施，如：加厚洞口周边楼板，提高楼板的配筋率；洞口边缘设置边梁、加大洞口周边框架梁截面；在楼板洞口角部集中配置斜向钢筋等。

10.3 结构分析

10.3.1 结构整体分析

本工程结构整体计算分析采用 YJK 软件（V2.0.3 版），同时采用 MIDAS Gen（8.65版）进行计算校核。

设计用整体模型采用结构设计软件 YJK，分别建立分层（刚性楼板）计算模型、分层（弹性楼板）计算模型，以及 3 层和 4 层、6 层和 7 层、9 层和 10 层并层（弹性楼板）计算模型，并与结构设计软件 MIDAS Gen 的分层（弹性楼板）模型计算结果进行对比校核，验证计算模型的准确性。计算结果如表 10.3-1 所示。

计算结果对比 表 10.3-1

阶数	结构周期/s				
	YJK 分层模型（弹性楼板假定）	YJK 分层模型（刚性楼板假定）	YJK 并层模型（弹性楼板假定）	MIDAS	MIDAS/YJK 分层模型（弹性楼板假定）
第 1 阶	1.3685	1.3575	1.3974	1.3625	0.9956
第 2 阶	1.2582	1.2424	1.2670	1.2540	0.9967
第 3 阶	1.1924	1.1913	1.2152	1.1975	1.0042
第 4 阶	0.3889	0.3705	0.3816	0.3814	0.9807
第 5 阶	0.3547	0.3431	0.3485	0.3481	0.9814
第 6 阶	0.3446	0.3342	0.3389	0.3384	0.9820
T_1/T_t	0.87	0.88	0.87	0.88	1.0115

可见，三种 YJK 模型和 MIDAS 模型计算得到的前 6 阶周期接近，振型基本相符。采用刚性楼板假定计算的分层模型周期最小、刚度最大，采用弹性楼板假定计算的并层模型周期最大、刚度最小，与预期相符。

结构设计将通过对三种 YJK 模型进行包络设计，来考虑整体结构刚度的最不利工况，从而保证设计的安全性。

10.3.2 抗震性能化设计

本工程属于超限高层建筑，应进行抗震性能化设计。结构不规则性分析说明如下。

（1）存在结构扭转位移比超过 1.2 的情况。结构 1～3 层楼层扭转位移比大于 1.2，且层间位移较小。

（2）结构 3 层、6 层和 9 层楼板严重削弱，平面形成 L 形；4 层、8 层、10 层、11 层、12 层和 13 层楼板开洞较大，楼板有效宽度小于该层楼板宽度的 50％。

（3）各层悬挑长度为 2.9～5.5m 不等，4.5m 以上悬挑做层间悬挑桁架。

（4）结构 3 层、6 层和 9 层楼板严重削弱造成高层框架柱、抗震墙在开洞处形成穿层框架柱、穿层抗震墙，和本层其他框架柱、抗震墙形成长短柱、墙共用。

（5）对 3 层、6 层和 9 层结构，合并后相应楼层层高 9m，侧向刚度小于相邻上一层的 70％，或小于其上相邻三个楼层侧向刚度平均值的 80％，形成软弱层。

主体结构抗震性能目标参照 C 级，多遇地震、设防地震和罕遇地震作用下对应的性能水准分别为 1 级、3 级和 4 级，结构还进行了多遇地震（小震）下弹性时程分析、设防地震（中震）下第 3 性能水准校核分析、罕遇地震（大震）下第 4 性能水准校核分析以及罕遇地震（大震）下弹塑性时程分析。

10.3.3 穿层框架柱、穿层抗震墙分析

（1）将穿层框架柱、穿层抗震墙视为关键构件进行抗震性能设计；参考本层相似位置的框架柱的剪力对穿层框架柱进行剪力放大，并验算其承载力。

（2）进行大震弹塑性时程分析，验证经过上述设计后穿层框架柱、穿层抗震墙的抗震性能（图 10.3-1）。

绝大部分框架柱在大震作用下仅有轻微损伤，柱钢筋应力均小于钢筋的极限强度标准值，柱中钢骨在地震过程中均保持弹性。

大部分抗震墙墙肢受压损伤因子小于 0.3，仅部分连梁损伤较大，根据大震作用下的计算结果，采取相应措施对下部楼层部分连梁进行加强处理。

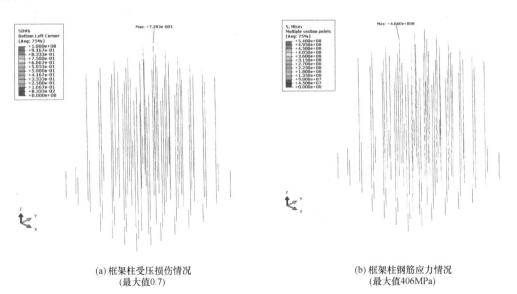

(a) 框架柱受压损伤情况
(最大值0.7)

(b) 框架柱钢筋应力情况
(最大值406MPa)

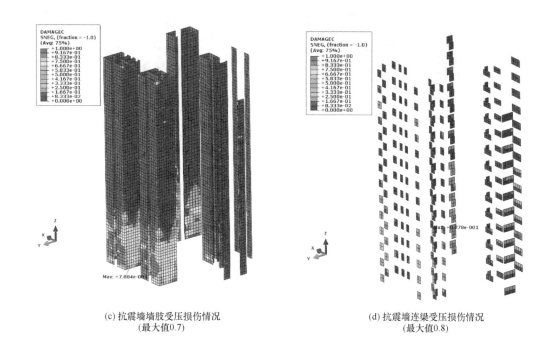

(c) 抗震墙墙肢受压损伤情况
(最大值0.7)

(d) 抗震墙连梁受压损伤情况
(最大值0.8)

图 10.3-1　大震弹塑性时程分析竖向构件分析结果

10.3.4　大开洞楼板分析

（1）对不连续楼板进行抗震性能设计，性能目标为：中震正截面不屈服、斜截面弹性；大震正截面不屈服、满足截面受剪要求。

（2）采用 ABAQUS 软件进行大震弹塑性时程分析，对比各层楼板在大震作用下的应力情况（图 10.3-2）。绝大多数楼板应力水平较小，楼板基本处于弹性；各层楼板最大应力基本出现在与核心筒相交处，塑性发展程度不深；楼板洞口处应力水平相比其他区域较高，上部楼层楼板应力水平高于下部楼层，可考虑进行局部加强。

10.3.5　特殊专项设计

1. 大悬挑问题的解决方法

对于悬挑长度大于 4m 的悬挑桁架，结构计算时，按规范要求进行竖向地震计算。加强柱、梁、板配筋，悬挑段梁、柱、斜撑箍筋全跨全高加密，调整内侧相邻跨框架梁支座上筋和下筋的布置，避免上、下钢筋差距过大。悬挑桁架主要配筋构造如图 10.3-3 所示。

2. 穿层楼梯的解决方法

穿层楼梯是斜向构件，刚度较大，造成整体结构抗侧刚度不均匀，对结构的动力性能有较大影响。为此，穿层楼梯设计成钢楼梯以减小楼梯重量，同时底部设置滑动支座，使穿层楼梯在地震作用下可以自由滑动，如图 10.3-4 所示。整体模型仅考虑竖向荷载，不代入构件进行整体计算。

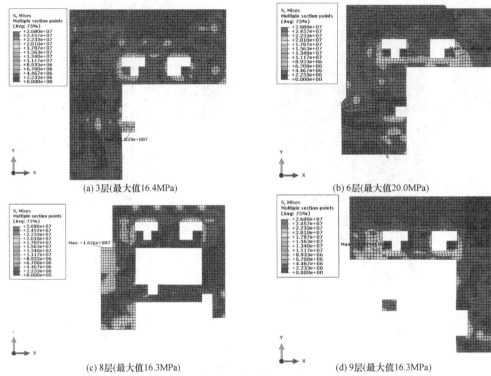

(a) 3层(最大值16.4MPa)　　　　　　　　　(b) 6层(最大值20.0MPa)

(c) 8层(最大值16.3MPa)　　　　　　　　　(d) 9层(最大值16.3MPa)

图 10.3-2　大震弹塑性时程分析楼板应力分析结果

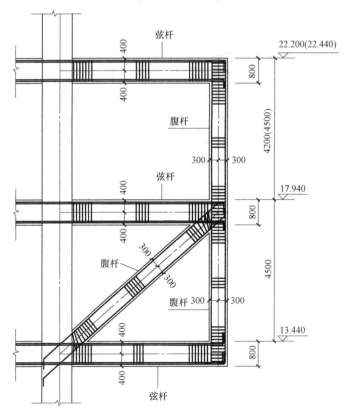

图 10.3-3　悬挑桁架配筋大样图

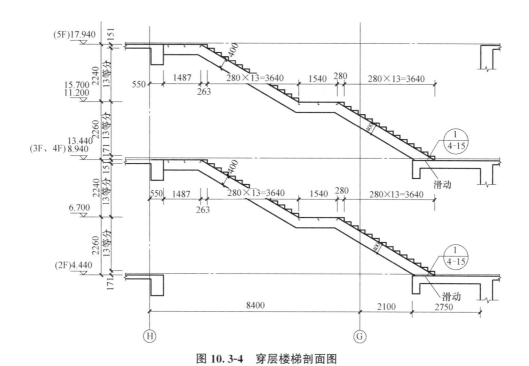

图 10.3-4 穿层楼梯剖面图

10.4 评议与讨论

由于建筑造型与功能要求，本项目有多项不规则，属于超限项目。结构设计难度较大、设计方法复杂，需要对结构问题有一个整体的把握。结构设计从整体到局部、从关键构件到个别特殊构件、从面到点、从主到次，设计思路清晰全面。设计者的理性思维方法可供类似工程参考。

10.4.1 主要设计思路

1. 通过多模型包络解决整体模型不易精确模拟的问题

复杂项目的常见问题就是存在真实结构与计算模型吻合度较差的情况。常规通用软件和分析参数多基于传统层模型，存在一定的计算简化与假定，无法精确模拟实际结构。为保证设计安全，结构工程师从工程实用角度简化计算，利用常规软件建立多种模型包络设计，不追求计算的精确性，而关注设计的全面性，通过对各类模型、计算工况的包络来达到可靠度要求。

2. 对关键构件进行针对性分析

对整体结构进行包络设计，对关键构件，如穿层框架柱、穿层抗震墙、大开洞楼板等，则进行了具有针对性的分析。保证关键构件满足性能化设计要求，小震作用下不出现破坏，大震作用下构件性能可控，从而保证结构整体安全。

3. 对大悬挑、穿层楼梯等特殊构件，选择合理方案，减小对整体结构的影响

尽量减小特殊构件对整体结构的影响，将问题控制在局部构件层面，降低整体结构分

析的复杂性。如设置悬挑支撑、楼梯设置滑动支座等。

10.4.2　主要难点讨论

本项目结构主要难点就是主楼水平构件不连续带来的力的传递不均衡，存在较多穿层框架柱、穿层抗震墙。

从整体结构来说，高层建筑在中间层楼板大开洞情况下，局部范围内楼板刚度明显削弱，此区域内可能产生较明显的面内变形，影响力的传递与分配，并且由于和穿层竖向构件无连接，也无法有效地将水平力传递给穿层竖向构件。大量穿层框架柱、穿层抗震墙所在楼层的竖向构件在水平地震作用下不能实现协同受力、共同变形，影响整体结构的抗震性能。同时，该楼层的侧向刚度与相邻上、下层相比突然减小，易成为软弱层，如不在设计时加以注意，在水平地震作用下易成为变形集中的部位。

从穿层框架柱本身来说，由于中间层缺少了梁板的平面约束，柱的高度变大、计算长度加大、刚度减小。而常规计算软件中，基于层模型的分析软件在计算穿层框架柱的刚度和长度时通常按同层常规柱来处理；同时，穿层框架柱上端楼层在进行水平力分配时，是按竖向构件的刚度进行分配。因此，造成穿层框架柱的实际刚度与计算模型有差异，导致分析结果不够准确。

不仅如此，穿层竖向构件在地震作用下的受力更加复杂。在正常使用状态下，由于穿层框架柱的计算刚度明显小于常规框架柱，所以穿层框架柱分担的水平力较小。但基于我国抗震设防"小震不坏、中震可修、大震不倒"三个水准目标，在中震或大震情况下，常规框架柱开始进入塑性状态，刚度退化，受到的地震力减小。而穿层框架柱因为初始分配到的地震力较小，仍处于弹性状态，刚度仍保持不变，因此地震力就会向穿层框架柱转移，造成穿层框架柱受到的地震力增大。穿层框架柱的这一受力特点，造成结构进入塑性后，内力重分布的规律不同于普通结构，构件进入塑性顺序的差异造成整体结构刚度退化的过程更加复杂。这使穿层框架柱在结构进入塑性后的内力估算变得十分困难，难以准确设计，但如果在设计时没有考虑到这一点，选择进行特殊设计处理，又会造成穿层框架柱的非预期破坏，从而导致结构安全度的降低。

一般来说，穿层竖向构件设计可以从以下几个方面考虑，并从概念设计的角度，在构造上予以加强。

1. 单独计算法

为简化设计，在穿层框架柱数量很少、结构整体布置规整、抗震烈度不高、地震力不大时，可考虑按同层类似位置普通框架柱所分配到的地震力（或多个框架柱的平均值）对穿层框架柱进行单独验算。计算轴力、计算长度等参数均按穿层框架柱本身情况确定，将水平地震力替换为荷载位置类似的普通框架柱的地震力。这种计算方法简单易行，但参考柱的选取需要一定的工程经验，可能造成计算结果的偏差。当地震力较大时，穿层框架柱的验算结果可能会很大，造成设计上的浪费。

2. 并层计算法

并层计算法是利用常用软件的计算模型，将开洞层与上层合并，开洞层框架梁按层间梁处理，并按合并后的模型与原模型进行包络设计。单独计算法与并层计算法的设计思路类似，由于穿层框架柱的受力情况难以估算，那么按周围参考框架柱或并层后将地震力较平均地分配给穿层柱和常规柱，都是增大了穿层柱承担的地震力，使穿层柱具有和普通柱相当的承载力。一方面，保证穿层框架柱不会率先进入塑性，使结构的塑性发展难以控制预测；另一方面，防止在设防地震或罕遇地震作用下，常规框架柱进入塑性后，穿层框架柱承担远大于其承载力的地震作用，导致结构整体非预期的破坏。

3. 空间模型计算分析

随着计算机辅助设计的进一步发展，很多软件都可以针对空间结构进行分析，如 MIDAS、SAP2000、ABAQUS 等。空间结构计算时可不再基于层的概念，而是采用有限元分析方法对结构受力进行更为精确的模拟，从而确定穿层框架柱较为真实的受力情况。依据空间模型计算，考虑穿层框架柱在中震或大震下的受力状况进行设计，并可根据不同的性能目标要求对计算结果进行调整。这种计算方法与实际情况较为接近，设计可控，不会因为放大不当造成浪费。

穿层柱在高层结构设计中出现的情况很多。因为穿层柱的受力特点，对其进行精确计算分析的难度很大，工程师们总结出了不同的方法对其受力情况进行归纳包络，设计方法从简单到复杂，种类繁多。其根本就是适当提高穿层柱的承载能力和变形能力，保证穿层柱不会影响结构整体安全性能，又可提高结构的效能，避免盲目增大造成浪费。

附：设计条件

1. 自然条件

（1）风荷载、雪荷载（表1）

风荷载与雪荷载 表1

基本风压	0.40kN/m²	地面粗糙度	B类
体形系数	按荷载规范选取	风振系数	按荷载规范选取
基本雪压	0.30kN/m²	积雪分布系数	2.0(高低屋面)

（2）地震作用（表2）

抗震设计参数 表2

抗震设防烈度	7度	设计地震分组	第二组
设计基本地震加速度	0.10g	场地特征周期值	0.55s(罕遇地震 0.60s)
结构阻尼比	0.05(混凝土结构)	建筑场地类别	Ⅲ类
水平地震影响系数最大值	0.08(小震)、0.23(中震)、0.50(大震)		
加速度时程最大值(cm/s²)	35(小震)、98(中震)、220(大震)		

2. 设计控制参数

（1）主要控制参数

设计使用年限为50年，结构安全等级为二级，抗震设防类别为丙类。

（2）抗震等级（表3）

（3）超限情况

结构规则性判定表详见表4～表6。

抗震等级 表3

建筑名称		框架抗震等级	核心筒抗震等级
地上	主楼	二级	二级
	裙房	三级	
地下	地下一层	抗震等级同地上	
	地下二层	抗震等级较地下一层降一级	

同时具有下列三项及三项以上不规则的高层建筑工程 表4

序号	不规则类型	定义和参考	超限判断	备注
1a	扭转不规则	具有偶然偏心的扭转位移比大于1.2	有	
1b	偏心布置	偏心率大于0.15或相邻层质心相差大于相应边长15%	无	
2a	凹凸不规则	平面凹凸尺寸大于相应投影方向总尺寸边长的30%	无	
2b	组合平面	细腰形或角部重叠形	无	
3	楼板不连续	有效宽度小于50%,开洞面积大于30%,错层大于梁高	有	
4a	刚度突变	侧向刚度小于相邻上一层的70%,或小于其上相邻三个楼层侧向刚度平均值的80%	有	
4b	尺寸突变	除顶层或出屋面小建筑外,局部收进水平向尺寸大于相邻下一层的25%,或外挑大于10%和4m	有	
5	竖向抗侧力构件不连续	竖向抗侧力构件的内力由水平转换构件向下传递	无	
6	楼层承载力突变	抗侧力结构的层间受剪承载力小于相邻上一层的80%	无	
7	局部不规则	如局部的穿层柱、斜柱、夹层、个别构件错层或转换,或个别楼层扭转位移比略大于1.2等	有	

注:深凹进平面在凹口设置连梁,当连梁刚度较小不足以协调两侧的变形时,仍视为凹凸不规则,不按楼板不连续的开洞对待;序号a、b不重复计算不规则项;局部的不规则,视其位置、数量等对整个结构影响的大小判断是否计入不规则的一项。

具有下列二项或同时具有本表和表4中某项不规则的高层建筑工程 表5

序号	不规则类型	简要涵义	超限判断	备注
1	扭转偏大	裙房以上的较多楼层考虑偶然偏心的扭转位移比大于1.4	无	
2	抗扭刚度弱	扭转周期比大于0.9,超过A级高度的结构扭转周期比大于0.85	无	
3	层刚度偏小	本层侧向刚度小于相邻上一层的50%	无	
4	塔楼偏置	单塔或多塔与大底盘的质心偏心距大于底盘相应边长20%	无	

具有下列某一项不规则的高层建筑工程 表6

序号	不规则类型	简要涵义	超限判断
1	高位转换	框支墙体的转换构件位置:7度超过5层,8度超过3层	无
2	厚板转换	7~9度设防的厚板转换结构	无
3	复杂连接	各部分层数、刚度、布置不同的错层,连体两端塔楼高度、体型或沿大底盘某个主轴方向的振动周期显著不同的结构	无
4	多重复杂	结构同时具有转换层、加强层、错层、连体和多塔等复杂类型的3种	无

注:仅前后错层或左右错层属于表4中的一项不规则,多数楼层同时前后、左右错层属于本表的复杂连接。

综合以上不规则信息情况，本工程属于超限高层建筑，应进行超限可行性论证。

3. 抗震性能目标（表7）

抗震性能目标 表7

项目		小震	中震	大震
层间位移角限值		1/800	—	1/100
性能水平定性描述		1—完好、无损坏	3—轻度损坏	4—中度损坏
分析方法		反应谱，弹性时程	反应谱	弹塑性动力时程
关键构件	穿层抗震墙、底部加强区抗震墙	弹性	正截面不屈服，受剪弹性	正截面不屈服，满足截面受剪要求
	穿层框架柱	弹性	正截面不屈服，受剪弹性	正截面不屈服，满足截面受剪要求
	悬挑桁架	弹性	正截面不屈服，受剪弹性	正截面不屈服，满足截面受剪要求
	不连续楼板	弹性	正截面不屈服，受剪弹性	正截面不屈服，满足截面受剪要求
普通竖向构件	非底部加强区抗震墙	弹性	正截面不屈服，受剪弹性	部分屈服，满足截面受剪要求
	其余框架柱	弹性	正截面不屈服，受剪弹性	部分屈服，满足截面受剪要求
耗能构件	连梁	弹性	部分屈服，受剪不屈服	大部分屈服，满足截面受剪要求
	框架梁	弹性	部分屈服，受剪不屈服	大部分屈服，满足截面受剪要求

4. 结构布置及主要构件尺寸

结构布置如图1～图4所示。结构主要构件尺寸如下（单位：mm）。

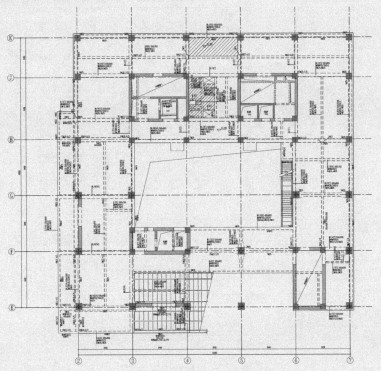

图1 8层结构平面布置

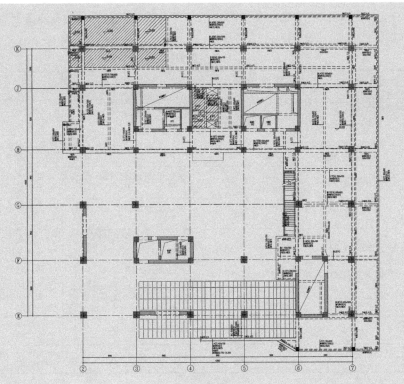

图 2　9 层结构平面布置

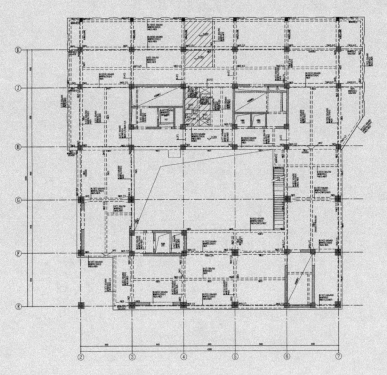

图 3　11 层结构平面布置

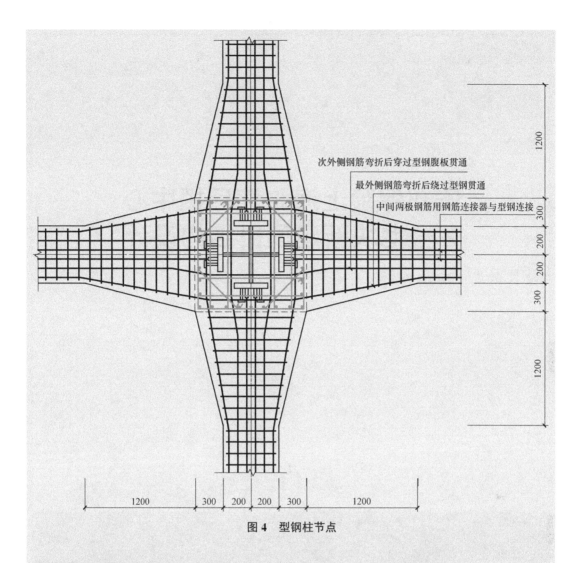

次外侧钢筋弯折后穿过型钢腹板贯通

最外侧钢筋弯折后绕过型钢贯通

中间两极钢筋用钢筋连接器与型钢连接

图4 型钢柱节点

抗震墙：外圈500、400，内部250、200。

　穿层抗震墙：500。

　框架柱：钢筋混凝土柱1100×1100、1000×1000、900×900、800×800。

　穿层框架柱：型钢混凝土柱1000×1000（十字型钢600×300×16×30）。

　普通框架梁：钢筋混凝土梁400×800、500×800、600×800、500×1000。

　悬挑梁（4m以内）：600×1000。

　悬挑桁架：上、下弦钢筋混凝土梁500×800、斜杆＋竖杆钢筋混凝土500×600。

第11章

安邦保险上海张江后援中心 2号地块新建项目结构设计

摄影：陈勇

结构设计团队:

杨 霄　崔 娟　苗 磊　赵天文　庄艺斌　刘丽颖
葛昱杰

摄影: 陈勇

11.1 工程概况

11.1.1 建筑概况

项目位于上海市浦东区张江银行卡产业园区二期用地内，2 号地块西与经一路间隔 30m 宽城市绿化带，南临纬二路，东与华东路间隔 30m 宽城市绿化带，北邻红星路。项目建设用地内地势平坦，没有明显的高差起伏，利于项目的整体建设。周边地块地势也较为平坦，南侧为开敞绿地及水系。

项目总用地面积为 92402.2m²，规划总建筑面积为 216211.58m²。其中地上建筑面积为 146603.58m²，地下建筑面积为 69608.00m²。

2 号地块建设项目规划为 11 个单体建筑组成的建筑群，具体包括：2A 数据中心、2B 业务厂房、2C 业务厂房、2D 数据楼、2E 业务厂房、2F 业务厂房、2G 业务厂房、2H 业务厂房，以及相关配套的 2J 垃圾站、2K 燃气调压站、2L 变配电室和开关站。建筑群的地下一层连成一个整体。主要建筑功能包括金融行业后援支持平台及配套辅助用房。各建筑单体布置与景观设计有机结合，形成连续的视觉通廊，整体平面呈现风车状的构图。建筑效果图见图 11.1-1，整体平面图见图 11.1-2。

图 11.1-1　效果图

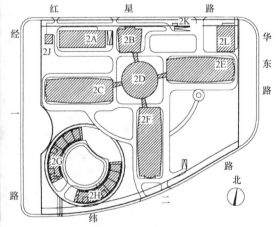

图 11.1-2　平面图

11.1.2 建筑特点与特殊需求

结构单体 2B、2C、2E、2F 楼平面呈梭形，首层和外立面框架柱均为斜柱，首层斜柱与中间斜柱交于一点，形成 V 形柱；外立面各层框架柱斜柱的斜率均不同。根据建筑特点，常规应采用钢结构体系，但因项目的特殊性，业主不接受钢结构，结构主体只能采用钢筋混凝土结构，对结构设计带来挑战。由于 2B、2C、2E、2F 四个单体结构体系类似，本文仅以 2C 楼为例进行介绍，其余单体结构形式较为常规，本文不做介绍。2C 楼建筑效果图见图 11.1-3。

2C 楼地上 8 层，首层层高 6.6m，2～8 层层高 4.2m，结构总高度为 36.5m。由于外立面斜柱斜率不断变化，各层宽度也不同，结构典型剖面见图 11.1-4。结构平面为梭形，中部宽，端部窄，结构总长度为 112m。长度方向柱网 8.4m，进深向柱网 7.62～10.75m，典型结构平面布置见图 11.1-5。

图 11.1-3　2C 楼建筑效果图

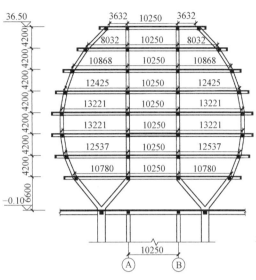

图 11.1-4　平面图结构典型剖面图

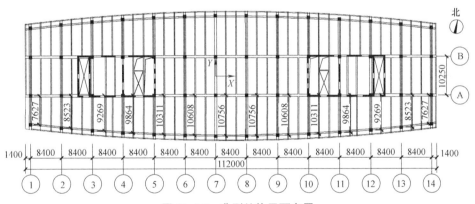

图 11.1-5　典型结构平面布置

11.2　结构体系与特点

11.2.1　结构体系

在建筑功能需求、结构几何力学特征基础上，利用建筑垂直交通部分的围合空间设计为钢筋混凝土核心筒，为主体结构提供主要抗侧力，同时与周边的斜框架柱和极少量的抗震墙组成钢筋混凝土框架-抗震墙双重抗侧力结构体系。整体结构模型见图 11.2-1。

2C 楼结构和常规结构最大的区别在于首层和外立面框架柱均为斜柱，且各层斜柱斜率不一样，可称为连续变向的斜柱。对于连续变向的斜柱，其倾斜角度在不断变化，竖向抗压刚度和水平抗侧刚度也在不断发生变化。对于自重较大、荷载较大的钢筋混凝土变向斜柱体系，在构件内力分布、设计及施工过程对其内力的影响等方面，与常规的直柱体系有本质区别。

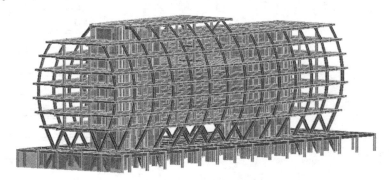

图 11. 2-1　整体结构模型

11. 2. 2　体系特点与关键问题

1. 斜柱竖向刚度小于普通直柱

连续变向混凝土斜柱的竖向位移不可忽略。斜柱的竖向刚度与本层直柱或抗震墙构件竖向刚度差别很大。在竖向力的作用下，斜柱竖向位移包含两部分，一部分是该竖向力沿着杆轴的分量引起的杆件轴向变形的竖向分量；另一部分是该竖向力垂直于杆轴的分量引起的杆件弯曲变形的竖向分量。因此，在竖向荷载作用下的斜柱与直柱或抗震墙变形值有较大差异，此位移差将影响结构构件内力的大小及分布。结构设计必须考虑此变形差异对结构受力状态的影响。

2. 考虑竖向地震作用

结构体系外立面均为斜柱，竖向地震作用不可忽略。

3. 斜柱抗侧刚度大于普通直柱

设计中应考虑斜柱方向框架刚度的增加，加强结构在地震作用下的整体性能，在适当的位置布置抗震墙，使结构具有合理的抗扭刚度。

4. 结构设计需结合施工方案

对于连续变向斜柱体系，施工方案尤其是各层卸载时间影响到结构竖向变形的大小，各层卸载时间的不同使结构在自重作用下每层斜柱的竖向变形与同层直柱竖向变形明显不同，进而影响构件的受力状态。构件内力的设计是基于特定施工方案的设计，即不同的楼层施工卸载顺序对应于不同的设计结果。

5. 楼层水平构件设计

本工程外立面所有柱均为斜柱，首层所有柱为斜柱。竖向荷载作用下，斜柱轴力的水平分量必然通过水平楼盖体系来平衡，使得楼盖结构产生水平力，该水平力由梁和楼板共同承担。楼盖结构不再是通常意义上的受弯构件，而是拉弯或压弯构件。承受较大轴力的楼盖梁更接近于柱的受力状态，即拉弯或者压弯构件，不能按照普通梁设计。不同斜率的斜柱会给楼盖带来不同程度的水平力，柱斜度越大，水平分量就越大。斜柱向内倾斜，对上层楼盖产生的是压力，对下层楼盖产生拉力；反之，斜柱向外倾斜，对上层楼盖产生拉力，对下层楼盖则产生压力。对于不断连续斜柱，楼盖梁的拉、压力就取决于上、下层斜柱产生的水平力合力。因此，不同楼层、不同位置处楼盖结构水平力的大小及分布规律均不同，需要分别采用合理的措施解决。不同斜率斜柱对楼盖梁产生的水平力见图11.2-2。

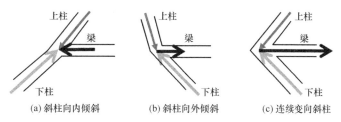

图 11.2-2　不同斜平斜柱对楼盖梁产生的水平力示意

11.2.3　结构设计思路

1. 针对斜柱竖向刚度和水平刚度的分析方法

为了直观地理解斜柱的刚度，引入一个截面为 $b \times h$、长度为 l、与水平面夹角为 α 的悬臂斜柱，分别研究其竖向抗压刚度及水平抗侧刚度。

根据刚度的概念，均质杆件的竖向抗压刚度就是使杆件产生竖向单位位移所需要施加的竖向力大小；同样地，均质杆件的水平抗侧刚度就是使杆件产生水平单位位移所需要施加的水平力大小。对斜柱来说，在竖向力的作用下，其竖向位移包含杆件轴向变形的竖向分量和杆件弯曲变形的竖向分量。

图 11.2-3（a）中，长度为 l 的直柱在竖向荷载 N 的作用下，其轴向（竖向）变形 Δ_n 和竖向抗压刚度 K_n 分别为：

$$\Delta_n = \frac{Nl}{Ebh} \tag{11.2-1}$$

$$K_n = \frac{Ebh}{l} \tag{11.2-2}$$

式中，E 为柱的弹性模量。

图 11.2-3（b）中，长度为 l 的直柱在水平荷载 V 作用下的弯曲变形（水平向）Δ_v 和水平抗侧刚度 K_v 分别为：

$$\Delta_v = \frac{4Vl^3}{Ebh^3} \tag{11.2-3}$$

$$K_v = \frac{Ebh^3}{4l^3} \tag{11.2-4}$$

由图 11.2-4（a）可以看出，在竖向荷载 P 作用下，长度为 l、与水平面夹角为 α 的斜柱的竖向变形 Δ_1 由杆件的轴向变形 Δ_n 的竖向分量和弯曲变形 Δ_v 的竖向分量两部分组成，即：

$$\begin{aligned} \Delta_1 &= \Delta_n \sin\alpha + \Delta_v \cos\alpha \\ &= \frac{Pl}{Ebh}\sin^2\alpha + \frac{4Pl^3}{Ebh^3}\cos^2\alpha \end{aligned} \tag{11.2-5}$$

于是斜柱的竖向抗压刚度 K_n 为:

$$K_n = \frac{P}{\Delta_1} = \frac{Ebh^3}{l(h^2\sin^2\alpha + 4l^2\cos^2\alpha)} \tag{11.2-6}$$

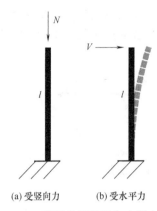

(a) 受竖向力   (b) 受水平力

图 11.2-3   直柱分别受竖向力及水平力

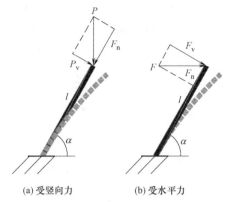

(a) 受竖向力   (b) 受水平力

图 11.2-4   斜柱分别受竖向力及水平力

同样地,在水平荷载 F 作用下,长度为 l、与水平面夹角为 α 的斜柱的水平变形 Δ_2 由杆件的轴向变形 Δ_n 的水平分量和弯曲变形 Δ_v 的水平分量两部分组成,即:

$$\begin{aligned}\Delta_2 &= \Delta_n\cos\alpha + \Delta_v\sin\alpha \\ &= \frac{Fl}{Ebh}\cos^2\alpha + \frac{4Fl^3}{Ebh^3}\sin^2\alpha\end{aligned} \tag{11.2-7}$$

于是斜柱的水平抗侧刚度 K_v 为:

$$K_v = \frac{F}{\Delta_2} = \frac{Ebh^3}{l(h^2\cos^2\alpha + 4l^2\sin^2\alpha)} \tag{11.2-8}$$

为了直观地了解直柱和斜柱刚度的差异,假设柱截面宽度、高度均为 600mm,悬臂柱的长度为 4800mm,斜柱与水平面的夹角为 45°,分别代入式(11.2-2)、式(11.2-4)、式(11.2-6)和式(11.2-8),得到直柱的竖向抗压刚度为 $E/13.3$,水平抗侧刚度为 $E/3412$;斜柱的竖向抗压刚度和水平抗侧刚度均为 $E/1706$,即直柱的竖向抗压刚度是 45°斜柱的 128 倍,而 45°斜柱的水平抗侧刚度是直柱的 2 倍。也就是说,直柱变为斜柱后损失了较多的竖向抗压刚度,水平抗侧刚度则有一定程度的增加。

2. 施工模拟

由于斜柱的存在,拆模周期与正常直柱的拆模周期不一样。拆模之前,必须保证斜柱的强度达到 100%。对本项目来说,不同的拆模周期使得斜柱的竖向变形与同层直柱或抗震墙的竖向变形差异明显不同,进而影响荷载的传递路径,造成构件的设计内力相差较大,实际计算应该按照合理的施工顺序和拆模周期进行,施工也必须完全符合计算模型。

结构总层数为 8 层,施工到第 n 层时,第 1 层混凝土达到允许卸载强度,此时完成第 1 层卸载,拆除第 1 层结构模板。分析该施工方案下各层结构的累计位移差。此时第 $2 \sim (n-1)$ 层尚未卸载变形,因此第 n 层结构斜柱与本层直柱的位移差累计了第 $2 \sim n$ 层的位移差;同理,第 $n+1$ 层结构斜柱与本层直柱的位移差累计了第 $3 \sim n+1$ 层的位移差,以此类推,第 m 层结构斜柱与本层直柱的位移差累计了第 $(m-n+2) \sim m$ 层的位移差。

通过施工过程模拟分析，在施工周期可以接受的前提下，制订合理的卸载顺序，确保结构实际受力状态与设计状态一致。

3. 楼盖结构受力分析

（1）水平力分布规律

利用 MIDAS Gen 程序对楼盖结构细分，研究荷载对楼盖引起的水平力规律及大小。在恒荷载单工况作用下，2～4 层及 8 层楼盖 Y 向（斜柱仅在 Y 向倾斜）内力分布见图 11.2-5，典型框架部分（V 形斜柱相关）梁柱轴力见图 11.2-6，典型框架-抗震墙部分（抗震墙相关）梁柱轴力见图 11.2-7。

2 层楼盖水平力分布规律为：

① 对于框架部分的楼盖梁，2 层楼盖中间跨梁受到轴压力，数值约为 1625kN；边跨梁受到轴拉力，数值约为 1570kN。由于底层斜柱向外倾斜最大，轴力也最大，其水平分量自然就大，因而与之相应的梁受到的轴力是所有梁中最大的。中间跨梁受到轴压力是因为梁两端均为斜柱，该梁与向内倾斜的斜柱组成了一个"拱"结构，因而其轴压力是比较大的。

② 2 层楼盖中间跨竖向为墙体，直接落地，没有斜柱，只是边柱为斜柱，即单斜柱，斜柱向外倾斜，与楼层梁组成一个"带斜撑的悬挑"结构，边跨梁的轴拉力较大，约达到 980kN。

③ 2 层楼盖除了框架柱部分中间跨为压力外，其余均为拉力，拉力最大值约为 400kN/m，压力最大值约为 320kN/m，梁轴线附近楼板拉力较大，离轴线稍远处楼板拉力较小。

3 层楼盖水平力分布规律为：

① 对于框架部分楼盖梁，3 层中柱为直柱，边柱向外倾斜，斜率小于 2 层，该层梁水平力比 2 层梁大幅减小，恒荷载作用下，边跨梁的轴力最大约为 460kN，不到 2 层的 1/3；中间跨梁受到轴拉力，大小约为 1200kN。

② 对于框架-抗震墙部分楼盖梁，3 层边跨梁轴拉力为 330kN，约为 2 层的 1/3。

③ 3 层楼盖 Y 向基本都受到拉力，但数值要比 2 层小，洞口附近楼板、与斜柱相连的框架梁周边楼板拉力较大。

4 层、5 层楼盖水平力分布规律为：由于 4 层柱为直柱，不会对 4 层、5 层楼盖产生水平力，但 3 层斜柱会对 4 层楼盖产生拉力；5 层斜柱开始向内倾斜，会对 5 层楼盖产生拉力。两层楼盖水平力的分布规律与 3 层楼盖是一致的，但数值会比 3 层楼盖小，4 层楼盖梁、板的水平拉力数值仅为 3 层相应梁、板的 50% 左右；5 层楼盖由于对应斜柱轴力较小，引起的水平力比 4 层要小一些。

6 层斜柱向内倾斜，斜柱轴力也不断减小，引起的楼盖拉力也不断减小。再到更高楼层，随着斜柱向内斜率的增加，楼盖水平力多为压力，对钢筋混凝土构件来说，适当的压力是有利的。

（2）解决楼盖水平力的结构措施

对于 2 层楼盖，由于首层柱全部是斜柱，轴力是最大的。2 层楼盖中间跨受压，受力非常复杂，节点区同时汇交了 6 根以上的梁柱，需要采用钢骨柱和钢骨梁以保证传力的可靠性，采用钢骨梁和钢骨柱以后，梁柱的含钢量增加了，强度和裂缝的问题都能得到解决。但是，若在钢骨梁中再增加预应力，会增加施工的难度，预应力钢筋、普通钢筋、钢骨的关系很难处理，对 2 层楼盖来说，由于首层层高为 6.6m，2 层梁可以适当加高，综合造价、施工可行性等因素，采用钢骨梁和钢骨柱是更加适合的方案。

对于 3~5 层楼盖，轴拉力较大，梁的跨度也逐渐增大，由于层高的限制，梁高不能随意增加，采用预应力梁是合理的选择。

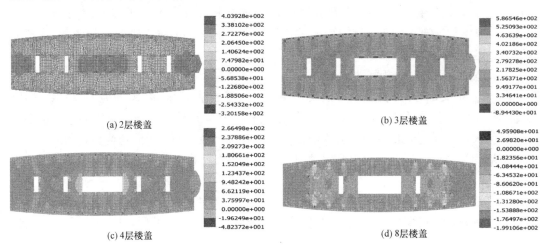

图 11.2-5　恒荷载作用下不同楼盖 Y 向内力分布/(kN/m)

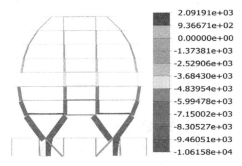

图 11.2-6　恒荷载作用下典型框架部分（V 形斜柱相关）梁柱轴力图/kN

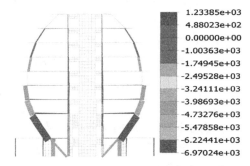

图 11.2-7　恒荷载作用下典型框架-抗震墙部分（抗震墙相关）梁柱轴力图/kN

4. 采用性能化设计，并针对结构超限项采取加强措施

根据《上海市超限高层建筑抗震设防管理实施细则》（沪建管〔2014〕954 号）及住房和城乡建设部《超限高层建筑工程抗震设防专项审查技术要点》（建质〔2010〕109 号）规定，2C 楼为超限工程。根据结构受力特点，明确关键构件、关键楼层、关键节点的位置，并设置合理的性能目标。对结构进行小震、中震反应谱分析和大震弹塑性分析，并根据计算结果提出相应的加强措施，保证整体结构和构件满足性能化设计目标。

针对结构超限项采取了如下加强措施。

（1）针对扭转位移比偏大

调整抗震墙的布置，尽量使质心与刚心重合，减小地震扭转作用；增加结构的抗扭刚度，使得第一扭转周期与第一平动周期比不大于 0.85；水平地震作用采用振型分解反应谱法及时程分析法的包络值进行设计；底部加强部位及地下室抗侧力构件抗震等级相应提高一级，并采用钢板抗震墙，满足中震不屈服设计。

（2）针对斜柱

首层斜柱采用型钢柱并延伸到地下一层，所有斜柱箍筋全高加密，并满足中震弹性、大震不屈服设计；首层斜柱顶梁（仅斜柱平面内方向梁）采用型钢梁，2～4 层顶斜柱平面内方向梁采用预应力钢筋混凝土梁，直线预应力筋产生的轴向预应力主要用于平衡斜柱产生的水平拉力；首层顶板厚度加大到 180mm，2～5 层顶板采用双层双向钢筋网；考虑结构的竖向地震作用，并按照规范规定的 8 度设防的竖向地震作用简化算法、振型分解反应谱法及时程分析法三种方法计算的包络值进行设计；首层斜柱顶及柱底节点采用型钢钢骨，满足大震弹性设计；进行施工过程模拟计算，并严格按照计算结果进行施工控制。

11.3 结构分析

11.3.1 竖向地震作用计算

根据《建筑抗震设计规范》GB 50011—2010 第 5.3.3 的规定，长悬臂和其他大跨度结构的竖向地震作用标准值，8 度和 9 度可分别取该结构、构件重力荷载代表值的 10% 和 20%，设计基本地震加速度为 0.30g 时，可取该结构、构件重力荷载代表值的 15%。

结构的竖向地震作用还可以用振型分解反应谱法和时程分析法计算。本工程虽然处于 7 度区，但考虑到斜柱斜率较大，采用以上三种方法进行计算，取三种方法的最大值进行设计，其中，竖向地震作用按照 8 度要求取值，即构件重力荷载代表值的 10%。时程分析法采用 2 条天然波和 1 天人工波，阻尼比取 0.05，用 MIDAS 进行了 3 条地震波的时程分析，三条地震波均满足《建筑抗震设计规范》GB 50011—2010 对地震波选取的要求。

计算结果表明，3 条地震波作用下，竖向最大位移分别为 0.711mm、0.822mm、0.765mm，包络值为 0.822mm。采用振型分解反应谱计算，在竖向地震作用下，结构的最大竖向位移为 1.005mm。规范简化方法计算结构最大竖向位移为 1.46mm。按照规范简化方法计算得出的结果明显大于其余两种方法，几乎是时程分析法 3 条波最大值的 2 倍，振型分解反应谱法计算结果也高于时程分析法约 20%。考虑到竖向地震对本工程的影响，按照最不利的规范简化方法计算结构的竖向地震作用。

11.3.2 施工过程模拟分析

图 11.3-1、图 11.3-2 分别给出了逐层施工、逐层卸载（直柱正常的施工顺序）方案和一次性加载（所有结构构件强度达到 100% 后卸载）方案构件的弯矩值及轴力分布，表 11.3-1 列出了结构底部两层和顶部两侧梁构件弯矩值和柱构件轴力值。

两种施工方案下，构件内力分布截然不同。逐层施工、逐层加载方案较一次性加载方案，顶层梁端部弯矩加大了 2.48 倍，顶层斜柱轴力减小了 1.1 倍。楼层越低，内力值差异越小。

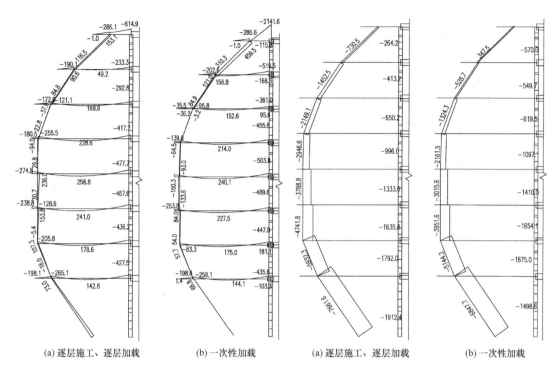

(a) 逐层施工、逐层加载　　　(b) 一次性加载　　　　(a) 逐层施工、逐层加载　　　(b) 一次性加载

图 11.3-1　不同施工方案梁柱弯矩/kN·m　　　　图 11.3-2　不同施工方案柱轴力/kN

不同施工方案梁柱内力值　　　　　　表 11.3-1

卸载方案	梁弯矩/kN·m				柱轴力/kN			
	1 层	2 层	7 层	8 层	1 层	2 层	7 层	8 层
逐层施工、逐层加载	427	436	233	614	7661	5932	1452	730
一次性加载	435	447	519	2141	6847	5144	528	347

对于逐层施工、逐层加载方案，由于结构刚度不是一次性形成，相对于一次性加载方案，荷载更倾向于分别从外侧斜柱及中间墙（柱）直接向下传递。一次性加载方案时，结构刚度一次形成，荷载传递方式完全按刚度分配。对于顶层，梁跨度小，斜柱斜率大，除了部分荷载通过斜柱轴力向下传递外，更多荷载通过梁的悬挑作用传递到中间墙（柱）。这种传递方式的结果是梁端弯矩较大，外侧斜柱内力减小，内侧墙（柱）内力增加。显然逐层施工、逐层加载方案传力更直接、更高效，是最为经济的方式，但由于本工程大部分为斜柱，完全按照该施工方案需要的施工工期太长。考虑钢筋混凝土构件强度达到 100% 的正常周期为 28d，即 4 周，实际施工时每周施工一层，也就是施工第 5 层时，首层斜柱拆模，参与受力，依此类推。按照这种方式施工时，构件内力计算结果见图 11.3-3、图 11.3-4。

实际施工时，顶层梁端弯矩约为逐层施工、逐层加载方案的 1.57 倍，约为一次性加载方案的 0.45 倍，需要适当增加梁截面配筋；其余梁柱内力也在一个可以接受的范围内。

综上，本项目斜柱较多，不同的施工方案会带来不同的计算结果，现场施工卸载方案应按照设计要求执行，确保结构实际受力状态与设计状态一致。

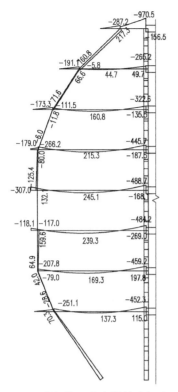

图 11.3-3　实际施工状态梁柱弯矩/kN·m

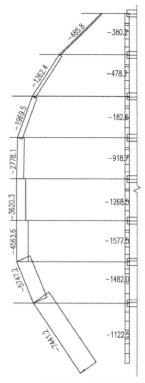

图 11.3-4　实际施工状态柱轴力/kN

11.3.3　施加预应力后楼盖内力计算

以④轴典型框架部分为例，1.0恒荷载＋1.0活荷载组合作用下梁的轴拉力（不考虑楼板作用）分布见图11.3-5。预应力的大小取约等于1.0恒荷载＋1.0活荷载组合作用下

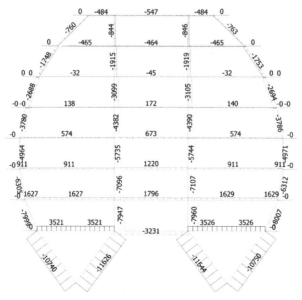

图 11.3-5　1.0恒荷载＋1.0活荷载作用下梁轴力分布/kN

梁的轴拉力，3层楼盖梁最大拉力为1796kN，需要施加的预应力可取2000kN；4层楼盖梁最大拉力为1220kN，施加的预应力可取1500kN；5层楼盖梁最大拉力为673kN，施加的预应力可取800kN；6层楼盖梁拉力较小，可采用普通钢筋混凝土梁；7层以上楼盖梁轴力为压力。

梁板的轴力由斜柱引起，在斜柱顶对应的框架梁上施加预应力对于减小楼盖梁水平力是最直接的，同时可以降低楼板的拉力。由于斜柱仅为Y向倾斜，仅给出3层、4层楼盖在施加预应力后楼盖Y向内力及板顶应力的计算结果，见图11.3-6、图11.3-7。

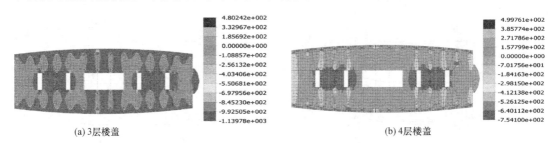

(a) 3层楼盖   (b) 4层楼盖

图11.3-6　1.0恒荷载＋1.0活荷载＋1.0预应力作用下3层、4层楼盖Y向内力/(kN/m)

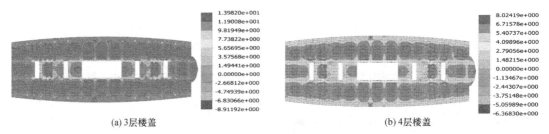

(a) 3层楼盖   (b) 4层楼盖

图11.3-7　1.0恒荷载＋1.0活荷载＋1.0预应力作用下3层、4层楼盖Y向板顶应力/(N/mm²)

由以上计算结果可以看出，施加预应力以后，楼盖在正常使用状态（1.0恒荷载＋1.0活荷载＋1.0预应力）下，只有极少部分板内力为拉力，大部分区域板内力为压力或极小的拉力；框架梁支座附近板顶拉应力较大的原因是框架梁在竖向荷载作用下会产生较大的弯矩，但板支座附近钢筋一般较多，含钢率高，板也不会产生裂缝。具体来说，3层抗震墙较多的区域，楼板拉力数值在100kN/m左右，适当的配筋可以满足要求；楼板洞口附近也有拉力，但数值在10kN/m左右，不需要采取特殊的措施。由于叠加了竖向荷载作用产生的弯曲应力，使得板支座附近出现了较大的拉应力，但这部分拉应力可以通过支座的配筋满足，其余大部分板为压应力。4层楼盖拉力值比3层小，压力分布的范围更大，分布规律与3层相似。

11.3.4　弹塑性动力时程分析

利用有限元分析软件ABAQUS进行大震弹塑性时程分析，对结构进行抗震性能化设计，主要分析罕遇地震下结构的各项性能指标是否满足规范、规程及性能目标要求。ABAQUS模型配筋来自满足性能目标的PKPM反应谱模型计算的配筋。根据设防烈度、场地的特征周期、地震分组、结构自振特性等参数，选择了2条天然波及1条人工波。

1. 模型对比

对比 ABAQUS 模型和 PKPM 模型的结构质量和主要周期，两者差异较小，ABAQUS 模型满足计算精度要求。对比结果见表 11.3-2。

结构自重及前三阶自振周期对比　　　　　　　　　　　表 11.3-2

模型	ABAQUS		PKPM	
2C 楼	自重/t	57903.301	自重/t	57818.453
	T_1/s	0.8657	T_1/s	0.8991
	T_2/s	0.8196	T_2/s	0.8467
	T_3/s	0.7628	T_3/s	0.7559

2. 弹塑性位移与基底剪力

弹塑性层间位移角计算结果见图 11.3-8，表 11.3-3，基底剪力时程曲线见图 11.3-9。

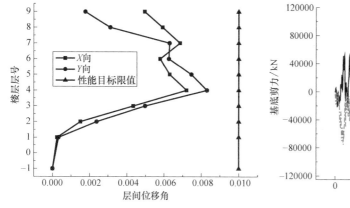

图 11.3-8　弹塑性层间位移角　　　　　　图 11.3-9　基底剪力时程曲线

弹塑性最大层间位移角　　　　　　　　　　　表 11.3-3

地震波	X 向	Y 向	限值
天然波 SHW11	1/139	1/121	1/100
天然波 SHW14	1/145	1/130	1/100
人工波 SHW9	1/147	1/123	1/100

大震弹塑性时程分析结果表明：①结构两个方向最大层间位移角及顶点位移满足大震作用下设定的 1/100 的限值要求；②大震作用下结构基底剪力最大值为 X 向 100756kN 和 Y 向 106588kN，分别为小震弹性时程分析的 3.88 倍和 4.03 倍。由于大震作用下结构塑性耗能，大震弹塑性分析基底剪力相对于地震输入有减小的趋势，满足抗震性能要求。

3. 构件损伤、应力分布

构件损伤、应力分布结果见图 11.3-10～图 11.3-13。结果表明：①结构连梁均出现明显损伤，损伤因子达到 0.75 以上，说明在罕遇地震作用下，连梁率先出现塑性铰，屈服耗能保证墙肢的安全，符合屈服耗能的抗震工程学概念。②结构关键抗震墙体混凝土受压损伤较轻，墙肢未出现明显损伤，进入塑性程度较低，满足性能目标要求；关键抗震墙正应力小于混凝土极限承载力，满足性能目标，剪应力满足受剪承载力限值，不会发生剪切破坏，达到预先设定的抗震性能目标的要求。③罕遇地震作用下关键框架梁应力水平较低，其中搭接在抗震墙上的关键框架梁正应力及剪应力均较高，个别梁与梁相交处钢筋进入塑性，设计中采取加强措施，其余满足抗震性能目标要求。④关键框架柱拉、压应力均小于拉、压强度标准值，满足屈服承载力设计要求，剪应力小于 $0.15f_{ck}$，满足受剪截面屈服承载力设计要求，V 形柱安全，达到设定的抗震性能目标。⑤关键层楼板损伤因子小于 0.6，应力水平整体较低，部分板边及洞口处由于应力集中，应力较大，但未超应力限值，设计时可通过构造措施加强，满足大震下性能目标要求。

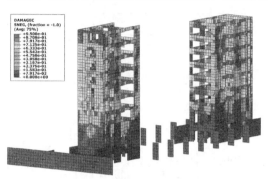

图 11.3-10　整体剪力墙及连梁损伤分布

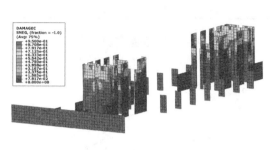

图 11.3-11　关键剪力墙损伤分布

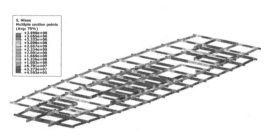

图 11.3-12　关键框架梁钢筋应力分布

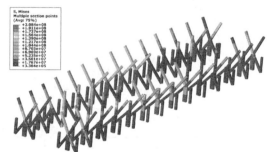

图 11.3-13　关键框架柱钢筋应力分布

11.3.5　关键节点有限元分析

连续变向结构体系斜柱较多，节点受力复杂，施工难度较大，合理的节点设计是这类结构设计的关键。选取本项目受力最为复杂的两类节点进行各种荷载组合下的受力分析，节点编号见图 11.3-14。设防烈度地震和罕遇地震作用组合中最不利工况下节点的 von Mises 应力分布见图 11.3-15 和图 11.3-16。

由以上节点有限元分析结果可以看出，在设防烈度地震作用组合中最不利工况下，节点一最大 von Mises 应力约 251MPa，节点二最大 von Mises 应力约 318MPa；在罕遇地震作用组合中最不利工况下，节点一最大 von Mises 应力约 271MPa，节点二最大 von Mises 应力约 341MPa。最大应力区分布在加载点的少数单元周围，由应力集中引起，节点处于弹性状态，满足设计目标。

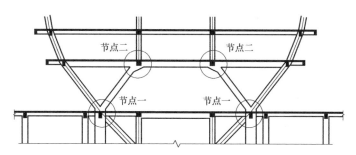

图 11.3-14　关键节点位置示意

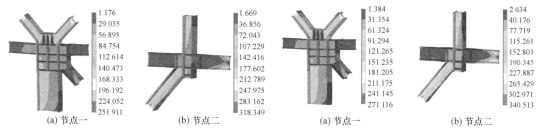

(a) 节点一　　　　　(b) 节点二

图 11.3-15　设防烈度地震作用组合中最不利
工况下节点 von Mises 应力/(N/mm²)

(a) 节点一　　　　　(b) 节点二

图 11.3-16　罕遇地震作用组合中最不利
工况下节点 von Mises 应力/(N/mm²)

11.4　评议与讨论

本项目建筑造型特殊，框架-剪力墙结构的外排框架柱为连续变向斜柱，项目结构设计团队基于工程问题，对斜柱和带斜柱框架结构的受力特点进行了非常深入的分析。

11.4.1　对斜柱刚度的探讨

斜柱设计是高层建筑中较常见的问题，一般建筑方案中的斜柱不会太多，对结构整体刚度的影响较小。但本项目存在大量斜柱，倾斜角度多种多样，因此设计人员对斜柱的刚度进行了理论推导、定量分析。

以 600mm×600mm 的柱截面，长度为 4800mm 的悬臂斜柱为例，从图 11.4-1 中可

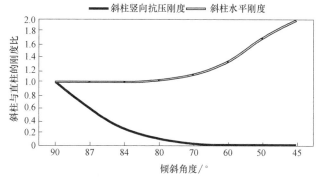

图 11.4-1　斜柱刚度变化趋势

以看出，其竖向刚度随角度变化迅速减弱，3°倾角下竖向刚度就衰减近40%，而水平刚度直到倾角超过10°才有3%左右的增加。

柱截面越大、柱高度越小，倾斜带来的竖向刚度的衰减越慢，而水平刚度的变化率影响不大。因此一般情况下，倾角小于10°的斜柱对结构刚度不会有很大影响，但斜柱的竖向刚度变化在设计时不可忽略，应重点考虑。

11.4.2 斜柱施工过程分析

基于上述刚度分析，设计人员进一步对竖向刚度问题进行了分析处理。由于建筑施工是逐层实施的，因此当竖向构件的刚度存在较大差异，逐层加载时竖向构件的变形不一致会带来内力的重分配，造成实际结构受力与一次加载的结构模型存在不可忽略的误差。对本项目来说，由于存在大量的斜柱，逐层加载顶层梁端部弯矩加大了2.48倍，顶层斜柱轴力减小了1.1倍，楼层越低内力值差异越小。

由于工期和施工顺序影响，实际施工方案无法满足每层强度都达到100%后再进行下一步施工的理想逐层加载，因此，对本工程的施工方案也进行了设计，提出具体的施工要求，确保结构实际受力状态与设计状态一致。

施工过程设计是常规结构设计中经常忽略的问题，但从定量分析来看，在某些特殊的结构形式中，不同加载方式会有很大的影响，结构设计时应注意考虑，保证设计的全面性。

11.4.3 斜柱带来的相关问题

斜柱框架与一般框架最不同的就是相关框架梁中存在水平力。柱内倾时，梁受压，应按压弯构件设计，特别是钢梁应考虑稳定问题；柱外倾时，梁受拉，应按拉弯构件设计，针对混凝土梁应注意受拉开裂问题。

混凝土受拉开裂的问题一般通过预应力或内加钢骨解决，各有优势。本项目根据楼层的实际情况，二者均有使用，并分别进行针对性分析。

斜柱本身的承载力问题已经有比较成熟的计算解决方案，本文中没有过多介绍，而主要从斜柱这一关键构件的刚度特点切入，抽丝剥茧，逐步延伸扩展，保证设计完整闭环，不遗不漏。整体结构分析过程条理清晰，从问题出发，以解决问题为目标，各项措施的针对性强，从而有效提高了结构的效率，希望能对类似结构设计有所帮助。

附：设计条件

1. 自然条件

（1）风荷载、雪荷载

依据《建筑结构荷载规范》GB 50009—2012，50年一遇基本风压为0.55kN/m^2，地面粗糙度为B类；50年一遇基本雪压为0.2kN/m^2。

（2）地震作用

根据上海市工程建设规范《建筑抗震设计规程》DGJ 08-9-2013，本工程所在地抗震设防烈度为7度，设计基本地震加速度为0.10g，场地类别为Ⅳ类，多遇地震和设防烈度地震设计特征周期取0.9s，罕遇地震设计特征周期取1.1s。

2. 设计控制参数

（1）主要控制参数

结构设计使用年限为 50 年，建筑结构安全等级为二级，地基基础设计等级为乙级，建筑抗震设防类别为标准设防类（丙类）。

（2）抗震等级（表1）

抗震等级 表1

结构部位	抗震墙	框架
首层、2层	一级	二级
地上其余各层	二级	三级

（3）超限情况

① 根据《上海市超限高层建筑抗震设防管理实施细则》（沪建管〔2014〕954号）附件1中表1～表6，超限判定情况见表2。

一般不规则高层建筑的简要涵义 表2

序号	不规则类型	简要涵义	超限判断	判定结论
1a	扭转不规则	考虑偶然偏心的扭转位移比大于 1.2	超	
1b	偏心布置	偏心率大于 0.15 或相邻层质心相差大于相应边长 15%		
2	平面凹凸不规则	平面凹进深度大于相应总尺寸的 30%，或凸出长度大于相应总尺寸的 30% 且凸出宽度小于凸出长度的 50%	无	
3	楼板局部不连续	开洞面积大于本层面积的 30%（含高差大于梁高的降板），楼板有效宽度小于典型宽度的 50%	无	超限 □ 无超限 □ （同时具有三项及以上不规则的工程判定为超限）
4	侧向刚度不规则	层刚度小于相邻上层的 70% 或连续相邻上三层的 80%，[除顶层或出屋面小建筑，或裙房（辅楼）高度不大于主楼的 20% 外]局部收进尺寸大于相邻下层的 25%，上部楼层大于下部楼层水平尺寸 1.1 倍或整体水平悬挑大于 4m	超	
5	竖向抗侧力构件不连续	上下墙、柱、支撑不连续	无	
6	承载力突变	层受剪承载力小于相邻上一层的 80%	无	
7	复杂结构	错层结构，带加强层的高层建筑，裙房大底盘的多塔以及连体高层建筑	无	

② 根据住房和城乡建设部《超限高层建筑工程抗震设防专项审查技术要点》（建质〔2010〕109号）文件附录1中表2～表4，超限判定情况见表3。

建筑结构一般规则性超限检查 表3

序号	不规则类型	简要涵义	超限判断	判定结论
1a	扭转不规则	考虑偶然偏心的扭转位移比大于1.2	超	
1b	偏心布置	偏心率大于0.15或相邻层质心相差大于相应边长15%		
2a	凹凸不规则	平面凹凸尺寸大于相应边长30%等	无	
2b	组合平面	细腰形或角部重叠形	无	
3	楼板不连续	有效宽度小于50%,开洞面积大于30%,错层大于梁高	无	超限 ■ 无超限 □ (同时具有三项及以上不规则的工程判定为超限)
4a	刚度突变	相邻层刚度变化大于70%或连续三层变化大于80%	无	
4b	尺寸突变	竖向构件位置缩进大于25%,或外挑大于10%和4m,多塔	无	
5	构件间断	上下墙、柱、支撑不连续,含加强层、连体类	无	
6	承载力突变	相邻层受剪承载力变化大于80%	无	
7	其他不规则	如局部的穿层柱、斜柱、夹层、个别构件错层或转换	超	

综上所述,本工程按照《上海市超限高层建筑抗震设防管理实施细则》,具有两项一般不规则;按照住建部《超限高层建筑工程抗震设防专项审查技术要点》,具有两项一般不规则。综合起来,具有三项不规则,即位移比超过1.2,上部楼层水平尺寸大于下部楼层1.1倍,存在斜柱。因此,需要采取基于性能的抗震设计方法进行设计。

3. 性能目标

根据本工程超限情况,依据上海市工程建设规范《建筑抗震设计规程》DGJ 08-9—2013(以下简称《上海抗震规程》)附录第L.1节的规定,选定本工程的抗震性能化目标为Ⅲ级,对应的抗震性能化水准为:

多遇地震下满足第1水准(完全可使用)的要求;

设防烈度地震下满足第3水准(修复可使用)的要求;

罕遇地震下满足第4水准(生命安全)的要求。

各类结构构件的抗震构造要求为高延性要求,即按本结构抗震设防烈度要求确定抗震等级,根据该抗震等级确定抗震构造要求。各类结构对应于各抗震性能水准的最大层间位移角限值可按《上海抗震规程》附录第L.1.5条取用。

各水准的震后性能状况和设计目标见表4和表5。

各性能水准结构预期的震后性能状况 表4

结构抗震性能水准	可继续使用功能的受影响程度	结构构件的损坏状况		
		关键构件	普通竖向构件	其他构件
第1水准(完全可使用)	建筑功能完整,不需修理即可使用	完好	完好	完好
第2水准(基本可使用)	建筑功能受扰,稍作修理可继续使用	基本完好	轻微损坏	轻微~中等损坏

结构抗震性能水准	可继续使用功能的受影响程度	结构构件的损坏状况		
		关键构件	普通竖向构件	其他构件
第3水准(修复后使用)	功能受到较小影响,花费合理的费用经修理后可继续使用	轻微损坏	中等损坏	中等~严重损坏
第4水准(生命安全)	功能受到较大影响,短期内无法恢复,人员安全	中等损坏	中等~严重损坏	严重损坏

抗震性能化设计目标 表5

地震水准 (50年超越概率)			多遇地震 (63%)	设防烈度地震 (10%)	预估的罕遇地震 (2%)
抗震规范的基本设防目标			小震不坏	中震可修	大震不倒
抗震性能目标			Ⅲ级		
抗震性能水准			水准1	水准3	水准4
结构构件工作特性			弹性	关键构件不屈服;普通竖向构件不超过极限承载力、不发生脆性剪切破坏	关键构件不超过极限承载力、不发生脆性剪切破坏
允许层间位移角			1/800	1/200	1/100
抗震墙	关键抗震墙	底部两层及地下室	满足性能水准1,即满足《上海抗震规程》式(L.1.3-1)	满足"屈服承载力设计",即满足《上海抗震规程》式(L.1.3-3)	不超过极限承载力,即满足《上海抗震规程》式(L.1.3-4);不发生脆性剪切破坏,即满足《上海抗震规程》式(L.1.3-5)
	普通抗震墙	其他楼层	满足性能水准1,即满足《上海抗震规程》式(L.1.3-1)	不超过极限承载力,即满足《上海抗震规程》式(L.1.3-4);不发生脆性剪切破坏,即满足《上海抗震规程》式(L.1.3-5)	允许破坏
框架柱	关键柱	底层及地下室斜柱	满足性能水准1,即满足《上海抗震规程》式(L.1.3-1)	满足性能水准1,即满足《上海抗震规程》式(L.1.3-1)	满足"屈服承载力设计",即满足《上海抗震规程》式(L.1.3-3)
	普通柱	除关键混凝土柱外的框架柱	满足性能水准1,即满足《上海抗震规程》式(L.1.3-1)	不超过极限承载力,即满足《上海抗震规程》式(L.1.3-4);不发生脆性剪切破坏,即满足《上海抗震规程》式(L.1.3-5)	允许破坏
耗能构件	关键梁	首层及2层V形斜柱平面内的框架梁	满足性能水准1,即满足《上海抗震规程》式(L.1.3-1)	满足"屈服承载力设计"即满足《上海抗震规程》式(L.1.3-3)	不超过极限承载力,即满足《上海抗震规程》式(L.1.3-4);不发生脆性剪切破坏,即满足《上海抗震规程》式(L.1.3-5)
	普通框架梁、连梁	普通框架梁、连梁	满足性能水准1,即满足《上海抗震规程》式(L.1.3-1)	大部分耗能构件进入屈服	允许部分耗能构件发生比较严重的破坏

地震水准 (50年超越概率)		多遇地震 (63%)	设防烈度地震 (10%)	预估的罕遇地震 (2%)
楼板	关键楼层 2层楼板	满足性能水准1,即满足《上海抗震规程》式(L.1.3-1)	重点的抗震墙周边区域和 V 形斜柱相邻的区域正截面满足"屈服承载力设计";受剪截面满足"弹性设计";大部分区域受剪截面满足"屈服承载力设计;允许局部应力集中处(角点)屈服	重点的抗震墙周边区域和 V 形斜柱相邻的区域正截面和受剪截面满足"屈服承载力设计";允许大部分区域进入屈服
	普通楼层 其他层	满足性能水准1,即满足《上海抗震规程》式(L.1.3-1)	抗震墙附近的区域受剪截面满足"屈服承载力设计",其他部分区域进入屈服	允许大部分耗能构件发生比较严重的破坏,不发生整体剪切破坏
节点	关键节点 V 形斜柱柱底节点及柱顶节点	满足性能水准1,即满足《上海抗震规程》式(L.1.3-1)	满足性能水准1,即满足《上海抗震规程》式(L.1.3-1)	节点截面满足"不屈服承载力设计"
计算方法		振型分解反应谱法,弹性时程分析法补充计算	中震不屈服判别法(反应谱),中震弹性判别法(反应谱),静力弹塑性分析法	动力弹塑性时程分析法(静力弹塑性分析方法及推覆分析)
采用软件 (版本)		PKPM 系列 SAT-WE(V2.2 版) YJK(V1.5.2 版)	PKPM 系列 SATWE(V2.2 版) MIDAS Gen 2014 ANSYS V12	PKPM 系列 EPDA(V2.2 版) MIDAS Gen 2014 ANSYS V12 ABAQUS V6

4. 结构布置及主要构件尺寸（单位：mm）

抗震墙厚度：首层、二层为 500、400，内部钢板厚 20mm、16mm；3 层及以上 400～250。

首层、2 层抗震墙端柱：800×800（钢骨 H400×400×40×40）。

首层、2 层钢骨混凝土柱：800×800（钢骨 H400×400×40×40），700×700（钢骨 H300×300×25×25）。

3 层及以上框架柱：700×700、600×600。

首层顶钢骨混凝土梁：600×900（钢骨 H600×300×12×16）。

2 层顶～4 层顶预应力混凝土梁：600×700（预应力筋 2-9ϕ^s15.2、2-7ϕ^s15.2、1-7ϕ^s15.2）。

5 层顶及以上普通混凝土梁：600×700、600×600。

第三篇

特殊结构

第12章

天安门广场"红飘带"景观结构设计

图片源于媒体

结构设计团队：

石永久　王　岚　刘彦生　陈　宏　张一舟　陈经纬

图片源于媒体

12.1 工程概况

12.1.1 建筑概况

"红飘带"景观工程位于天安门广场，是中华人民共和国成立70周年庆典的临时工程（图12.1-1）。该景观东、西各一组，每组分A区和B区两部分。A区飘带由北向南呈曲线形态，弧线展开长约212m，直线长度约185m，中部为空间造型的双向拱曲。表皮幕墙采用红色金属格栅竖条，并设有大型高精度液晶显示屏，实现屏景有机融合。B区为"红飘带"景观雕塑北端向东西两侧的延续，在国家博物馆和人民大会堂北侧路口各设置一块LED显示屏，宽24m，高13.5m，便于长安街北侧嘉宾观礼。

（电视画面）

（摄影：张广源）

图12.1-1 红飘带景观

12.1.2 特殊条件限定

1. 建筑造型条件限制

为配合庆典整体效果，建筑要求A区全长不设结构缝，建筑直线长度达185m，远超一般建筑体型规模。造型中部为双向拱曲（图12.1-2），平面内跨度约75m，平面外矢高约12m，并带有一定的内倾角度。建筑外形高度、宽度均有严格限制，以展现"飘带"式的建筑质感。

景观造型上还设有高精度显示屏，对结构的尺寸精度提出了更高的要求。

图12.1-2　A区双向拱曲并向内倾斜

（图片源于媒体）

2. 建设条件的多种限制

天安门广场是重点管控的区域，广场每日参观人员很多，无法完全封闭施工，建设条件限制非常严格。首先，现场安装方式不能采用焊接；其次，所有构件运输高度不能超过3m，宽度不能超过6m；再次，地面开挖不能损伤和改动广场既有的铺砖、管线及周边设施；最后，施工工期要求非常紧凑，在广场的施工全周期不能超过2个月，实际从基础钢梁进场到上部钢结构合拢的施工时间不到4个星期。

3. 场地勘探限制

由于不能开挖、移动广场铺砖，A区基础在广场区只能单摆浮搁在广场砖上，且景观造型要求基础宽度不能超出幕墙表皮宽度。草坪区的基础埋置深度有硬性限制，不能超过-1.4m；宽度不能超出草坪边界。

由于广场的特殊性，不允许对地下和土层进行勘探，只能通过借鉴调研广场周边区域以往的岩土工程勘察资料，并综合北京地区工程地质的经验参数，推断广场地基参数的取值范围，并进行下一步分析设计。

12.1.3　主要设计控制参数/指标的选定

由于工程的特殊性，除重力荷载外，其主要外荷载为风荷载。风荷载是本工程设计的主要控制参数，结合现场使用环境有针对性地开展风工程专项研究。

1. 风洞试验

通过风洞测压试验，实测了"红飘带"的风压分布规律。A区飘带以东侧为例，最不利体型系数发生在30°风向角和220°风向角。体型系数范围：正风压区集中在0.8~1.1，个别位置极值2.6；负风压区集中在-0.8~-1.3，个别位置极值-2.8。风振系数最大值为1.5。最不利位置有两处：一处在A2区弧形内凹部位，另一处在A3区双曲拱桁架中部（图12.1-3）。

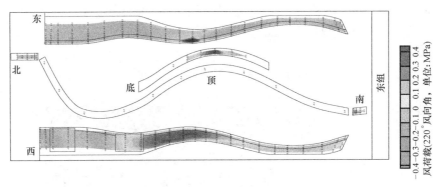

图 12.1-3 风荷载体型系数

2. 制订合理的风荷载设计控制指标

综合分析国家现行标准要求、广场历史实测气象和风速资料、"红飘带"工程显示屏的使用功能尤其是显示屏的变形精度要求，结合工程重要性指标，提出了拆分抗风设计指标，以兼顾安全性和经济性。

依据结构设计理论相关原理，参考《钢结构设计标准》GB 50017—2017 附录，制订变形控制指标如表 12.1-1 所示。

变形控制指标   表 12.1-1

结构位置	变形控制点	荷载组合	变形控制
落地主桁架 A1、A2、A4、B	顶点水平位移	恒＋活＋风	顶点离地高度 1/150
中部偏心拱桁架 A3 区	跨中顶点水平位移	恒＋活＋风	拱曲桁架跨度 1/400
	跨中顶点水平位移	仅风荷载	顶点离地高度 1/150
	跨中顶点竖向位移	恒＋活＋风	拱桁架跨度 1/400
南端悬挑桁架 A5 区	顶点水平位移	恒＋活＋风	悬挑跨度 1/125
	顶点水平位移	仅风荷载	顶点离地高度 1/150
	顶点竖向位移	恒＋活＋风	悬挑跨度 1/125

12.2 结构体系与特点

12.2.1 结构体系

"红飘带"造型特点使其主体结构呈现大跨度双向曲面拱的特征，且出现压、弯、扭复杂受力特点，端部悬挑跨度大。同时，受一系列特殊条件限定，项目要求能够快速拆装，组装模块尺寸需满足特定要求。因此本工程采用了钢管桁架体系，一方面，钢桁架体系能够满足结构受力要求；另一方面，采用钢管这一构件形式更便于形成标准化的构件与连接。

A 区主体结构为空间双向拱曲钢管桁架体系。为便于描述，将 A 区"红飘带"从北向南根据结构受力特点编为 A1～A5 共五个区域，如图 12.2-1 所示。

A1 区（最北侧有第一块显示屏）为落地区，结构受力特点为悬臂钢管桁架，高度约 16m，平面外结构轴线下宽上窄，结构下部轴线宽度近 6m，结构顶部轴线宽度约 2m；A1 区基础直接放在广场砖上。

A2 区也为落地区，结构受力特点从悬臂钢管桁架过渡至双向拱曲桁架，高度约 16m，平面外结构轴线下宽上窄，结构下部轴线宽度约 7m，结构顶部轴线宽度约 2~3m；A2 区基础位于花坛绿地土层上。

A3 区为空间造型的双向曲拱，结构受力特点为双向拱形空间钢管桁架；结构平面内跨度约 75m，最高点高度约 15m，结构自身高度约 7.2m，结构平面外矢高约 12m，轴线宽度约 3m。

A4 区为落地区，结构受力特点为空间钢管桁架，仅中间小部分为悬臂钢管桁架，高度约 7~8m，平面外轴线宽约 2~3m；A4 区基础位于绿地土层上。

A5 区为悬挑区，结构受力特点为空间钢管桁架，立面悬挑长度约 15m。

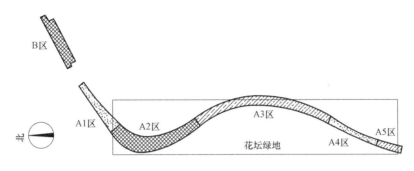

图 12.2-1　结构分区示意

12.2.2　全装配化钢结构设计方案

为应对建设条件的要求和限制，结构设计提出了全装配化钢结构设计方案，以解决施工场地设备局限、运输条件苛刻、建设周期极短等一系列问题。全装配式方案主要特点如下。

1. 结构单元模块化

将"红飘带"上部主体结构和基础结构全部设计成系列钢结构模块单元，单元拆分时同时考虑结构受力要求与模块自身的尺寸与重量；所有模块单元制作均在工厂完成，现场仅进行拼接作业。

2. 基础模块化

在目前的设计及施工水平下，当条件许可时，现浇式基础仍然是更为经济稳妥的形式。但本项目非常特殊，无法正常进行基础施工，因此有针对性地进行了模块化基础设计，采用全装配化基础。

3. 全螺栓拼接节点

拼接全部采用螺栓连接。全螺栓拼接节点能够保证结构模块单元进行多次无损伤快速组装和拆卸，实现快速全装配化。上部主体结构均为独立相贯焊钢管桁架模块单元，各模块单元之间用短牛腿法兰盘连接；上部结构单元的下端钢管与工字钢基础梁上的钢管短柱用法兰盘连接。如图 12.2-2 和图 12.2-3 所示。

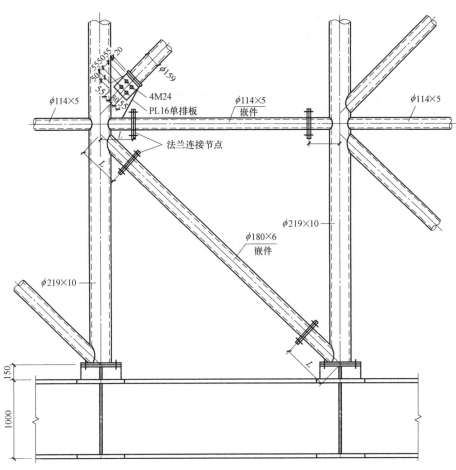

图 12.2-2　典型连接杆件示意

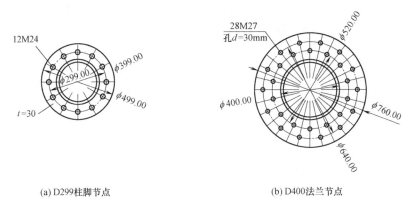

(a) D299柱脚节点　　　　　　(b) D400法兰节点

图 12.2-3　典型法兰节点示意

4. 预拼装技术

　　为有效控制安装误差，一方面是和钢结构制作安装单位密切合作；另一方面，通过预拼装合理调整施工工序，测试拼装程序。此外，预拼装还磨合了各部件之间的连接及缝隙，通过预估变形，调整结构，保证正式拼装取得良好效果。

12.3 结构设计思路

12.3.1 结构整体计算分析

采用 MIDAS 和 ANSYS 计算分析软件对结构进行多种工况下受力分析。"红飘带"工程的安全等级为一级，结构重要性系数取 1.1。除常规的结构受力分析外，还有以下较特殊的分析计算。

1. 风荷载下整体分析

由于体型特殊，对风荷载进行了专门性设计。依据风洞试验结果，结合建筑曲面体型进行分区，将 A 区划分为多个风荷载受力区域（图 12.3-1），各区域内取相同的风荷载体型系数和风振系数，分区域施加风荷载。

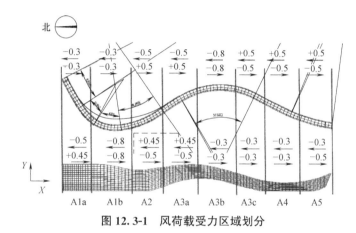

图 12.3-1　风荷载受力区域划分

结构主要计算结果均满足设计指标控制要求，但前期方案为上下等宽的矩形截面，结构计算结果偏柔。因此，在不影响建筑效果的前提下进行结构优化，在 A2 区背面增加斜背撑，将横断面由原来的矩形加厚为上窄下宽的梯形。从表 12.3-1 可以看出，增加斜背撑后，A 区结构周期明显减小，整体刚度增加。结构系统更加远离风能量比较大的频率区域，减小了风荷载对结构的作用。

结构周期　　　　　　　　　　　　　　　　　　　　　　　　表 12.3-1

部位	结构周期/s
A 区（前期无背撑）	0.5339
A 区（优化有背撑）	0.3969
B 区	0.3054

从表 12.3-2 可以看出，结构变形小于允许值，很好地满足了显示屏的使用要求。除拱脚处个别弦杆应力比接近 0.90 外，其他杆件应力比均小于 0.85，抗倾覆及抗滑移也满足相关规范规定。A 区在风荷载作用下的变形如图 12.3-2 所示。

結構變形計算結果（重現期 10 年）　　　　　　　　　　　　　表 12.3-2

部位	水平位移/mm	撓度	竪向位移/mm	撓度
A1	67	1/239	—	—
A2	47	1/340	—	—
A3	149	1/476	162	1/438
	30（僅風荷載）	1/500		
A4	14	1/500	—	—
A5	65	1/230	54	1/278
	31（僅風荷載）	1/322		
B	58	1/276	—	—

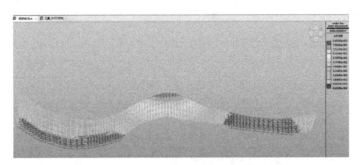

图 12.3-2　A 区风荷载作用下变形

2. 非线性整体稳定性分析

红飘带 A3 区为双向拱曲，结构存在整体失稳的可能性，因此以非线性有限元分析为基础，对结构进行了荷载—位移全过程分析，在此基础上确定其稳定承载力。计算分别取恒荷载＋X 向风荷载和恒荷载＋Y 向风荷载两种荷载组合，考虑了几何非线性和初始几何缺陷，按弹性材料进行全过程分析。初始几何缺陷分布采用结构的最低阶屈曲模态，两种荷载组合下的第 1 阶屈曲模态如图 12.3-3 和图 12.3-4 所示。恒荷载＋X 向风荷载模型的初始几何缺陷位于 A1 区起点位置悬臂上端，初始几何缺陷最大值取 1/150 悬臂高度；恒荷载＋Y 向风荷载模型的初始几何缺陷位于 A3 区拱曲顶部偏 A4 区范围，初始几何缺陷最大值取 1/300 拱曲跨度。

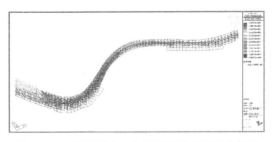 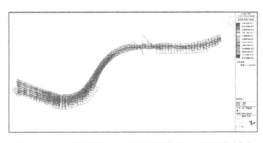

图 12.3-3　恒荷载＋X 向风荷载第 1 阶屈曲模态　　　图 12.3-4　恒荷载＋Y 向风荷载第 1 阶屈曲模态

两种荷载组合下控制节点的荷载—位移曲线如图 12.3-5 和图 12.3-6 所示，达到稳定承载力极限时结构的变形如图 12.3-7 和图 12.3-8 所示。从计算结果可以看出，恒荷载＋

X 向风荷载组合下的整体稳定性系数为 12.5，恒荷载＋Y 向风荷载组合下的整体稳定性系数为 6.6，均满足《空间网格结构技术规程》JGJ 7—2010 整体稳定性系数 $K = 4.2$ 的规定。由于 A3 区拱顶偏 A4 区范围结构高度最小，平面外宽度最窄，结构刚度最薄弱，因此恒荷载＋Y 向风荷载模型的整体稳定性系数较小。

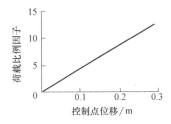

图 12.3-5 恒荷载＋X 向风荷载控制点荷载—位移曲线

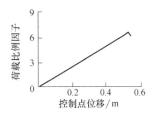

图 12.3-6 恒荷载＋Y 向风荷载控制点荷载—位移曲线

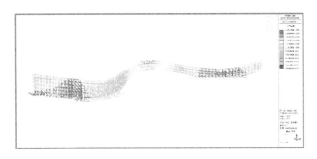

图 12.3-7 恒荷载＋X 向风荷载极限承载力下变形

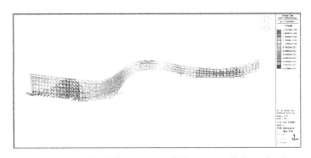

图 12.3-8 恒荷载＋Y 向风荷载极限承载力下变形

12.3.2 全装配模块化设计

1. 结构模块拆分及优化

设计单位在初设阶段就和钢结构制作安装单位密切合作，准确分析道路运输条件，对模块单元的划分进行优化（参见图 12.2-1）。

（1）竖向拆分

对受力以轴力为主的落地区桁架（A1 区、A2 区、A4 区），提出竖向切分大小预制模块单元、混合装配的优化设计技术（图 12.3-9）。对竖向切分后仍不满足运输条件的模块，进一步切分，并对切分方式进行对比优化。

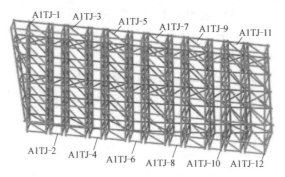

图 12.3-9　竖向切分方案示意

以 A2 区落地塔架为例（图 12.3-10），沿厚度方向的初始切分方案为前、后双塔架，构件加工和现场螺栓安装量都较大，现场施工时间长。优化后，用足运输道路宽度，改为后侧单斜杆背撑加前塔架，螺栓安装量大大减少，现场施工时间明显缩短。实现了在最大限度运输条件许可下，模块数量和尺寸最优，结构受力合理性最优，现场螺栓拆装数量最少的整体结构组装方案。

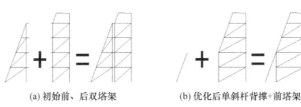

(a) 初始前、后双塔架　　　　　(b) 优化后单斜杆背撑+前塔架

图 12.3-10　落地区塔架优化

（2）水平向拆分

对以弯曲受力为主的拱曲桁架区和悬挑区（A3 区、A5 区），提出了水平向类似彩虹条的切分方案（图 12.3-11）。A3 区大部分和 A5 区在水平向设计为三跨立体桁架，采用受力最大的上、下边跨设为水平向立体桁架模块单元，中跨腹杆设计为散件的拼装方案。A3 区靠近 A2 区部分在水平向有四跨立体桁架，切分时中部增加一榀水平二维桁架，上、下边跨及腹杆处理同前。A3 区大跨拱桁架的两端落地点，各设置 3 跨竖向桁架的拱脚加强段，单独处理（图 12.3-12）。

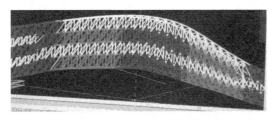

图 12.3-11　水平向切分方案示意

图 12.3-12　拱脚加强段示意

2. 模块化基础

一般工程项目基础都是现场完成，模块化的基础设计是一种非常特殊的基础形式。本项目的基础就是全装配化基础，采用交叉型钢梁系分布式基础体系。基础同样拆分为多个结构单元模块（图 12.3-13），与地基之间无附加固定措施。基础拆分与上部结构拆分方

案配合，共分为 8 个基础模块和 7 个现场连接单元，上部结构单元的下端钢管与工字钢基础梁上的钢管短柱用法兰盘连接。现场连接单元在上部结构安装完成后再进行紧固件连接，起到类似后浇带的作用，避免由于不均匀沉降造成过大的附加应力。

A2JC-8
A2JC-7
A2JC-6
A2JC-1
A2JC-5
A2JC-2
A2JC-3
A2JC-4

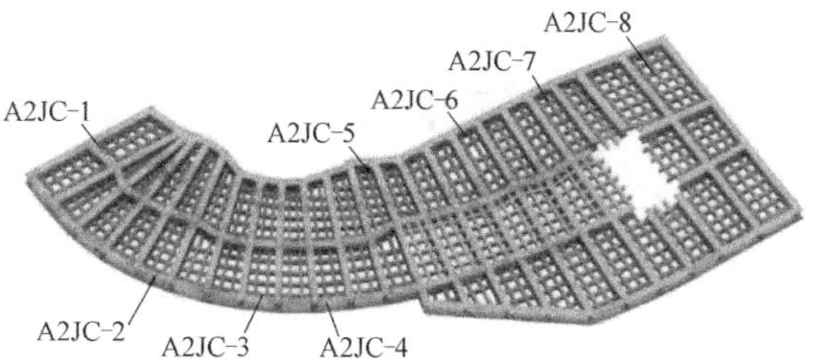

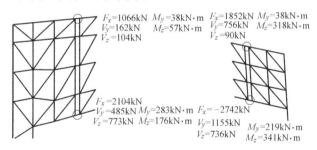

图 12.3-13　基础结构单元拆分示意

3. 全螺栓连接节点

本项目在技术上要求所有的现场作业只能采用螺栓连接，且要求结构能反复拆装，所以螺栓及连接副接触面不做特殊处理，仅初拧时用手工拧紧。现场全螺栓连接不仅对部件和单元的加工安装精度要求高，还直接关系到结构整体安全性。

（1）典型连接方式

为便于运输和现场安装，本项目大拼装单元的切分位置不是选择将腹杆切断，而是每个拼装单元自身均有完整的竖向杆件，通过双竖杆间短牛腿法兰盘连接，相当于双竖杆与水平法兰形成平行弦桁架。因而法兰盘节点除受轴力外，还有较大的弯矩和剪力，极大地增加了节点的设计难度。其中内力最大的法兰拼装节点为 A3 区双侧拱脚部位，如图 12.3-14 所示。由构件弯矩和轴力算出每个螺栓的轴力，由构件剪力算出每个螺栓的剪力，再验算法兰同时受剪和受拉的承载力。

Fx=1066kN My=38kN·m
Vy=162kN Mz=57kN·m
Vz=104kN
Fx=1852kN My=38kN·m
Vy=756kN Mz=318kN·m
Vz=90kN
Fx=2104kN
Vy=485kN My=283kN·m
Vz=773kN Mz=176kN·m
Fx=−2742kN
Vy=1155kN
Vz=736kN
My=219kN·m
Mz=341kN·m

图 12.3-14　拱脚部位拼装节点内力

（2）特殊节点

类似 A3 区拱脚加强段这种关键节点，法兰连接需要的螺栓数量多，过大的法兰盘将凸出幕墙表皮。经过多种方案比较和尝试，最后改为十字插板螺栓连接节点。但排布螺栓时发现插板尺寸过长，又与旁边斜腹杆的节点板发生冲突。最终通过将十字插板节点旋转 45°避让的方式解决（图 12.3-15）。

4. 预拼装技术

为有效控制安装误差，一方面是和钢结构制作安装单位密切合作；另一方面，通过预拼装合理调整施工工序，测试拼装程序。例如，在郊区场地预拼装时，施工按照 A1～A5 区顺次拼装，虽容易对孔但累积误差较大。积累第一次的拼装经验后，在天安门广场拼装时，调整为先拼装 A1、A2、A4 三个落地区，后拼装 A3 起拱区和 A5 悬挑区。施工顺序的优化，有效减小了结构整体拼装变形。通过预拼装，总结实践经验，在落地区的几个特定位置将某一榀独立塔架调整为没有竖杆只有散件腹杆并最后安装，为可能产生的施工误差预留调节余地。

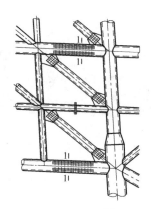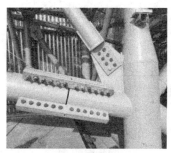

(施工单位供图)

图 12.3-15　十字插板节点示意

　　此外，预拼装还磨合了各部件之间的连接及缝隙，进行变形预估，优化拼装技术，保证正式拼装取得良好效果。

12.4　地基基础设计

12.4.1　抗倾覆与抗滑移分析

　　由于天安门广场建设条件不允许破坏广场现状地面，"红飘带"景观只能单摆浮搁在地面上，相当于基础没有埋深，因此基础采用交叉型钢梁系分布式基础。基础梁采用焊接工字钢，基础钢梁尺寸为 H1000×495×20×30（mm）、H400×200×8×13（mm）。

　　由于基础无埋深，因此抗倾覆和抗滑移分析特殊且尤其重要。本工程通过合理布置基础配重（图 12.4-1），抵抗上部结构的倾覆弯矩；利用基础梁与地面的摩擦力，抵抗风荷载引起的结构底部水平推力和曲拱拱脚水平推力，解决滑移问题。

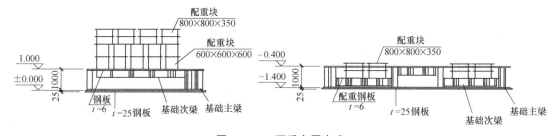

图 12.4-1　配重布置方式

1. 抗倾覆分析

根据《建筑地基基础设计规范》GB 50007—2011 第 6.7.5 条：

G（恒荷载）$/N$（风荷载）$\geqslant 1.6$

计算得到：

A1 部位　G（恒荷载）$/N$（风荷载）$=1.85$

A2 部位　G（恒荷载）$/N$（风荷载）$=1.92$

B 区　　　G（恒荷载）/N（风荷载）=1.83

各部位的计算结果均大于 1.6，满足规范抗倾覆的要求。

2. 抗滑移分析

根据《建筑地基基础设计规范》GB 50007—2011 第 6.7.5 条：

G（恒荷载）×μ（摩擦系数）/F（风荷载）≥1.4

花坛绿地内：基础钢梁与地面摩擦系数取 0.35

花岗岩地面：基础钢梁与地面摩擦系数取 0.30

计算得到：

A1 部位　G（恒荷载）×μ（摩擦系数）/F（风荷载）=1.51

A2 部位　G（恒荷载）×μ（摩擦系数）/F（风荷载）=1.75

B 区　　　G（恒荷载）×μ（摩擦系数）/F（风荷载）=1.58

各部位的计算结果均大于 1.4，满足规范抗滑移的要求。

12.4.2　地基刚度不均匀影响

由于特殊条件限制，场地无法进行地质勘测，只能在无地勘情况下进行设计。设计时参考邻近项目地勘资料，对场地土质进行分析，对可能的土层进行初步筛选。然后，根据概率原理确定土层压缩模量变化范围，从而确定基础变形范围，并通过包络的方法进行结构设计。

"红飘带"景观一部分放置在草坪上，一部分直接放置在广场地面砖上，地基差异大，容易造成基础变形差大的情况。针对基础变形差大的解决方案有两类：一是通过调整上部结构布置或调整基础布置等手段，减少沉降差；二是上部结构设计时就考虑大沉降差带来的附加内力，即结构能承受较大的变形。

本工程基础布置于广场砖和绿地交界处，二者软硬不同，存在地基刚度突变，上部结构外部条件较为严苛，无法通过协调两种软硬不均匀地基来减小沉降差。因此，本项目的基础设计采用了"基于概率可靠度理论的地基变形与上部结构内力分析方法"。首先，通过邻近场地的地勘资料，总结统计出概率较高的土层，按不同的弹性模量（填土 E_{s1}=3~8MPa，黏性土 E_{s2}=5~15MPa）进行土层组合，共分为 6 种土层条件进行分析计算。然后，在得出不同土层条件下交界区域的支座刚度、沉降量等数据后，按最不利沉降值进行包络设计，重新定义结构边界条件，验算调整结构设计。

项目原本还提出了预变形的方案，以达到减小沉降差的目的，但后期由于进场施工时间限制，无法提前布置配重预压变形。因此，设计进一步调整为局部修改上部结构，将软硬地基交界处的桁架腹杆连接设计成滑动节点。同时，参考一维固结理论，对土体的沉降及固结度进行估算，得出草坪和广场砖交界处可能产生的沉降差。从而确定滑动节点长圆孔的尺寸，保证在适应相邻拼装模块发生沉降变形差的同时又不影响使用。项目实现了在适应相邻拼装模块单元地基条件明显不同且不甚明确条件下，结构整体的合理设计。

12.5　评议与讨论

"红飘带"景观工程是中华人民共和国成立 70 周年庆典天安门广场上最重要的景观项

目。项目具有非常重要的政治意义，有关部门提出了"精精益求精，万万无一失"的工程质量要求，同时也提出了非常苛刻的建设限制条件。如何平衡极高的工程质量要求与苛刻的建设条件限制是该项目的核心难点，没有规范和先例可参考借鉴，需要设计人员从设计原理上来把握。

设计面临多种特殊条件限定：现场不能焊接；单个模块运输高度不能超 2.5m；广场砖区不能开挖；草坪区挖深不能超过 1.4m；不允许进行地质勘探；施工全周期不能超过 2 个月等。结构设计针对性地采用了如下解决方案。

1. 全螺栓装配式钢结构设计与节点研发

为满足现场不能焊接、运输条件苛刻和极短的施工周期要求，采用多种组件划分方式设计结构模块单元，在保证结构安全的前提下，满足单个模块的运输要求。此外，创新研发具有专利的法兰盘节点和特殊十字插板节点，实现快速全螺栓装配方案。

2. 创新性提出并采用"基于概率可靠度理论的地基变形与上部结构内力分析方法"

由于现场地质条件复杂，且不允许进行地质勘查，设计人员依据概率可靠度理论对现有的地质条件进行排列组合，分析可能发生的最不利支座变形。然后，用该变形调整上部结构计算的边界条件，验算修改上部结构设计，从而得到科学可靠的设计结果。设计采用这种开创性的方式，在场地地质特性差异大，且不能进行勘察的客观条件限制下，达到了"万万无一失"的要求。

3. 无埋深基础抗倾覆滑移设计

由于现场条件限制，无法设置永久基础，临时基础的埋深条件也非常不利，不仅深度无法保证，宽度也有非常严格的限制。经多方案对比，最终设计采用双向交叉钢梁和配重解决结构的抗倾覆与滑移问题。

在项目工期极短、现场条件苛刻等诸多不利于设计和施工的限制条件下，不仅进行了常规结构设计，还从施工建造、设备安装、工艺条件等多角度进行了全过程结构设计，实现了复杂工程的设计协同。最终在各方协同配合下，项目顺利建成，在庆典中完美实现了景观效果，展现了我国建筑工程设计与建造的实力。

附：设计条件

1. 自然条件

（1）风荷载

风荷载标准值按 0.3kN/m^2（重现期 10 年）进行结构变形控制；按 0.45kN/m^2（重现期 50 年）进行强度和稳定性设计、整体抗倾覆验算。风荷载体型系数及风振系数均按风洞试验结果取用。

（2）雪荷载

由于本项目为临时性景观建筑，不考虑雪荷载。

（3）地震作用

由于本项目为临时性景观建筑，不考虑地震作用。

2. 结构布置及主要构件尺寸

主体结构采用空间钢管桁架体系，桁架钢管采用直焊管和无缝钢管，均使用 Q355B 级钢。主要结构构件规格（单位为 mm）：桁架弦杆 $\phi219\times10$、$\phi299\times16$、

$\phi 400 \times 16$，腹杆 $\phi 159 \times 6$、$\phi 180 \times 8$。

结构三维图如图 1 所示，局部安装立面图如图 2 所示。

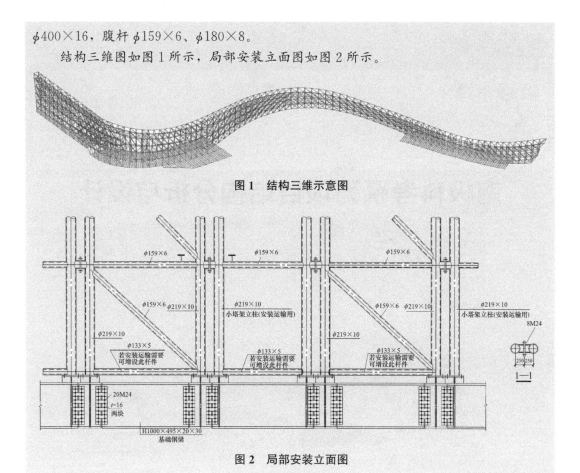

图 1   结构三维示意图

图 2   局部安装立面图

第13章

南极科考系列项目结构分析与设计

长城站全景

中山站全景

结构设计团队：

陈　宏　贺小岗　罗云兵　任宝双　房轻舟　刘　湘　王晓鹏

昆仑站全景

泰山站全景

13.1　项目整体概况

自 20 世纪 80 年代以来，我国已成功实施了 38 次南极科学考察，在南极建立了长城站、中山站、昆仑站和泰山站，拥有两艘雪龙号破冰船，形成两船四站的考察模式。

2000 年以来，清华大学建筑设计研究院（以下简称清华设计院）陆续参与设计了多个南极科考站点的设计建设，在全装配式钢结构设计上进行了非常有意义的探索。

13.1.1　长城站建筑概况

中国南极长城站始建于 1985 年 2 月 20 日，位于西南极洲南设得兰群岛的乔治王岛上。长城站经过 20 多年的使用，原有建筑破损严重，清华设计院承担了长城站"十五"能力建设施工图设计。目前主要使用的均是清华设计院设计的新建筑（图 13.1-1）。

图 13.1-1　中国南极长城站"十五"能力建设后的站区新貌

13.1.2　中山站建筑概况

中山站始建于 1989 年 2 月 26 日，位于东南极大陆拉斯曼丘陵。清华设计院承担了中山站"十五""十一五"能力建设施工图设计。目前主要使用的均是清华设计院设计的新建筑（图 13.1-2）。

13.1.3　昆仑站建筑概况

"十一五"期间，中国南极考察队在南极冰盖的最高点建立了我国第一个南极内陆考察站——昆仑站，成为我国南极考察史上又一个里程碑。昆仑站位于南极内陆冰穹 A 地区，一期工程建成于 2009 年 2 月 17 日。在南极内陆地区建立新的科学考察站，对我国深入开展南极科学研究非常必要，特别是经国务院批准的极地考察"十五"能力建设项目的

图 13.1-2　中国南极中山站"十五"能力建设后的站区新貌

全面实施更创造了必要的条件。建立第一个南极内陆科学考察站对于提升我国南极科学考察水平，争取和维护我国的权益具有战略意义，就我国的科技、经济发展实力而言，建立新的南极科学考察站也是有保障的（图 13.1-3）。昆仑站全部由清华设计院负责设计。

图 13.1-3　中国南极昆仑站施工现场（吊装工程舱）

13.1.4　南极项目特殊建设条件

1. 施工周期短

由于南极地区的特殊自然条件，结构主体施工只能在短暂的夏季进行。复杂的气候条件进一步影响了可施工的时间，使得南极建筑的建设窗口期非常短，例如气候最恶劣的昆仑站一年中可施工周期仅为 1 月下旬至 2 月底，约 30～40d。因此整体建筑的建造周期很长，如不能按期完工会造成不可弥补的损失。

2. 运输与装卸难度大

每年施工用的结构材料均需要一次性从南极洲以外的地区运入，成本很高，很难补充，无法替换。由于南极地区的卸货及吊装能力有限，夏季冰面运输又有一定的风险性，因此建材的重量、尺寸都受到严格的限制，以避免造成物资无法卸货，导致影响整个建造过程。

由于场地为高海拔，低温缺氧，地面人员、物资运输耗费时间较长，还必须设置中继站。此外，如果遇到恶劣情况，陡坡地形，雪地车无法运送，还需要采取直升机吊装。因此设计师需要复核整条线路上的运输条件，保证建造的可行性。

对于新建的考察站，由于现场没有居住条件，一般采用搭帐篷或移动式宿舍、移动式卫生间等，这部分临时用品也会占去较大的运载能力。

3. 现场施工人员与设备缺乏

（1）施工设备缺乏

比如长城站在"十五"能力建设期间，配备了一台 16t 的起重机，最大悬臂 12m 时的起重量仅为 800kg，因此，对设计中所有建筑构件的重量都有控制。并且，长城站的起重机是周围外国考察站最常借用的设备，使用时长也受到了限制。

由于吊装能力的制约，其他国家考察站一直采用单层建筑。对于无法采用大型吊装机械的情况，还需要考虑人力的搬运预案。

（2）施工人员缺乏

由于每次考察队派出的队员总数都有限制，这使得施工人员的数量有限并且很多是非专业人员。如长城站在 2007—2008 年度需要建设 1700m² 共 5 栋建筑，施工人员只有 16 人，必须每天 3 班，24h 施工。

4. 现场气候条件恶劣

南极大陆气候条件恶劣，沿海站点强风天气频发，内陆站点气温很低，海拔高。例如中山站（沿海站点）受来自大陆冰盖的下降风影响，强风（指 8 级以上大风，8 级风速是 17.2~20.7m/s）天气天数达 171d；极大风速为 48.3m/s，相当于 15 级强台风（3 级飓风），破坏力巨大。昆仑站（内陆站点）场区气温很低，最高气温也仅略高于−20℃，海拔超过 4000m。气温低、海拔高，这两项对施工影响很大。

13.2　南极项目建造特点

特殊的建设条件的限制决定了南极建筑结构设计和施工具有如下特点。

13.2.1　结构布置考虑抗风抗寒要求

南极项目多为单层建筑或 2~3 层的低层建筑。一方面便于安装，控制吊装量；另一方面，建筑物体型、高度选择均考虑减小风阻，总图布置时也应避免产生过大的局部风速。

建筑底部尽量架空处理。在积雪可能堆积区域，除个别建筑因为使用功能要求无法架空外（例如车库），其余建筑首层均应采用架空处理，避免出现雪坝。当建筑物底部架空时，架空部分钢结构与上部钢结构需做冷热断桥处理，连接节点同时还要满足结构强度、刚度及耐久性要求，可参考采用耐低温的隔震橡胶支座。

为便于安装内置集装箱单元，结构体系采用了钢框架。在设计时加强整体抗侧向刚度，尤其是越冬期间考察队员生活或办公的用房。避免因极端风速情况下，结构产生过大水平变形或晃动，使越冬人员产生恐惧心理。

13.2.2 全装配式结构体系

严苛的建造条件和建设周期要求，使南极项目的设计更接近"工业化产品"设计，即采用全装配式结构体系。

从设备及人员条件来说，南极项目要求结构施工周期短，重量轻、便于运输，部件尽量集成，简化工序便于安装操作，部品部件尽量标准化。因此，清华设计院的南极项目主要采用了装配式钢结构主体＋内置集装箱组装单元的结构形式，尽量提高结构构件的装配化率，减少现场的作业量。各国的南极科考站基本采用类似的设计思路，以全装配的钢结构或木结构为主，集装箱式建筑也是应用较多的结构形式。

从设计角度来说，应使用高强材料，减小结构自重；归并构件型号，减少规格，便于混用替换。

从安装角度来说，钢结构节点主要采用拼装连接节点，采用螺栓连接，尽量不采用现场焊接节点。主体钢结构在国内进行预拼装，装配成功后，再装船运输至南极大陆，避免因为个别构件无法满足安装要求，造成整个工期延误。

13.2.3 基础设计处理

南极建筑按所在场地分为两类，一类是沿海陆地区域，另一类是永久冰盖区域。中国南极长城站和中山站位于沿海陆地区域，长城站场地土主要为砂卵石层，中山站场地一般基岩裸露或基岩埋深较浅。昆仑站位于内陆冰盖上，施工现场如图 13.2-1 和图 13.2-2 所示。

图 13.2-1　昆仑站施工现场一

图 13.2-2　昆仑站施工现场二

首先，依据装配式的设计思路，基础设计宜优先采用预制独立基础。冰盖上建筑可直接在压实的冰面上设置预制钢靴基础（图 13.2-3）。

其次，要考虑在极端风荷载作用下，基础能抵抗柱底出现的上拔力。自然条件允许的情况下，在裸露基岩区域可设置抗拔锚杆（图 13.2-4）。但绝大部分情况下，应通过自重及配重抵抗上拔力，当不满足时应调整结构设计，减小建造的难度。

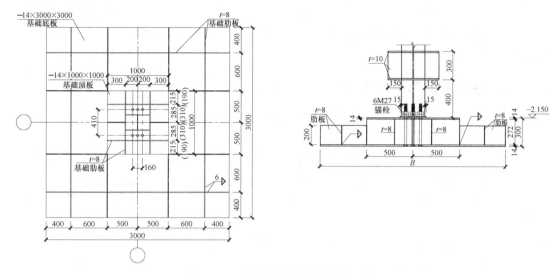

图 13.2-3　昆仑站预制钢靴基础示意

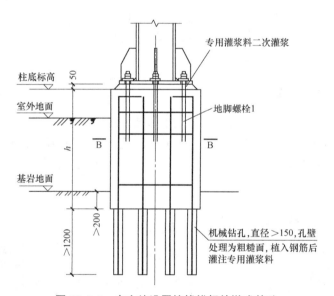

图 13.2-4　中山站设置抗拔锚杆的墩式基础

13.2.4　标准集装箱单元应用探讨

清华设计院项目大部分内部房间均采用了标准集装箱单元组装，钢结构设计兼顾主体钢结构、集装箱单元以及外围护结构的流水安装。

集装箱内部平面面积约为 $14m^2$，按照房间的功能需求，可在工厂加工成功能模块，包括宿舍、办公室、卫生间、楼梯等模块。运输到施工现场后，通过螺栓连接将各单元与主体结构固定，作为建筑室内部分。

标准集装箱单元有着良好的承载能力和很好的抗侧刚度，尤其是集装箱底板结构，非常坚固，也可以考虑充分地利用。例如，部分集装箱可以单独作为结构固定在高架平台上，自身承受水平荷载和竖向荷载，这在各国的极地建筑中都有大量运用，例如我国的长城站气象栋（图 13.2-5）、印度巴拉蒂站（图 13.2-6）、德国纽梅尔三站（图 13.2-7）等。

标准集装箱单元的设计更接近工业产品设计，内部空间利用可以更为精细，质量可控，可靠度高，安装运输的便捷性高，符合极地建筑特点，是一种高效的建筑形式，有进一步向纵深化发展的空间。

图 13.2-5 中国长城站气象栋

图 13.2-6 印度巴拉蒂站
（图片源于网络）

图 13.2-7 德国纽梅尔三站
（图片源于网络）

13.3 评议与讨论

自 20 世纪 80 年代以来，我国已成功实施了 38 次南极科学考察，在南极建立了长城站、中山站、昆仑站和泰山站，拥有两艘雪龙号破冰船，形成两船四站的考察模式。作为政治、国土和人口大国，我国正在实现从南极科学考察大国向南极科学考察强国的转变，这一转变必将体现我国在南极的实质性存在，提升我国在南极的综合权益和地位。

极地建设项目具有以下特殊性。

13.3.1　如何在苛刻建设条件下建造高可靠度建筑

（1）极地建筑面临多种严酷的自然条件，如低温严寒、大风积雪等。常规建筑材料、建设方法无法适应极端气候，因此在结构选型选材上做了非常深入的探讨研究。特种钢结构是目前可实施性较好的选择。

（2）极地建筑因建设条件限制较大，适宜建设的时间窗口短，现场机械、人员缺乏，需要从设计开始就对建造方案进行通盘考量，从结构形式、运输形式到施工安装，需全面细致地规划，制订整体方案。

（3）极地建筑对可靠度的要求更高。极地建筑作为严苛自然环境下人类生存的基本保障，对可靠度的要求是不言而喻的。但同时，极地建筑又没有规范和先例可参考借鉴，因此设计建造全过程都应经过预演，反复测试、排除隐患。由于运输时间与距离的原因，一旦出现设计失误将造成难以弥补的损失。

13.3.2　以模块化全装配式钢结构作为极地建筑的基本形式

（1）建筑以工业产品设计为蓝本，深入探讨模块化设计与安装方案。通过细致的研发，将建筑单元高度集成，形成标准化模块，尽量统一结构材料规格，达到备件可替换，整体结构标准化；对连接方式和连接件形式进行改进，减少焊接等专业性操作，整体安装简单化；减少结构施工工序，减少对特殊施工机械的依赖，整体建设轻量化。

（2）特殊建设条件下的基础设计。针对特殊建筑条件，采用预制基础形式，减少现场作业。同时关注新材料的研发应用，希望能在防冻灌浆料等特殊材料上有所突破，从而使基础的建造方式更加灵活、简便。

（3）针对高可靠度要求，实行极地建筑预装配，建立系统的预装测试流程，保证设计成果的可实施性与安全性。结合实际条件，派驻结构工程师赴南极现场，一方面解决突发性问题，保证项目建设；同时，进一步收集资料数据，进行多种尝试，不断改进优化。

通过几十年的建站经验和持续的技术研发，清华设计院在极地建筑领域积累了宝贵的经验。在项目苛刻的限制条件下，成功进行了全过程结构设计，展现了我国在极端环境下的建设能力，丰富了我国建设领域类型，拓展了建筑的边界，也为未来建筑发展进行了有益的探索。

天安门广场"红飘带"景观工程与南极科考系列项目，这两个项目具有很多相似的地方，本质上都是在外部严苛条件限制下进行的结构设计建造。以目前的技术来说，全装配式模块化钢结构是最合理的选择之一。

全装配式模块化钢结构也是建筑标准化、工业化发展的重要方向之一。钢结构具有工业产品属性，模块化钢结构在经过标准化处理后，是完全能够达成参数化工业产品生产模式的。精准的质量控制和简便的安装、维护将成为此类建设方案的优势。目前，多数钢结构标准化建设模块仍处于前期研发阶段，模块的标准化程度高，可能使单纯的材料用量指标会有所增加，但在应用推广且实现量产后，整体生产成本会降低，经济性将有较大提升。

附：设计条件

1. 自然条件（以中山站科研楼为例）

（1）风荷载

基本风荷载为 $1.6\mathrm{kN/m^2}$，地面粗糙度为 A 类。

（2）雪荷载

基本雪荷载为 $1.0\mathrm{kN/m^2}$。

（3）地震作用

不考虑地震作用。

2. 结构布置及主要构件尺寸

典型结构平面布置如图1所示。

主体结构采用钢框架结构体系，大部分工字钢柱为长向弱轴布置、短向强轴布置，角部钢柱强、弱轴布置转换，保证框架结构两个方向结构刚度相近。边跨框架梁与钢柱弱轴相连时采用铰接，其余情况钢柱与钢梁连接均采用刚接。钢材均采用 E 级钢。钢框柱主要截面（单位：mm）采用工300×300×10×16、工350×300×10×16、工250×250×8×12；框架梁主要截面（单位：mm）采用工400×200×8×12、工500×200×10×16、工500×200×8×12 和工300×200×8×12。

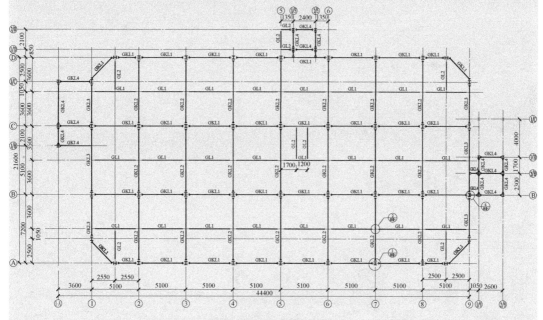

图 1　典型结构平面布置

第14章

北京建筑大学新校区土交、测绘学院及结构实验室工程结构设计

2019 年度全国优秀工程勘察设计行业奖一等奖

2019 年度教育部优秀设计奖二等奖

结构设计团队：

李征宇　陈　宏　张雪辉　房轻舟

14.1 工程概况

14.1.1 建筑概况

北京建筑大学土木与交通工程学院（简称土交学院）、测绘与城市空间信息学院（简称测绘学院）及结构实验室建设项目位于北京市大兴区北京建筑大学新校区内，总建筑面积约 22409m², 项目包括土交学院办公实验楼、测绘学院办公实验楼、建材实验室和结构实验室。各单体结构概况见表 14.1-1，项目平面图如图 14.1-1 所示。

单体结构概况　　　　　　　　　　　　表 14.1-1

项目	层数	平面尺寸/m	结构高度/m	结构类型
土交学院	5层/地下1层	98.1×15.2(18.2)	21.6	框架-抗震墙
测绘学院	5层/地下1层	72.6×15.2(18.2)	21.6	框架-抗震墙
建材实验室	4层/地下1层	25.2×18.2	21.6	框架结构
结构实验室	1层/地下1层	68.2×33.0	27.5	框排架结构

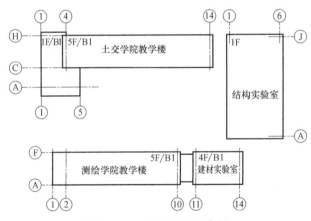

图 14.1-1　项目平面示意图

项目实景如图 14.1-2 所示，图 14.1-3 为测绘学院西侧 3～5 层大悬挑实景。

图 14.1-2　项目实景

图 14.1-3　测绘学院西侧悬挑实景

土交学院办公楼平面如图 14.1-4 所示；测绘学院办公楼平、剖面图如图 14.1-5～图 14.1-7 所示；结构实验室平、剖面图如图 14.1-8 所示，其中图 14.1-8（a）中示意了实验室反力墙和振动台布置。结构实验室西侧和南侧各布置 2 道反力墙，尺寸为 19.6m（长）×3.8m（宽）×18m（高）；振动台基础尺寸为 63.2m×28.0m。

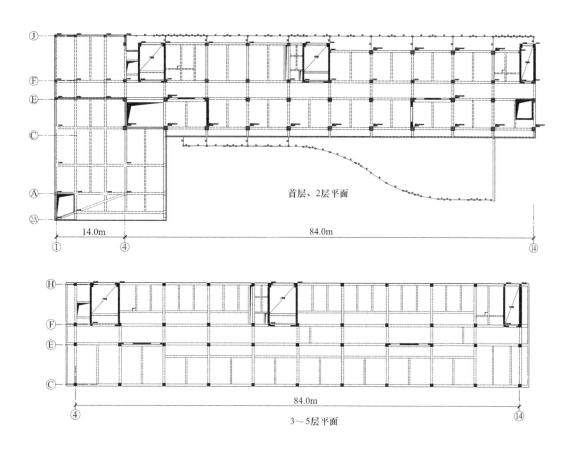

图 14.1-4　土交学院平面示意图

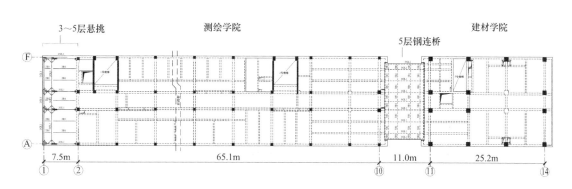

图 14.1-5　测绘学院平面示意图

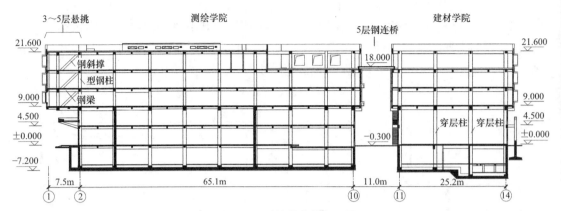

图 14.1-6　测绘学院纵剖面图

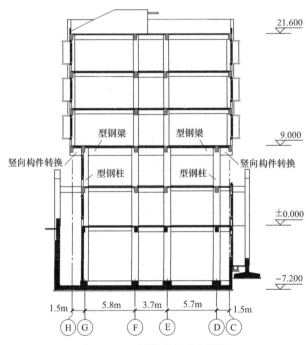

图 14.1-7　测绘学院横剖面图

14.1.2　建筑特点与特殊需求

1. 土交、测绘学院竖向构件不连续

土交、测绘学院1～4层建筑功能为教室、实验室，5层为教室、办公、会议室，地下一层为各类实验室。建筑轮廓为长方形，东西长约75m，建筑南北立面在2层顶板（9.000m标高）做了出挑，其中基础至2层顶建筑南北向宽15.2m，从2层顶板至屋面，结构南北立面各外挑1.5m，建筑宽度调整为18.2m。由于3～5层为教室、实验室，外侧结构框架柱无法延伸至屋面，否则将影响教室的正常使用，应在2层顶板进行转换（参见图14.1-7），转换框架柱约占总数的40%～50%。

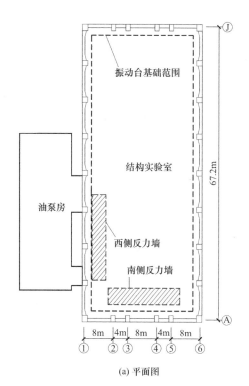

(a) 平面图

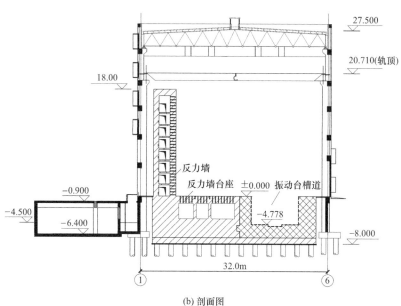

(b) 剖面图

图 14.1-8　结构实验室平面及剖面图

由于建筑南北均为教室和实验室,除楼梯间外,南北外立面均无法设置抗震墙。

2. 测绘学院西侧大悬挑

测绘学院西侧端部从 3~5 层向外侧悬挑 7.5m,悬挑的 3 层结构建筑功能为教室,结构体系应保证教室空间及开窗、开门等建筑功能。

3. 测绘学院和建材实验室间弱连接体

测绘学院和建材实验室屋顶为学生测绘实习场地，为了有足够的活动区域，屋面设钢连桥将两个单体相连接（参见图 14.1-6），连桥跨度 11m，宽 15.9m。

4. 结构实验室

结构实验室为单层结构，周边采用现浇混凝土框架结构，屋面采用平板网架。实验室内设置两道 18m 高反力墙。为了能够进行大型地震模拟试验，实验室设置了振动台。地震模拟振动台台振系统不仅可以分开独立进行试验，还可以组成大型振动台阵，进行大尺寸、多跨、多点激励等抗震结构试验。北京建筑大学结构实验室设计了振动台阵由 4 台 5m×5m 三向六自由度地震模拟，台面自重 40t，最大负载 55t，最大倾覆力矩 120t·m，最大偏心 1m，工作频率范围 0～100Hz，最大水平位移 0.8m，垂直向 0.4m，水平最大加速度 1.5g，垂直 1.2g。振动台采用实体式双槽道基础，槽道与反力墙及台座整浇，各个振动台可以根据试验要求在槽道中移动。为了保证振动台阵的工作，振动台基础应具有足够的质量、阻尼和刚度，同时不能对周边测绘学院产生不利的影响。

14.2　结构体系与特点

14.2.1　主要结构体系

土交、测绘学院地上 5 层，地下 1 层，结构类型采用框架-抗震墙结构，由于较多框架柱在 2 层顶进行转换，框架结构抗震等级提至二级，抗震墙为二级。建材实验室地上 4 层，地下 1 层，结构类型为框架结构，框架抗震等级为二级。结构实验室地上 1 层，结构高度超过 24m，结构框排架抗震等级为一级。屋面网架采用平板网架，上弦层结构找坡，网架板厚 2.0～2.8m，网格采用正放四角锥，螺栓球节点。

14.2.2　结构特点

1. 结构竖向构件不连续

竖向构件的不连续会导致结构出现薄弱层，特别是转换的框架柱均位于南北两侧，也导致结构的扭转效应变大。转换的位置较高时（2 层顶），转换梁的刚度较大，应通过结构布置和构件截面的调整，使结构抗侧刚度和层间受剪承载力变化合理，避免薄弱层、薄弱部位的出现。

2. 测绘学院西侧大悬挑

大悬挑往往造成结构扭转效应和竖向地震作用效应明显增大，对抗震不利。结构设计应从结构布置、计算和构造多方面采取相应的措施，加强悬挑结构的刚度和安全性（图 14.2-1）。

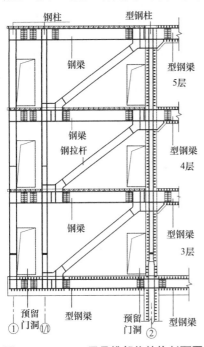

图 14.2-1　3～5 层悬挑部位结构剖面图

3. 测绘学院和建材实验室屋面连桥

连接体两侧的结构体系不一致，西侧为框架-抗震墙结构，东侧为框架结构，两侧结构变形和刚度有较大差别。

4. 结构实验室振动台基础设计

目前，对地震模拟振动台基础结构设计尚无规范方法，主要参考《动力机器基础设计标准》GB 50040—2020 提供的设计方法，该方法主要针对规则形状的振动设备基础，基础尺寸一般在 15～25m。本工程振动台基础为双槽道，槽道长 60m 以上（图 14.2-2），基础角部设置反力墙及台座，按理想集总参数法简化模型计算与实际结构情况相差较远。根据已建成的各大型振动台经验，对于双台阵异形动力基础，采用了标准设计方法和有限元模拟两种方法分析，通过分析振动基础的动力特性、加速度响应和地表振动衰减情况，并参照两种方法的结果进行振动台基础和实验室主体结构的设计。

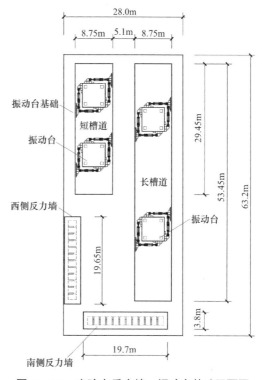

图 14.2-2 实验室反力墙、振动台基础平面图

14.2.3 结构设计思路

1. 结构竖向构件不连续的设计

竖向框架柱在 2 层顶转换，下部框架柱采用型钢混凝土柱，为了尽可能地减小转换梁高，不影响外立面效果，转换梁采用型钢梁（参见图 14.1-6），上部框架柱采用普通混凝土柱。其中，测绘学院②/Ⓐ轴和②/Ⓕ轴框架柱在 8.950m 转换后尚需向外悬挑 7.5m，为了保证局部构件的传力可靠，转换后上部框架柱采用型钢柱，方便与悬挑钢梁、钢斜撑连接（图 14.2-3），确保荷载可靠传递。转换层楼板厚度加大至 150mm，加强结构的整体性。

建筑外立面的造型导致竖向构件转换，为了克服给结构带来的不利影响，首先，对抗

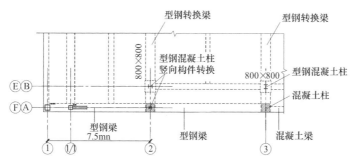

图 14.2-3 ②/Ⓐ轴转换构件特殊处理

震墙的布置要进行调整，确保抗震墙布置合理。经与建筑专业沟通，在设置抗震墙的楼梯间保持外立面不出挑，避免竖向抗震墙外挑或收进布置。其次，对能设置抗震墙的部位（楼梯间、走廊两侧隔墙）进行多种布置方案的比较和优化，以使结构的扭转效应最小，并通过抗震墙的刚度调整，避免出现薄弱层。对于转换层对应的地震作用标准值剪力应放大 1.25 倍进行抗震分析。

2. 测绘学院大悬挑设计

由于结构悬挑较大，采用普通现浇混凝土悬挑梁的经济性和安全性均较差，同时也不能满足建筑层高要求。悬挑房间作为教室，应保证建筑使用及隔墙门、窗的正常设置。经过比较多种结构形式，最终采用钢结构方案，以充分利用钢结构抗拉能力好、结构自重轻的特点。

沿建筑隔墙Ⓐ轴、Ⓒ轴、Ⓓ轴、Ⓕ轴布置由钢柱、梁和钢斜撑组成的斜拉体系（参见图 14.2-1）。3 层梁板受压力较大的楼层采用型钢混凝土梁，楼板加厚至 150mm；4 层、5 层采用钢梁，楼层钢次梁方向也与斜拉杆方向一致，方便传递梁板内拉力。沿①轴和⑩轴设置 2 道钢柱，避免斜撑妨碍教室前后开门。②轴框架柱采用型钢柱，方便②轴左右两侧构件连接，②轴右侧和钢梁对应的梁采用型钢梁，使斜杆水平拉力能可靠传递给右侧框架结构。

针对大悬挑导致的扭转问题，通过建筑平面的调整，将抗震墙（楼梯间）调整为紧邻大悬挑布置，可有效地减小结构的扭转效应。

悬挑结构应进行竖向地震作用分析，计算时采用正常楼板模型和零刚度板模型进行包络，以避免因楼板的存在导致钢梁、钢斜撑内力偏小，提高结构安全度。

3. 钢连桥

连体结构刚度较弱，无法协调两侧结构的变形，应采用弱连体形式。连体支座一侧采用固定铰支座，一端采用滑动支座，以克服两端结构的变形差异。

滑动支座的设置使两侧结构互不影响，可分别进行设计计算，但固定支座一侧结构进行设计时要考虑连体结构的影响，建立包括连体的完整模型进行计算分析。连体结构按单独结构进行设计，并考虑竖向地震作用。对连体结构进行罕遇地震作用下分析，根据计算结果确定固定支座水平、竖向承载能力和滑动支座最大滑移量。

14.3　振动台设计

14.3.1　振动台基础设计

地震模拟振动台基础一般按动力基础理论进行设计，基础质量为台面和负载总质量的 30～50 倍以上。振动台工作时相当于大的震源，通过较大质量的基础来降低振动，以减小振动对周边环境的影响。

振动台基础尺寸为 63.2m（长）×28m（宽）×8m（高），槽道宽 8.75m，深 4.8m（图 14.3-1），沿槽道底面和侧壁设置通长钢导轨，振动台通过导轨与基础连接，振动台可沿轨道方便地移动。

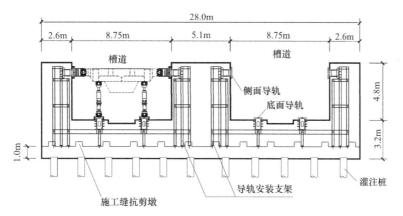

图 14.3-1　振动台槽道

振动台在基础自振频率点以下的低频段激振力主要由地基刚度抵抗；在基础自振频率点以上的高频率段（20Hz以上）激振力主要由基础的质量来抵抗。本工程基础形式采用整体式开口基础，侧壁及底板较厚，在保证基础整体刚度的同时具有较大的基底面积，可增加基础几何阻尼，减小基础共振影响。±0.000以下设备基础及反力台座质量为24716t，反力墙总质量为4583t，台面（含试件）质量与基础质量比值远大于50，在满足使用的前提下，也减小了对周边建筑的影响。

经过场地土层试算，采用桩基，地基竖向阻尼比高于天然地基24%，竖向刚度是天然地基的3.8倍，抗剪刚度、抗扭刚度为1.4倍。考虑多振动台阵受力的特殊性，地基选用桩基础方案。考虑振动台试验时基础受力情况，除提出桩的受压承载力要求外，还提出单桩水平承载力要求。按2台振动台并列使用，仅考虑振动台布置范围桩承担试验荷载，桩最大水平承载力特征值为220kN。

14.3.2　振动台基础有限元分析

振动台基础采用有限元软件ABAQUS进行模拟分析，有限元模型见图14.3-2。通过对振动台基础上各测点加速度响应分析，当加载频率在50Hz时，基础最大加速度响应不超过$5m/s^2$；当加载频率在100Hz时，基础最大加速度响应为$17m/s^2$。在各振动频率作用下，振幅随频率增大而减小，最大值均不超过1mm。

振动在土体中的传播则表现出低频影响较大、高频振动影响较小的特征。高频振动（工作频率≥20Hz）在土中衰减较快，基础15m以外基本衰减为0，而低频振动则需在35m以外。同时，振动沿槽道方向传播较远，在垂直槽道方向由于槽道侧壁、泵房的作用，传播衰减较快。周边主要建筑均在东、西侧30m外（垂直槽道方向），故振动台试验对周边建筑影响较小。

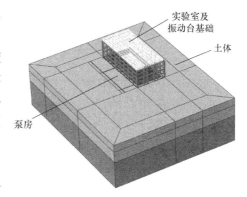

图 14.3-2　振动台基础有限元模型

图 14.3-3 所示为实验室主体框架东南侧角柱在低频和高频振动下的加速度响应，其中，工况 1、2 表示振动台在长槽道的不同位置，F31～F34 为角柱 2～5 层节点。主体结构自振周期约为 1s，基础最大响应在 1Hz 附近时达到最大，说明在此频率附近主体结构和振动台会产生共振，但最大加速度响应值仅为 0.15m/s^2，结构不会发生损坏。

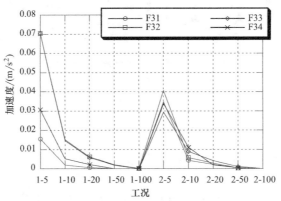

图 14.3-3   实验室主体结构加速度响应

14.3.3 预埋导轨设计

振动台基础埋件采用通长钢导轨，试验时台面作动器通过移动支座与导轨连接，台面可以根据试验要求灵活移动。

由于导轨的特殊性，《混凝土结构设计规范》GB 50010—2010 中关于预埋件的计算方法并不适用于本工程情况。为了准确计算导轨及相邻混凝土底板的受力、变形情况，采用 ABAQUS 有限元软件建立包含导轨和振动台基础的三维实体模型并进行分析（图 14.3-4、图 14.3-5），并依据分析结果进行配筋计算。

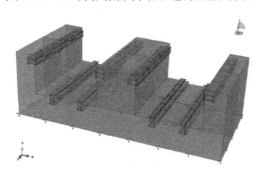

图 14.3-4   导轨及振动台基础有限元模型

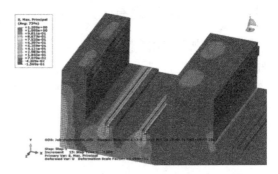

图 14.3-5   振动台混凝土最大主应力分布

14.3.4 振动台导轨加工和安装

振动台作动器出力较大，导轨截面和板件壁厚均较大，给导轨加工安装带来较大的难度。

（1）导轨加工、安装精度很高，远超钢结构施工规范的要求。导轨表面加工精度允许误差为 ±0.1mm/6m，平整度允许误差为 ±1mm/6m。

（2）导轨翼缘腹板成型焊缝、隔板焊缝全长要求全熔透焊缝，焊件最厚达110mm，焊接难度大。

（3）钢板较厚，T形焊缝处易产生层状撕裂。

（4）焊接变形较大，不易达到要求精度。

（5）构件重量较大，安装调整困难。

为了解决以上问题，经与加工单位论证，采取了以下措施。

（1）为防止T形接头焊接产生的层状撕裂，导轨钢材材质采用Q345B，沿板厚方向断面收缩率应符合Z35级要求。构件焊接完进行退火处理，以消除焊接残余应力。

（2）为保证导轨表面精度，导轨考虑焊接变形和加工误差，预留足够厚度，加工完毕再采用数控机床进行铣削，以达到精度要求（图14.3-6）。

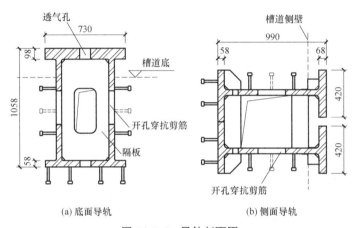

(a) 底面导轨　　　　(b) 侧面导轨

图 14.3-6　导轨剖面图

（3）为保证导轨的安装精度，专门设计了导轨安装支架（图14.3-7）。支架采用钢框架支撑形式，构件采用热轧H型钢，每榀支架间距2.4m，钢架间设置多组斜撑以保证侧向刚度。支架和钢导轨间设置微调装置，用于调整导轨精度。

14.3.5　振动台大体积混凝土施工

振动台基础浇筑混凝土厚度最小约为2m，最大为4.8m。大体积混凝土施工是施工中的重要环节，为解决大体积混凝土施工中的问题，采取以下措施。

图 14.3-7　底面导轨及导轨安装支架

（1）混凝土材料采用水化热低和凝结时间长的水泥，并掺入一定量粉煤灰、缓凝剂及高效减水剂，基础采用60d强度进行配合比设计。

（2）混凝土中添加抗裂纤维，提高混凝土抗裂性能。

（3）在局部受力较大的部位设置预应力钢筋限制裂缝。

（4）底板分2次进行浇筑，减小施工难度。

（5）加强施工中温度控制和后期养护。

14.4 评议与讨论

本项目作为高校专业教学楼，整体高度不大，但造型和功能复杂，特别是专业实验室的专业设备，有诸多震动和受力要求，这也对结构设计提出了很高的要求。

工程师对结构整体进行了详细的梳理分析，总结出项目存在的问题，并针对性地提出合理、高效的解决方案。针对竖向构建不连续、大悬挑结构、连廊连接等问题，工程师通过适当加强，采用现有技术手段，在满足功能的同时，兼顾结构安全性和经济性。

振动台基础的设计是本工程的一项特殊要点。

振动台工作时相当于大的震源，其基础设计一方面要考虑振动台自身的功能要求，另一方面还要考虑振动对周边环境，特别是建筑的影响。

（1）为减小振动台振动对周边环境的影响，可以采用增大基础质量的方式。从能量的角度来看，振动台输入的能量一定时，基础的质量越大，振动的幅度就越小，对周边的影响也就越小。地震模拟振动台基础一般按动力基础理论进行设计，通过较大质量的基础来降低振动。一般基础质量为台面和负载总质量的 30～50 倍以上。

（2）增大基础刚度也是减小振动影响的方法之一。振动台在基础自振频率点以上的高频率段（20Hz 以上）激振力主要由基础的质量来抵抗，而在基础自振频率点以下的低频段激振力主要由地基刚度抵抗。地基刚度越大，越不容易变形，也就越不容易将振动传播出去。

（3）在保证基础整体刚度的同时具有较大的基底面积，可增加基础几何阻尼，也能够减小基础共振影响。

（4）基础隔振还可以采用隔离振源的方式，比如设置隔振沟，填充隔振材料吸收振动等方式。在涉及精密仪器设备的建筑中也会出现。

本项目的振动台通过建立"土—结"相互作用有限元模型，模拟分析振动台基础的动力特性，以及振动台阵在各种工作状态下基础的动力响应，总结出振动在土体中的传播规律呈现低频振动的影响较大、高频振动影响较小的特征。虽然现行规范对土体振动影响建筑物的具体指标并没有明确规定，设计师通过类比地震作用，主要参考了土体加速度值，对实验室主体结构及周边建筑（测绘学院）的影响进行分析研究。设计方法合理、可靠，可为类似工程提供借鉴。

附：设计条件

1. 自然条件

（1）风荷载、雪荷载（表1）

风荷载、雪荷载		表1
基本风压/(kN/m²)	地面粗糙度	基本雪压/(kN/m²)
0.45(≤60m)	B 类	0.40

（2）地震作用（表2）

抗震设计参数　　　　　　　　　　　　　　　　　　　表2

抗震设防烈度	设计基本地震加速度	设计地震分组	特征周期值	建筑场地类别
8度	0.20g	第一组	0.45s	Ⅲ类

2. 设计控制参数

（1）主要控制参数（表3）

主要控制参数　　　　　　　　　　　　　　　　　　　表3

结构安全等级	二级	设计使用年限	50年
地基基础设计等级	丙级（北京三级）	防火设计等级	
抗震设防类别	标准设防类（丙类）	地下室防水等级	一级

（2）抗震等级（表4）

抗震等级　　　　　　　　　　　　　　　　　　　表4

项目	抗震墙	框架
土交学院	二级	二级
测绘学院	二级	二级
结构实验室	—	一级

3. 结构布置及主要构件尺寸

主要截面尺寸（单位为mm）：

框架柱为800×800（钢骨350×250×25×30）、800×800、600×600；

框架梁为400×700、400×650、400×800；

次梁为350×700、250×550、200×400。

结构平面布置如图1～图4所示。

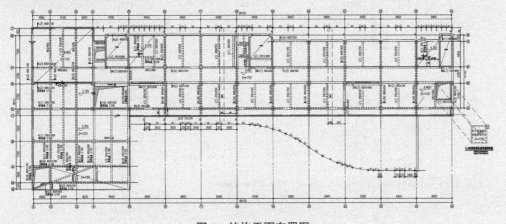

图1　结构平面布置图

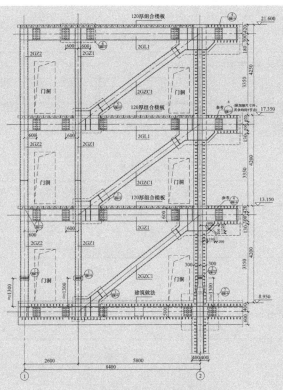

图2 大悬挑部位钢结构布置图

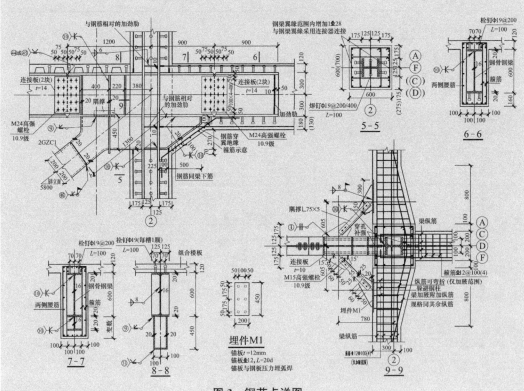

图3 钢节点详图一

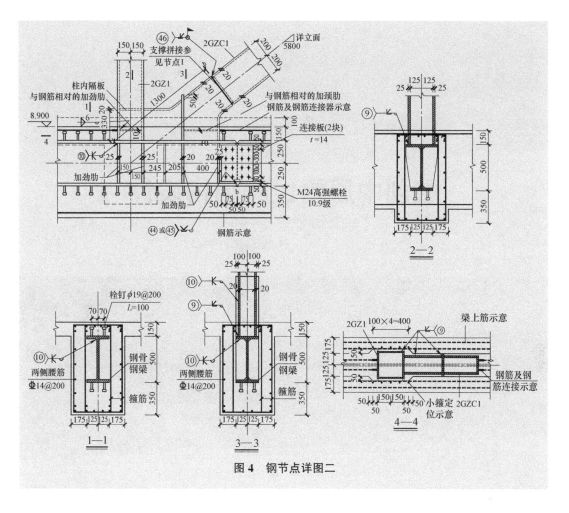

图4 钢节点详图二

第15章

融创中原雪世界结构设计

结构设计团队：
李滨飞　王　昊　刘凤阁　郭风建　孟少宾　祝乐琪
刘亚娟　李嘉仪

15.1 工程概况

15.1.1 建筑概况

本工程为中原文旅城欢乐世界一期雪世界项目，位于河南省新乡市原阳县原武镇北侧，与郑州市仅一河之隔。

雪世界用地面积为 82385m²，总建筑面积为 54129.9m²，无地下建筑。主要功能为室内滑雪场及其配套用房，包含雪区、服务区（暖区）、设备机房区等，雪区包括高级滑道、中级滑道、初级滑道、滑雪学校、缓冲区、戏雪区和准备区等。

雪世界平面为 L 形，长度为 403.9m，宽度为 132m，建筑总高度约为 93.8m。建筑效果如图 15.1-1 所示，首层平面布置如图 15.1-2 所示。

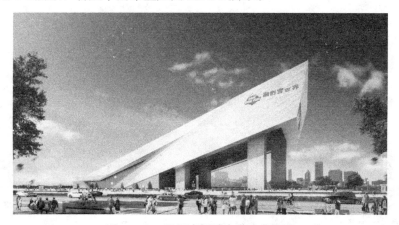

图 15.1-1　沿西南侧城市道路人视图

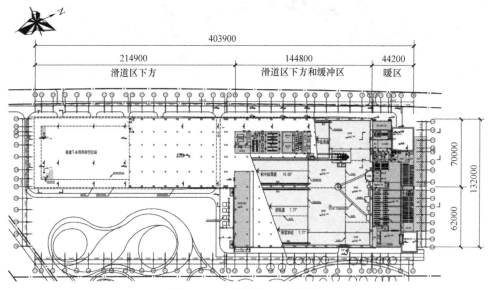

图 15.1-2　首层平面布置示意

雪世界滑道层平面和剖面如图 15.1-3～15.1-5 所示，结构通过分缝将整个雪世界分为滑道高区、滑道中区、滑道低区和暖区四部分，各区平面尺寸、高度、长宽比和高宽比

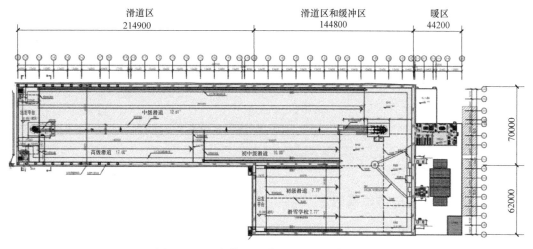

图 15.1-3　滑道层及暖区二层平面布置示意

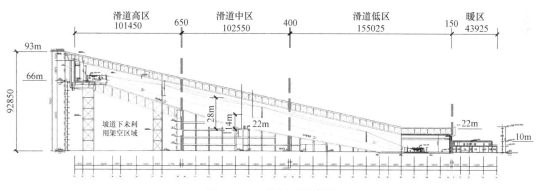

图 15.1-4　纵剖面示意图

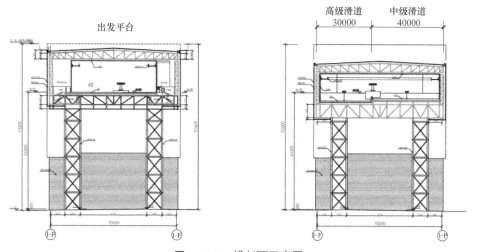

图 15.1-5　横剖面示意图

如表 15.1-1 所示。建筑屋面最高处约为 93m（结构最高处约为 91m），滑道从高度为 66m 平台出发，北侧为 40m 宽的中级滑道，南侧为 30m 宽的高级滑道，高级滑道和中级滑道形成最高处达 14m 的错层。

结构分区尺寸和相关参数   表 15.1-1

结构分区	结构平面外轮廓尺寸 （长×宽)/m	高度/m	长宽比	高宽比
滑道高区	101.45×71.60	90.56～67.28	1.42	1.26
滑道中区	102.60×71.60	67.00～44.89	1.43	0.94
滑道低区	155.10×133.20	44.80～22.01	1.16	0.34
暖区	133.20×43.95	10.00	3.03	0.23

15.1.2　建筑特点与特殊需求

建筑主体为斜向滑道，滑道下方仅在低区位置有一定的建筑功能要求。特别是滑道高区与中区，建筑高度较大，需要结构通过最经济的方法将滑道平台和滑道屋面托起至高空，形成超长的大跨度空间。

根据滑道高度，结合建筑功能，将滑道分为 3 个区域，分别采取不同的结构布置形式，形成经济、高效的结构方案。本文主要介绍滑道高区结构设计。

15.2　滑道高区结构体系与特点

15.2.1　整体结构

高区平面纵向长 101.45m，横向宽 71.6m，屋架顶点高度为 91.55m。由于高度较大，采用"巨型钢柱"将滑道平台和滑道屋面托起。

高区结构体系为巨型钢框架体系（图 15.2-1）。竖向构件为 4 个落地钢支撑框架筒体，滑道层采用钢桁架形成斜向平台，滑道屋面棚罩由侧面大桁架支撑屋面钢桁架组成。

15.2.2　巨型柱设计

平面中部布置 4 个钢支撑框架筒体，沿长度方向高、低筒体之间跨度为 57.2m；沿横向高、低筒之间跨度为 37.2m。高筒的轴线尺寸为 10m×8.4m，高 56.5m；低筒的轴线尺寸为 8.4m×8.4m，高 39m。

筒体采用单斜的屈曲约束支撑框架体系（图 15.2-2），每个支撑单元的节间高度约为 8～10m。其中，屈曲约束支撑芯材材料采用 Q235C，小震和中震时不屈服，为巨柱提供承载力和刚度；大震时屈曲约束支撑屈服耗能，增加结构体系的附加阻尼比，降低结构刚度，减小大震时结构体系的地震作用。

屈曲约束支撑在罕遇地震时起着整个结构体系"保险丝"的作用，保护巨型框架的其他构件不受到严重损坏。

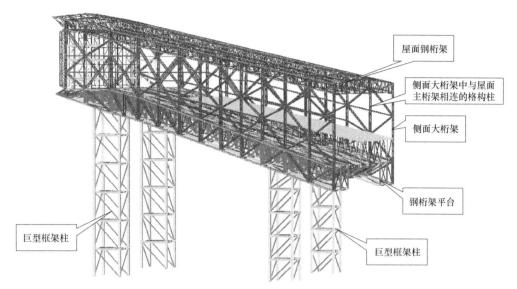

图 15.2-1　高区结构示意

15.2.3　滑道平台设计

　　高筒和低筒在顶部由滑道钢桁架平台连为一体。滑道钢桁架平台中 4 榀与巨型框架柱刚接的空间矩形主桁架与 4 个巨型框架柱形成巨型框架体系（图 15.2-3）。长向主桁架跨度为 57.2m，从巨型低柱向外悬挑 17.7m，从巨型高柱向外悬挑 7.5m；短向主桁架跨度为 37.2m，从巨型高柱和低柱均向外悬挑 8.5m。

　　为了减小长向主桁架在竖向荷载作用下的内力，沿长度方向在钢桁架平台中部布置了 1 榀空间矩形桁架（图 15.2-4），将钢平台中部范围的竖向荷载传到两侧跨度较小的短向主桁架上。

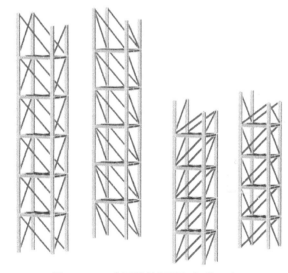

图 15.2-2　高区结构巨型框架柱示意

　　为支撑屋面钢结构，对应于屋架支撑柱位置还设置了 2 榀长向封边次桁架。封边次桁架与屋架格构柱和柱间斜腹杆形成侧面桁架，传递屋面钢桁架的竖向和水平荷载，弦杆和腹杆均采用圆钢管。

　　此外，垂直于主桁架方向还布置了短向次桁架，一方面增加钢桁架平台的整体性，另一方面也保证主桁架的稳定性（图 15.2-5）。

15.2.4　屋面设计

　　屋盖系统为沿短向单向受力的平面桁架体系，桁架与两侧的格构柱刚接，形成门式刚架的受力状态（图15.2-6）。两侧格构柱内桁架跨度为67.5m，钢桁架高度为5m。

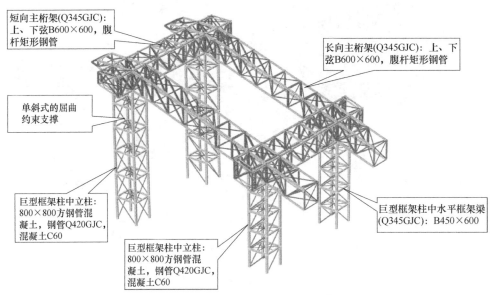

短向主桁架(Q345GJC)：上、下弦B600×600，腹杆矩形钢管

长向主桁架(Q345GJC)：上、下弦B600×600，腹杆矩形钢管

单斜式的屈曲约束支撑

巨型框架柱中立柱：800×800方钢管混凝土，钢管Q420GJC，混凝土C60

巨型框架柱中立柱：800×800方钢管混凝土，钢管Q420GJC，混凝土C60

巨型框架柱中水平框架梁(Q345GJC)：B450×600

图15.2-3　高区结构巨型框架示意

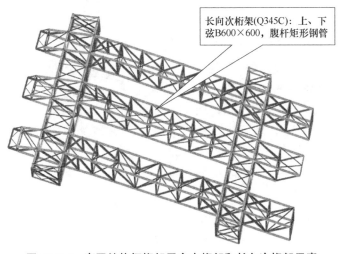

长向次桁架(Q345C)：上、下弦B600×600，腹杆矩形钢管

图15.2-4　高区结构钢桁架平台主桁架和长向次桁架示意

　　格构柱支撑于滑道平台的封边次桁架上。沿长向格构柱两个立柱中心间距为1.8m，格构柱之间两个方向布置斜腹杆，与滑道平台封边桁架共同形成侧面桁架（图15.2-7），将屋面荷载传到滑道平台上。侧面桁架能提供较大竖向刚度，使屋面荷载可直接传到短向主桁架上，减小封边次桁架传递给长向主桁架的屋面荷载，从而有效减小钢平台长向主桁架的受力和变形，改善格构柱下支承条件。

　　屋盖除主桁架外，垂直于屋面主桁架每隔两个节间布置1榀屋盖次桁架，增加屋盖主桁架的整体受力性能，并保证Y向主桁架的稳定性。同时，在上、下弦平面内沿平面周边和屋架跨中位置布置面内支撑，增加屋面整体性，保证水平地震作用可以有效传递到周边的抗侧力竖向构件上。如图15.2-8和图15.2-9所示。

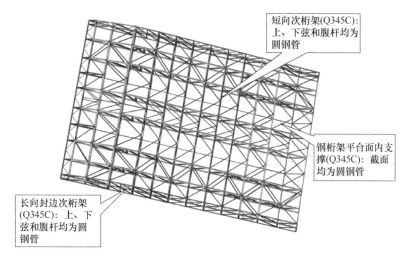

图 15.2-5　高区结构钢桁架平台示意

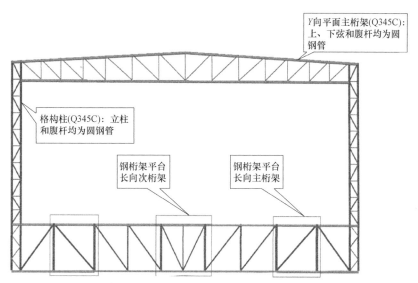

图 15.2-6　高区结构屋面钢桁架和格构柱与钢桁架平台剖面示意

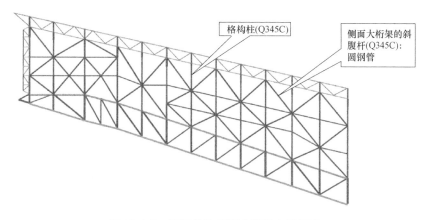

图 15.2-7　高区结构侧面大桁架立面示意

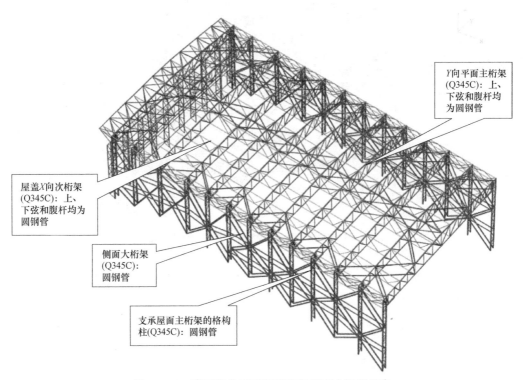

Y向平面主桁架
(Q345C): 上、
下弦和腹杆均
为圆钢管

屋盖X向次桁架
(Q345C): 上、
下弦和腹杆均
为圆钢管

侧面大桁架
(Q345C):
圆钢管

支承屋面主桁架的格构
柱(Q345C): 圆钢管

图 15.2-8 高区结构屋面钢桁架和侧面大桁架示意

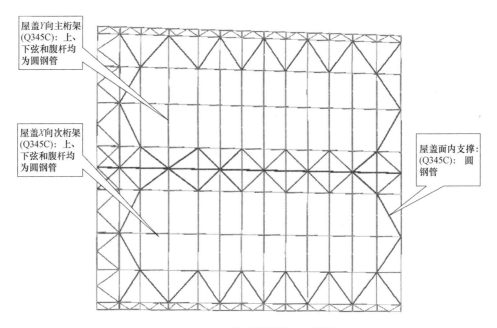

屋盖Y向主桁架
(Q345C): 上、
下弦和腹杆均
为圆钢管

屋盖X向次桁架
(Q345C): 上、
下弦和腹杆均
为圆钢管

屋盖面内支撑:
(Q345C): 圆
钢管

图 15.2-9 高区结构屋面面内支撑示意

15.2.5 滑道夹层设计

为满足建筑功能要求，中级滑道由钢桁架平台上的局部次结构架起。滑道次结构采用框架-支撑体系（图15.2-10），框架柱位于钢桁架平台主、次桁架的交点，柱底按照铰接设计，减小对钢桁架平台构件的影响。

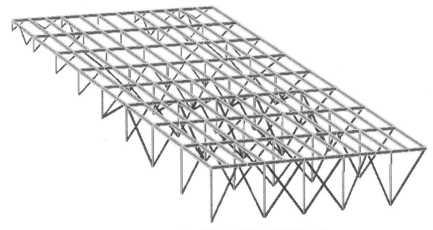

图 15.2-10 高区结构中级滑道次结构示意

15.3 结构分析

15.3.1 总质量及分布特点

表15.3-1给出了 YJK 与 MIDAS 软件计算的结构质量（恒＋0.5活）对比，结果表明二者基本一致。

表 15.3-1

结构质量对比

项目	YJK	MIDAS	YJK / MIDAS
总质量(t)	22785	23367	0.9733
恒荷载(t)	20693	21229	0.9728
活荷载(t)	2092	2138	0.9777
单位面积质量(t/m²)	3.23	3.31	0.9733

本工程高区巨型框架柱高度范围没有楼板，质量主要集中在钢桁架平台的滑道板和之上的屋架位置，钢桁架平台及其以上的质量达到19550t，占总质量的85%。这样的质量分布方式决定了高区地震剪力的分布特点，即在巨型框架柱高度范围内水平地震剪力变化不大，沿巨型框架柱高度地震倾覆力矩接近线性增大。

15.3.2 结构周期、振型和质量参与系数

结构各振型如图15.3-1和表15.3-2所示。其中，整体模型前3个振型分别为Y向平

动、X 向平动及整体扭转。第一扭转周期与第一平动周期之比，YJK 与 MIDAS 分别为 0.78 和 0.77，均小于规范限值 0.85；YJK 与 MIDAS 计算前 30 个振型在 X 向、Y 向质量参与系数均达到了 95% 以上，满足规范大于 90% 的要求。且前 3 个周期均为结构整体振动，质量参与系数达到 90% 以上，结构体系的整体抗侧刚度较均匀。地震作用最大的方向为 90.147°。

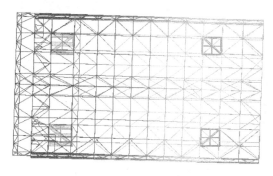

(a) 水平向第一周期，Y 向，2.533s

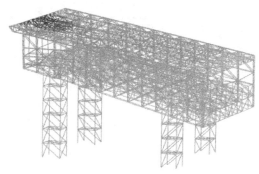

(b) 竖向第一周期，Z 向，0.828s

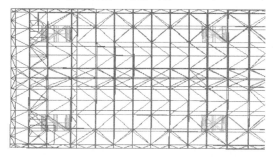

(c) 水平向第二周期，X 向，2.057s

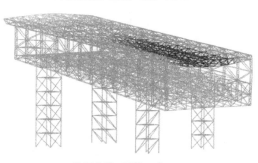

(d) 竖向第二周期，Z 向，0.724s

(e) 水平向第三周期，扭转，1.995s

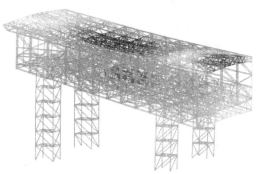

(f) 竖向第三周期，Z 向，0.592s

图 15.3-1　滑道高区前三阶水平及竖向振型

结构周期对比　　　　　　　　　　　　　　　　　　表 15.3-2

模态	YJK	MIDAS	YJK/MIDAS
T_1(秒)	2.533	2.531	1.00079
T_2(秒)	2.057	2.053	1.0019
T_3(秒)	1.995	1.971	1.012
T_3/T_1	0.78	0.77	—

高巨型框架柱由于高度较大，抗侧刚度较低巨型框架柱弱，所以在 Y 向地震作用下水平位移较低巨型框架柱大，呈现一定的扭转效应，结构的第一振型振动状态与此受力状态相符。结构第一水平周期（Y 向）也反映了这种状态，含有 2% 的扭转成分，但主要是平动。

15.3.3　结构位移及位移角

表 15.3-3 为小震作用下最大层位移和最大层间位移角，可以看出，楼层位移和层间位移角均满足规范要求。

结构位移及位移角对比　　　　　　　　　　　表 15.3-3

项目		YJK	MIDAS	YJK/MIDAS
高巨柱顶点位移/mm	X	62	59	1.05
	Y	78.3	77	1.02
高巨柱顶点位移角	X	1/935	1/983	—
	Y	1/740	1/735	—
低巨柱顶点位移/mm	X	59.3	57	1.04
	Y	43.2	40	1.08
低巨柱顶点位移角	X	1/681	1/710	—
	Y	1/935	1/1011	—
屋架顶点绝对位移/mm	X	68	66.1	1.03
	Y	125.1	125	1.00
屋架顶点相对钢平台上弦的位移/mm	X	6.7	7.1	0.943
	Y	28.4	30	0.946
屋架顶点位移角	X	1/4179	1/3943	—
	Y	1/854	1/808	—

15.3.4　基底剪力、剪重比及基底倾覆力矩

表 15.3-4 为地震作用下基底剪力和剪重比，可以看出，钢结构整体刚度较柔，地震力较小。Y 向与 X 向比较，抗侧刚度较弱。钢桁架平台底部的地震剪力，X 向为 11906kN，Y 向为 7916kN，均达到地震基底剪力的 90%，与本工程质量的分布特点相符。

基底剪力和剪重比对比　　　　　　　　　　表 15.3-4

方向	基底剪力/kN		剪重比	YJK/MIDAS
	YJK	MIDAS		
X	12751	12410	5.59%	1.027
Y	8497	8364	3.72%	1.016

表 15.3-5 为地震作用下基底倾覆力矩。4 个巨型框架柱承担了全部基底倾覆力矩，使筒体的框架柱产生较大拉（压）力。

表 15.3-5

方向	YJK 计算基底倾覆力矩(kN·m)
X 向	1229002
Y 向	778365

巨型框架柱的平面布置如图 15.3-2 所示。地震作用下巨型框架柱基底剪力分布如表 15.3-6 所示，由表可知，在 X 向地震作用时，高巨柱和低巨柱形成两榀相同的巨型框架，低巨柱由于高度较小，抗侧刚度较高巨柱大，在地震作用下承受了更多的地震剪力；在 Y 向地震作用时，高巨柱和高巨柱形成一榀巨型框架，低巨柱和低巨柱形成另一榀巨型框架，高巨柱和低巨柱承受了基本相近的地震剪力，但高巨柱形成的框架抗侧刚度较小，其在 Y 向地震作用下的水平位移必然较大，结构呈现一定的扭转效应。

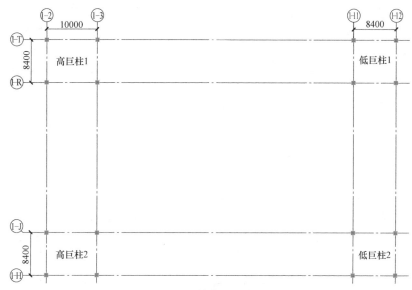

图 15.3-2　筒体平面布置图

巨型框架柱基底剪力　　　　　　　　　表 15.3-6

巨柱编号	X 向地震作用		Y 向地震作用	
	基底剪力/kN	占比	基底剪力/kN	占比
高巨柱 1	1944	15.0%	2557	26.0%
低巨柱 1	4422	34.3%	2306	23.5%
高巨柱 2	1897	14.6%	2608	26.6%
低巨柱 2	4621	35.8%	2326	23.7%

15.3.5　设计小结

（1）滑道高区整体受力特点符合巨型框架的特征，减小了巨柱底部的倾覆弯矩和巨柱顶部在水平作用下的位移。

（2）巨柱顶部和屋架顶部的位移角满足设计要求。

（3）钢桁架平台在竖向力作用下产生的水平推力，对巨柱的框架柱和支撑内力影响较小。

（4）巨柱构件由水平地震工况的组合控制。巨柱底部节间的框架柱受力最大，承受最大的轴力和局部弯矩。

（5）钢桁架平台的构件由竖向力基本组合控制。

（6）屋面钢桁架主要由竖向力的基本组合控制。屋面钢桁架的格构式棚罩柱由水平地震作用或风荷载的工况组合控制。

（7）从大震弹塑性分析可知，整个计算过程中，结构始终保持直立和稳定，能够满足规范"大震不倒"的设防要求。高巨柱 X 向顶点位移角为 1/175，Y 向顶点位移角为 1/149；低巨柱 X 向顶点位移角为 1/109，Y 向顶点位移角为 1/130。格构柱 Y 向顶点位移角为 1/117。均满足本工程性能目标 1/83 的要求。

高区巨型框架柱屈曲约束支撑斜腹杆先屈服，框架梁局部屈服，框架柱未进入塑性阶段，实现了本工程预期的屈服机制，表明结构体系在大震作用下达到较好的抗震性能。

钢桁架平台、侧面大桁架、屋面桁架、中级滑道次结构构件基本保持弹性，局部构件屈服，发生轻微损伤，满足性能目标的要求。

15.4 评议与讨论

室内滑雪场作为一种专门建筑类型，在结构形式上有很强的特殊性，一般存在结构跨度大、空间高度大、大量斜向构件、建筑设备专业要求严格等问题，与常规项目基于层概念的设计方法有根本区别，常规规范或规程在此类项目中的适用性也有一定的限制。

1. 本项目体系冗余度较低，设置"二道防线"提高结构可靠度

滑道高区仅有 4 个空间竖向钢桁架组成的筒体支承上部结构，竖向构件较少。4 个筒体在钢平台以下各自独立，没有连系，受力状态自成体系，难以互相支撑。体系冗余度较低，需提高单个构件的可靠度，保证结构整体性能。

首先，在概念上设置"二道防线"。由于地震剪力和倾覆弯矩全部由筒体承担，无法形成抗震的"二道防线"，所以在设计中有意设置屈曲约束支撑来控制结构屈服机制，形成类似于"二道防线"的明确屈服顺序，对巨柱内的框架梁柱形成保护，提高结构体系的耗能能力和抗倒塌能力。

采用屈曲约束支撑能够保证其在受压状态下不发生承载力和刚度突然降低的屈曲破坏，将筒体的受力性能保证在一个稳定的状态。小震和中震设计时，通过调整支撑的应力比，控制屈曲约束支撑不屈服。在大震作用时，屈曲约束支撑先于巨型框架柱中的钢管混凝土柱屈服，提供附加阻尼比，降低体系的抗侧刚度，从而减小结构体系的水平地震作用。屈曲约束支撑对结构体系起到"保险丝"的作用，对巨型框架柱四角的钢管混凝土柱形成保护，避免巨型框架柱在大震作用下出现严重损伤，甚至倒塌。

其次，对结构采用性能化抗震设计方法。对结构关键部位、耗能部位和一般部位的构件设置不同的性能目标（详见"附：设计条件"），并针对这些目标进行罕遇地震作用下弹塑性分析，以验证整体结构和构件的抗震性能达到或优于性能目标。

2. 结构与常见结构体系存在差异，可以通过包络设计来弥补计算假定、构造措施不完全吻合带来的设计误差

本项目不同于一般的建筑，没有明确的楼层概念，结构体系也不是典型的框架或框架支撑结构。对其受力特点进行分析如下：结构质量主要集中在筒体顶部的滑道钢平台；在水平力作用下，筒体剪力沿高度变化不大，筒体弯矩沿高度接近线性增大；筒体构件内力主要由水平地震作用的工况组合控制，特别是大震水平位移较大时，竖向力的二阶效应明显。

从设计手段上说，由于与传统结构体系存在显著差异，常规计算软件的计算假定和各项指标与本项目存在一定差距，为保证项目可靠度，采取如下措施：对常规软件的计算结果采用小震规范和中震标准值复核取包络的方法进行构件设计；提高关键构件的抗震等级。

此外，为控制水平位移较大时的"二阶效应"，设计时提高了滑道高区的侧移控制标准。小震控制为 1/500，大震控制为 1/83，以有效减小高区巨型框架柱在侧移下的 P-Δ 效应，保证其稳定性。

3. 通过不对称的结构布置，调整解决扭转问题

由于滑道存在倾斜角，形成了高筒和低筒，高度相差 16m，高筒和低筒的抗侧刚度相差较大。在 X 向水平地震作用下，低筒承担了更多的地震剪力；在 Y 向水平地震作用下，高筒水平位移大，整体呈现一定的扭转效应。

为此，在建筑效果容许的前提下，调整高筒和低筒的筒体尺寸，适当增大高筒的抗侧刚度，减小低筒的抗侧刚度，使高、低筒体的受力更加均匀。调整后，高、低筒宽度比约为 1.2，结构扭转计算结果在可控范围内。

4. 大跨度重载钢结构

钢桁架平台纵向长 100.8m，横向宽 70m，筒体在 X 向的轴线间距达到 57.2m。同时，滑道的附加荷载较大，除去钢桁架平台和楼板自重外，附加恒荷载为 9.2kN/m²，活荷载为 4kN/m²，钢平台还要支承大跨屋面钢桁架的重量，属于大跨度重载钢结构，构件内力主要由竖向荷载工况的组合控制。

设计时通过调整低筒的位置，使高、低筒间桁架的跨中弯矩、支座弯矩与低筒向外悬挑部分的支座弯矩接近，钢平台钢桁架在竖向荷载作用下弯矩分布更加均匀合理。经试算调整，确定高、低筒之间距离为 57.2m，低筒向外悬挑 17.7m。同时，低筒向钢桁架平台的形心位置移动，可减小刚心和质心的偏心率，一定程度上减小 Y 向地震作用下的扭转效应。

为了减小长向主桁架在竖向荷载下的内力，沿长度方向还在钢桁架平台中部布置了 1 榀空间矩形桁架，将钢平台中部范围的竖向荷载传到两侧跨度较小的短向主桁架上。

5. 屋面格构柱底部支承条件较差的问题

屋面钢桁架支承于下部大跨钢桁架的次桁架悬挑端，作为支座的主桁架挠度较大，接近 100mm，屋面钢桁架立柱的柱底支承条件较差。

为增大刚度，减小变形，屋面大跨钢桁架的柱间支撑在棚罩侧面满布，与支承屋面桁架的格构柱形成侧面桁架，将屋面荷载直接传到 4 个巨柱的外挑桁架上，减小滑道平台长向大跨主桁架的受力和竖向变形。

同时，滑道平台巨柱的悬挑桁架第一节间腹杆采用交叉腹杆，以提高悬挑桁架的受剪承载力，并进行防倒塌验算。

6. 滑道平台设置次结构导致平台面内局部楼板缺失

滑雪场的中级滑道由次结构在滑道平台架起，滑道平台在中级滑道范围楼板缺失。为保证水平力的可靠传递，在滑道平台上弦满布面内支撑，提高钢桁架平台的整体性和水平地震作用的传力性能。针对楼板部分进行中震作用下的应力分析，并根据应力分析结果进行楼板配筋设计。

同时，对中震作用下滑道楼板厚度为 0 的情况进行钢桁架平台构件的承载力复核，使钢桁架平台构件在楼板开裂严重的不利情况下，仍能保证整体较好的受力性能。

附：设计条件

1. 自然条件

（1）风荷载、雪荷载（表 1）

风荷载、雪荷载 表 1

风荷载	雪荷载
0.4kN/m²（滑道高区放大 1.1 倍）	0.3kN/m²

（2）地震作用（表 2）

抗震设计参数 表 2

抗震设防烈度	设计基本地震加速度	设计地震分组	特征周期值	建筑场地类别
8 度	0.2g	第二组	0.55s	Ⅲ类

2. 设计控制参数

（1）主要控制参数（表 3）

主要控制参数 表 3

结构设计使用年限	50 年	普通构件安全等级	二级
结构设计耐久性	50 年	建筑抗震设防分类	标准设防类(丙类)
关键构件安全等级	一级	地基基础设计等级	甲级

（2）抗震等级（表 4）

抗震等级 表 4

构件类型	抗震等级
巨型框架柱中钢管混凝土柱	特一级
巨型框架柱中与钢管混凝土柱刚接的框架梁	一级
钢平台与巨型框架柱刚接的主桁架	一级
钢平台上的中级雪道次结构	二级
支承屋盖的侧面大桁架	一级
屋面的主桁架	一级

（3）超限情况（表5）

超限情况　　　　　　　　　　　　　　　　　　　　　　表5

序号	不规则类型	简要涵义	不规则判断
1a	扭转不规则	考虑偶然偏心的扭转位移比大于 1.2	有（考虑偶然偏心为 1.24）
1b	偏心布置	偏心率大于 0.15 或相邻层质心相差大于相应边长 15%	无（刚心至钢平台左端 59.5m，质心至钢平台左端 50.4m，偏心率 9%）
2a	凹凸不规则	平面凹凸尺寸大于相应边长 30% 等	无
2b	组合平面	细腰形或角部重叠形	无
3	楼板不连续	有效宽度小于 50%，开洞面积大于 30%，错层大于梁高	有（钢桁架平台中级滑道位置由次结构架起）
4a	刚度突变	相邻层刚度变化大于 70% 或连续三层变化大于 80%	有
4b	尺寸突变	竖向构件位置缩进大于 25%，或外挑大于 10% 和 4m，多塔	有（钢平台 Y 向悬挑 8.5m，8.5/54＝15.5%；X 向悬挑 17.7m，17.7/75.6＝23.4%）
5	构件间断	上下墙、柱、支撑不连续，含加强层、连体类	有（钢桁架平台上承受屋盖竖向和水平荷载的侧面大桁架，位于巨型框架柱 Y 向主桁架的悬挑端）
6	承载力突变	相邻层受剪承载力变化大于 80%	无
7	局部不规则	如局部的穿层柱、斜柱、夹层、个别构件错层或转换	无

3. 性能目标及相应措施（表6）

性能目标及相应措施　　　　　　　　　　　　　　　　　　表6

抗震烈度 （参考级别）		频遇地震 （小震）	设防地震 （中震）	罕遇地震 （大震）
关键构件	巨型框架柱四角的钢管混凝土柱	弹性	弹性	中等破坏
	巨型框架柱内与钢管混凝土柱刚接的水平框架梁、滑雪平台的主桁架、支承屋面的侧面大桁架、屋面主桁架	弹性	不屈服	中等破坏
耗能构件	巨型框架柱内的屈曲约束支撑、中级滑道次结构框架梁	弹性	不屈服	中等损坏
普通竖向构件	中级滑道次结构的框架柱和支撑、抗风桁架	弹性	不屈服	中等损坏

4. 结构尺寸及主要节点

（1）主要结构构件尺寸

巨柱的四角框架柱为截面 800mm×800mm 的方钢管混凝土柱，钢管材料采用 Q420GJC，钢管壁厚 30～60mm，筒体底部厚度最大，随着高度提升逐渐减小，到筒体顶部时再次加厚。混凝土强度等级为 C50～C60。巨柱的水平框架梁为截面 450mm×600mm 的方钢管，材料采用 Q345GJC。

滑道平台主桁架上、下弦杆的中心高度为 8m，上、下弦杆采用截面 600mm×600mm 的方钢管，腹杆采用矩形钢管，主桁架的钢材采用 Q345GJC。

（2）典型节点一

典型节点一位于滑道高区柱与桁架连接处，类型为钢管混凝土柱与钢桁架相交的复杂节点。节点位置如图 1 所示。

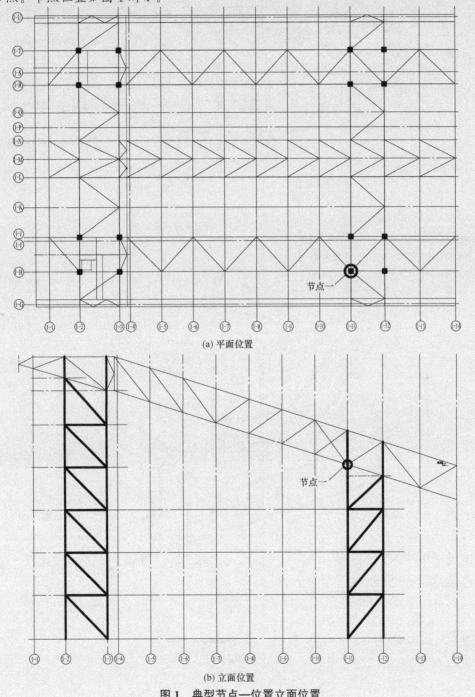

(a) 平面位置

(b) 立面位置

图 1　典型节点一位置立面位置

典型节点一设计尺寸及截面形式如图2所示。

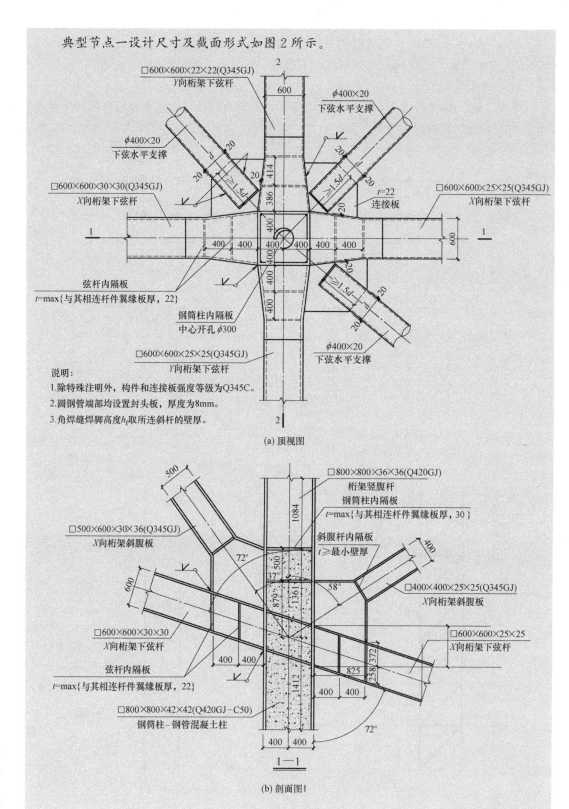

□600×600×22×22(Q345GJ)
Y向桁架下弦杆

φ400×20
下弦水平支撑

φ400×20
下弦水平支撑

□600×600×30×30(Q345GJ)
X向桁架下弦杆

□600×600×25×25(Q345GJ)
X向桁架下弦杆

t=22
连接板

弦杆内隔板
t=max{与其相连杆件翼缘板厚, 22}

钢筒柱内隔板
中心开孔φ300

□600×600×25×25(Q345GJ)
Y向桁架下弦杆

说明:
1.除特殊注明外,构件和连接板强度等级为Q345C。
2.圆钢管端部均设置封头板,厚度为8mm。
3.角焊缝焊脚高度h_f取所连斜杆的壁厚。

(a) 顶视图

□800×800×36×36(Q420GJ)
桁架竖腹杆
钢筒柱内隔板
t=max{与其相连杆件翼缘板厚, 30}

斜腹杆内隔板
t≥最小壁厚

□400×400×25×25(Q345GJ)
X向桁架斜腹板

□500×600×30×36(Q345GJ)
X向桁架斜腹板

□600×600×30×30
X向桁架下弦杆

弦杆内隔板
t=max{与其相连杆件翼缘板厚, 22}

□800×800×42×42(Q420GJ-C50)
钢筒柱-钢管混凝土柱

□600×600×25×25
X向桁架下弦杆

1—1

(b) 剖面图1

第三篇 特殊结构

286

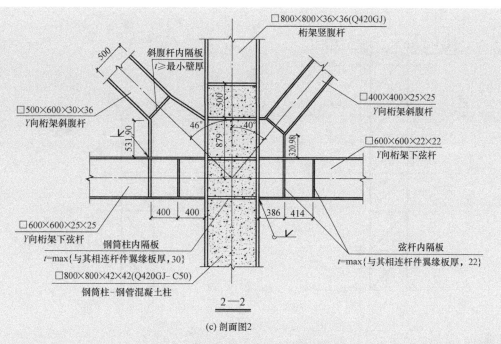

图 2 典型节点一设计尺寸及截面形式

(3) 典型节点二

典型节点二为滑道高区钢桁架的复杂节点。节点位置如图 3 所示。

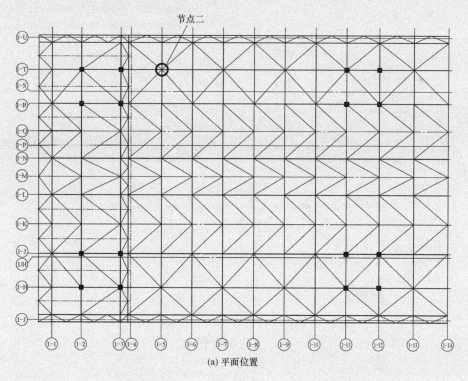

(a) 平面位置

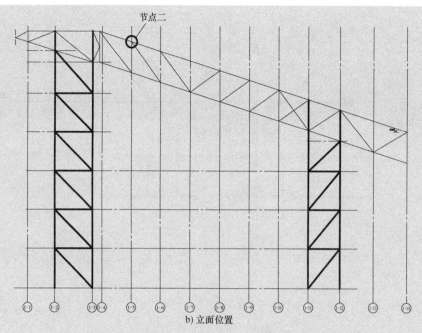

b) 立面位置

图3　典型节点二位置

典型节点二设计尺寸及截面形式如图4所示。

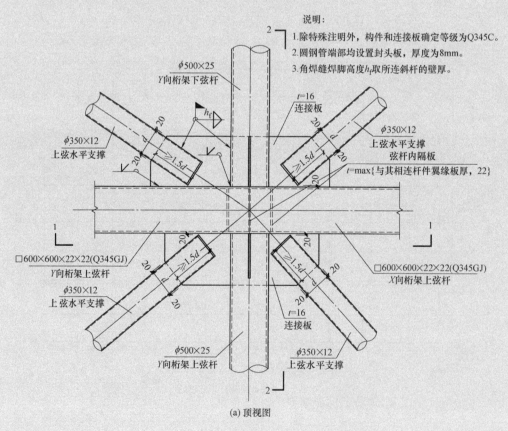

说明:

1. 除特殊注明外,构件和连接板确定等级为Q345C。
2. 圆钢管端部均设置封头板,厚度为8mm。
3. 角焊缝焊脚高度h_f取所连斜杆的壁厚。

(a)顶视图

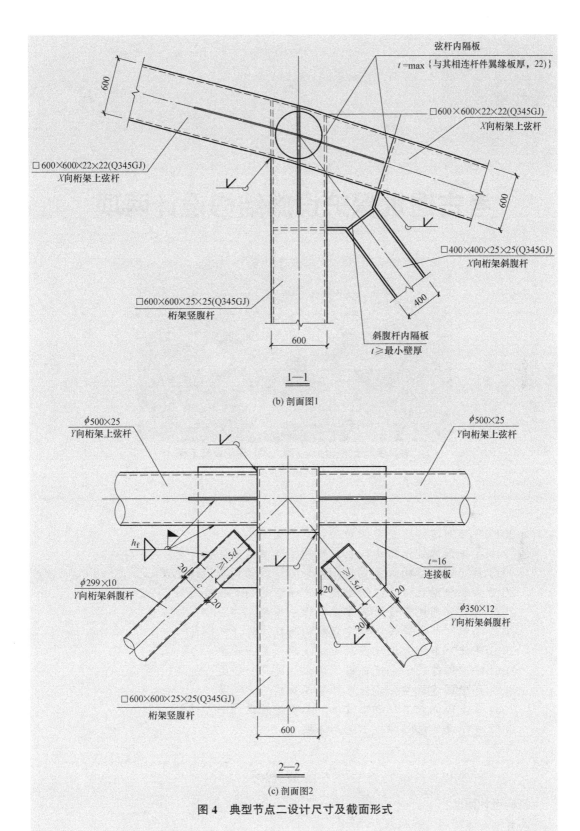

(b) 剖面图1

(c) 剖面图2

图 4　典型节点二设计尺寸及截面形式

第16章

考古遗址保护设施结构设计两项

周口店遗址第一地点（猿人洞）保护设施工程

（摄影：高峻）

2019 年亚洲建协建筑奖保护项目类金奖
2019 年中国建筑钢结构行业工程质量奖中国钢结构金奖
2019 年中国钢结构协会空间结构分会空间结构奖设计银奖
2020 年联合国教科文组织亚太遗产保护奖创新项目奖
2021 年教育部优秀设计奖建筑设计一等奖
2021 年教育部优秀设计奖建筑结构与抗震设计三等奖
2021 年北京市优秀设计奖人文建筑单项奖一等奖
2021 年中国建筑学会建筑设计奖公共建筑一等奖
2021 年中国建筑学会建筑设计奖建筑结构三等奖
2021 年全国优秀工程勘察设计行业奖建筑设计一等奖
2022 年华夏建设科学技术奖三等奖

结构设计团队：

马智刚　李增超　蒋炳丽

太子城遗址西院落展厅
（摄影：贾金标）

结构设计团队：

马智刚　江　枣　李滨飞

16.1　引言

考古遗址保护设施是一种为保护文物本体免受各种自然因素侵害而修建的预防性保护设施，是对古遗迹、古墓葬等文物进行保护工作的一种常用手段。通过修建开敞或半开敞性的保护设施，既可隔绝雨雪对本体的直接侵蚀，又减弱了风吹日晒对文物本体的影响，为文物本体提供了一种相对稳定的遗址保存环境，同时也形成了考古遗址的现场展示场所。

清华大学建筑设计研究院在文物保护设施工程设计上积极探索，已建成数十项文物保护项目。本文结合文物保护项目结构设计的要点，对周口店遗址第一地点（猿人洞）保护设施工程、太子城遗址西院落保护设施工程这两个典型项目的情况进行介绍。

16.2　周口店遗址第一地点（猿人洞）保护设施工程屋盖设计

16.2.1　工程概况

周口店"北京人"遗址位于北京市西南房山区周口店镇龙骨山北部。本次保护工程的重点对象是周口店猿人洞遗址发现第一头盖骨的地方，俗称第一地点。工程同时涉及紧邻猿人洞的山顶洞遗址、鸽子堂。各遗址地点处于露天保存状态，长期遭受各种自然力的破坏。因此，一个横跨猿人洞山顶至山脚的大体量保护设施被提出。保护设施主体横跨猿人洞遗址，落脚点均选在敏感区域之外较平坦岩层上。大跨度保护设施具有双层重叠叶片的设计，可隔绝雨雪灾害，同时有利于通风换气，为遗址的保护创造良好的物理环境。建筑外形贴合山体起伏，对周边山势影响甚微。设计中以三维建模技术，复原现存山体，再通过现存山体等高线，推断未坍塌前山体形状，在高出原有山体3m左右的控制线上进行形体的生成，以此作为保护建筑的外部形态（图16.2-1）。设施内部以紧邻的鸽子洞内壁为基础模型，通过三维激光扫描技术制作模板，翻制轻质吊挂板，悬于钢结构下部，以保证内部景观的协调性（图16.2-2）。使工程内外皆融入遗址环境，隐伏于树木掩映之下，与遗址浑然天成。

图 16.2-1　建筑实景

（摄影：高峻）

图 16.2-2　建筑内部实景

（摄影：高峻）

16.2.2 结构体系

为满足建筑效果要求并为上、下叶片安装预留充分空间，保护建筑工程主体采用了异形大跨度空间单层网格结构。为了体现贴合山体起伏的地势，在局部区域采用了下沉构造。这个区域对结构受力和施工产生了巨大的影响，下沉区域杆件受力明显区别于正常的拱形网格受力区域。

网格结构上、下设置叶片，上叶片局部做种植槽，种植攀爬植物；下叶片用玻璃钢模拟山体造型。主体结构最大斜向跨度为83m，纵向水平投影长度为79m，横向水平投影长度约55m，总建筑面积为3728m²，通过山顶和山脚两排铰接支座进行支撑，基础高差约33m。单层异形网格由圆钢管相贯焊接而成，钢管直径为325~1150mm不等，共6种截面。计算模型及主体钢结构施工现场如图16.2-3所示。

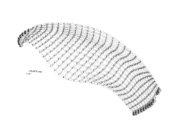 

（摄影：高峻）

图 16.2-3 计算模型及主体钢结构施工现场

16.2.3 屋盖设计

1. 风荷载分布特点

本工程地处山区，设计中充分考虑风荷载、雪荷载、地震作用以及种植荷载对结构的影响。为确保风荷载作用下结构安全，委托中国建筑科学研究院进行了风洞试验（图16.2-4）。试验布置测压点662个，风向角以10°为间隔，共36个风向角。在各风向角下，

 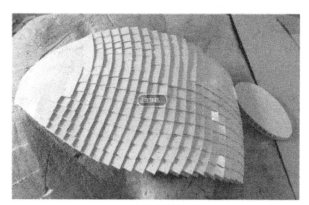

(a) 大气边界层风洞　　　　　　　　　　　(b) 保护建筑模型

图 16.2-4 风洞试验模型

（摄影：何连华）

网格结构中上部主要受风吸力影响，极小值风压位于网格中部边缘，为 $-2.7\mathrm{kN/m^2}$。在 $0°$ 风向角下，网格下部迎风面出现最大风压力，达 $1.6\mathrm{kN/m^2}$。

2. 半跨雪荷载分析

单层网格结构对荷载分布比较敏感，因此考虑半跨雪荷载进行分析。以跨中纵、横向为界，分布方式按上、下、左、右四种情况进行分析，半跨划分如图 16.2-5 所示。在满布雪荷载作用下，结构变形为 $-78.85\mathrm{mm}$，应力为 $-49\mathrm{MPa}$；在半跨雪荷载作用下，结构变形为 $-73.38\mathrm{mm}$，应力为 $-47\mathrm{MPa}$。半跨活荷载对结构应力影响有限，原因是自重及恒荷载（结构自重与屋面维护做法合计 $3.4\mathrm{kN/m^2}$）在全部荷载中占比较大，活荷载在全部荷载中占比较小。

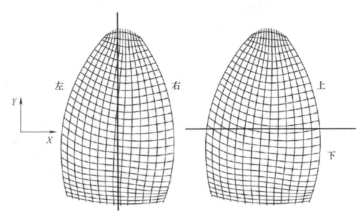

图 16.2-5　半跨划分示意

3. 单层网格结构稳定性分析

本工程大跨度单层网格结构的稳定性能是设计的重点，需通过三维双重非线性极限承载力分析进行确定。

对缺陷分布形式和缺陷幅值大小对整体稳定极限承载力的影响进行分析，结果表明，缺陷分布形式变化对极限承载力的影响在 1% 左右，缺陷幅值变化对极限承载力的影响在 5% 左右，本工程网格结构对缺陷分布形式和缺陷幅值的变化不敏感。在缺陷分布和缺陷幅值变化的情况下，其最终失稳均是中部沿山顶和山脚方向的主受力杆件不能继续承载引起的。

经 ANSYS 软件分析后得出网格结构整体稳定安全系数 k 值为 3.58，满足《空间网格结构技术规程》JGJ 7—2010 要求，单层网格整体稳定性有保证。

4. 相贯节点分析

节点保持刚性是单层网格结构成立的前提。由于建筑师的要求，本工程网格杆件通过相贯焊接进行连接，无法实现完全刚接，应考虑节点刚度部分释放。设计中考虑了支管节点刚度 30%、50%、70% 和全刚接计算结果，并进行综合比较（表 16.2-1）。

恒荷载＋活荷载作用下结构跨中挠度　　　　　　　　　　　　表 16.2-1

节点刚度	结构跨中挠度/mm	节点刚度	结构跨中挠度/mm
完全刚接	140	50%刚度	163
70%刚度	159	30%刚度	160

在各节点刚度条件下，结构跨中挠度最大为 163mm，结构斜向跨度为 83m，则挠跨比为 1/509，满足规范要求的 1/400。在各节点刚度条件下，按 65 种荷载组合进行构件应力比验算，结果表明，构件的应力比均不超过 1.0，结构的强度及稳定性满足要求。

在完全刚接的情况下，节点所受面内和面外弯矩最大。依据《钢管结构技术规程》CECS 280：2010 中公式（6.2.4）验算支管在节点处受拉压和受弯综合承载力，结果表明，大部分节点能满足要求，对个别验算不能通过的节点，采用增加钢管局部壁厚的方式进行解决。

5. 抗推基础设计

单层网格对基础变形非常敏感，如何保证基础的刚性，满足单层网格的抗推要求是本工程又一大难点。结构设计在考虑了现场实际情况和地勘资料后，参考大坝设计经验，通过有限元分析选定条形抗推基础，并将基础埋入岩石下不小于 1.0m。通过 MIDAS FEA 建立计算模型（图 16.2-6），对模型施加最不利荷载（柱脚反力按中震弹性下的荷载组合取值）。有限元分析结果表明，在最不利荷载作用下，山顶基础结构最大位移为 0.29mm，山脚基础结构最大位移为 0.65mm，抗推基础的变形非常小，可作为网格结构的可靠受力边界。结构与基岩连接处，应力基本在 0.4MPa 以下，远小于岩石的受力能力，结构安全性有保证。

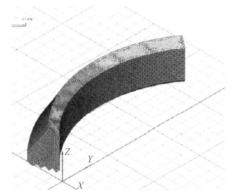

图 16.2-6　山顶基础有限元模型

16.3　太子城遗址西院落展厅施工土体扰动分析

16.3.1　工程概况

太子城遗址位于河北省张家口市崇礼区太子城村，是至今发现的唯一一处发掘可证的金代行宫城池遗址。本工程西院落展厅位于崇礼太子城考古遗址公园西侧，是西院落的遗址保护和展陈设施（图 16.3-1）。

图 16.3-1　西院落展厅"宫墙雪"效果图

西院落展厅建筑面积 4565m²，为地上 1 层、局部 2 层的坡屋面大跨钢框架结构，轴线长 97.2m，轴线宽 45m，结构最低檐口标高 6.5m，最高屋脊标高 14.2m。柱网间距 4m，跨度分别为 9m、36m。基础形式为柱下条形基础，基础顶标高 -1.700m。结构三维模型如图 16.3-2 所示。

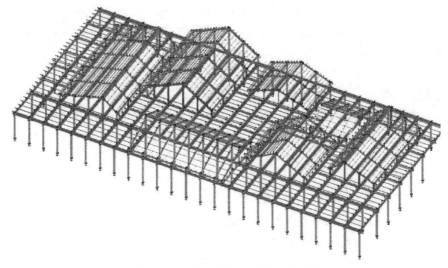

图 16.3-2　西院落展厅结构三维模型

16.3.2　施工对遗址土体扰动分析

太子城西院落展厅考虑了近距离施工过程中对遗址文物本体有可能造成扰动损坏的两个因素，并进行了深入分析。这两个因素包括：①重型吊车临近遗址区吊装作业时，轮压支腿反力对遗址区土体的影响；②大跨度梁吊装搁置在钢柱顶端的瞬时，下部土体会受到瞬时加载冲击振动影响。

1. 吊车轮压对遗址区土体影响分析

汽车起重机行走施工路线见图 16.3-3。36m 大跨度钢梁（分段制作、现场地面拼装）

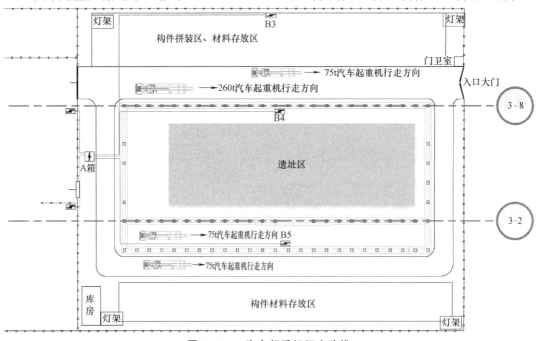

图 16.3-3　汽车起重机行走路线

和其余构件分别由 260t 汽车起重机和 75t 汽车起重机吊装完成。大跨度钢梁单根质量在 21.2～22.7t。260t 汽车起重机在场地东侧道路上行驶与作业，75t 汽车起重机在西侧道路及 1～2 轴跨间、东侧道路、材料存放区及构件拼装区内行驶与作业。

根据起重机荷载、遗址与主体结构位置关系和场地土条件，在 ABAQUS 中建立计算模型。一侧支腿全伸出后距 8 轴 2m，最大支腿反力 93.145t，通过将荷载折算为路基箱重力施加土压力。土层信息如下：填土层，弹性模量 5MPa，泊松比 0.25，重度 20kN/m³；粉质黏土层，弹性模量 10MPa，泊松比 0.25，重度 20kN/m³；卵石层，弹性模量 60MPa，泊松比 0.25，重度 20kN/m³。采用 Drucker-Prager 模型，内摩擦角 22°，流变应力比 0.7785，剪胀角 0.1，采用剪切硬化准则。

结果显示，支腿反力影响范围有限。在最大支腿反力左右下，土体变形最大为 0.34m，遗址处土体变形近似为 0，粉质黏土层最大压应力为 72kPa，满足 120kPa 的承载要求；遗址处受到的应力在 10kPa 左右，遗址本体受到吊装支腿反力影响很小。土体应力和位移计算结果如图 16.3-4 和图 16.3-5 所示。

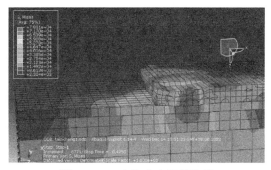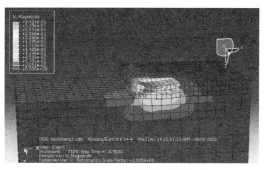

图 16.3-4　土体应力计算结果　　　　图 16.3-5　土体位移计算结果

对 75t 汽车起重机采用同样方法分析。结果显示，在最大支腿反力左右下，土体变形最大为 0.18m，遗址处土体变形近似为 0，粉质黏土层最大压应力为 91kPa，满足 120kPa 的承载要求；遗址处受到的应力在 10kPa 左右，遗址本体受到吊装支腿反力影响很小。

2. 大跨度梁吊装冲击振动影响分析

将 36m 大跨度钢梁放置在钢柱瞬间，因较大质量快速施加有可能对遗址土体产生振动冲击影响，将此作用视为等效突加荷载对土体进行时程分析计算。搁置 36m 钢梁瞬时，在⑬-⑧轴和⑬-②轴附近分别引起临近遗址处的竖向速度时程曲线如图 16.3-6 和图 16.3-7 所示。水平向速度可忽略不计。

施工振动对遗址土体影响程度该如何考核评定，目前尚无统一方法，可以参考现有的施工对邻近建筑影响的评估方法，主要有反应谱法、烈度法、峰值速度法和安全距离法等。其中，峰值速度法选择与建筑物破坏相关的质点峰值速度作为控制参数，判定振动对建筑物的影响。这种方法简便易行，结果偏于保守，目前被广泛使用。我国规范《古建筑防工业振动技术规范》GB/T 50452—2008 和瑞典振动控制规范都采用了这种评估方法。

《古建筑防工业振动技术规范》GB/T 50452—2008 以水平振动速度作为考量，规定古建砖石结构的容许振动速度按表 16.3-1 采用。

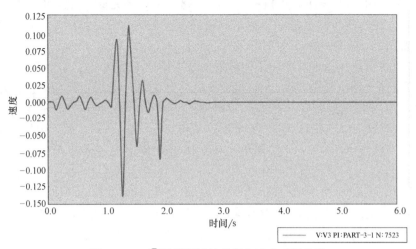

图 16.3-6 ③-⑧轴附近遗址处竖向速度时程曲线

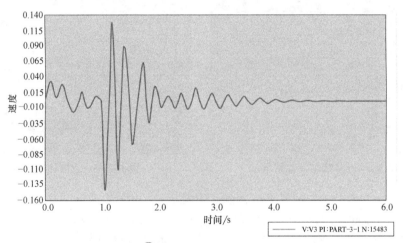

图 16.3-7 ③-②轴附近遗址处竖向速度时程曲线

古建筑砖结构的容许振动速度［V］（mm/s）　　　　表 16.3-1

保护级别	控制点位置	控制点方向	砖砌体 V_p/(m/s)		
			<1600	1600～2100	>2100
全国重点文物保护单位	承重结构最高处	水平	0.15	0.15～0.20	0.20
省级文物保护单位	承重结构最高处	水平	0.27	0.27～0.36	0.36
市、县级文物保护单位	承重结构最高处	水平	0.45	0.45～0.60	0.60

注：当 V_p（弹性纵波传播速度）介于 1600～2100m/s 时，［V］采用插入法取值。

瑞典振动控制规范制定相对完善，考虑了土壤条件、建筑类型、建筑材料和建筑物基础形式等多种影响因素。容许振动速度 V（竖向）用公式表示为：

$$V = V_0 F_b F_m F_g$$

式中，V_0 是不同土壤类型对应的容许振动速度（mm/s）；F_b 是建筑类型参数；F_m 是建筑材料参数；F_g 是建筑物基础类型参数。V_0 取值见表 16.3-2。

不同土壤条件下的容许振动速度 V_0/（mm/s）		表 16.3-2
土壤类型	打桩、开挖	强夯
泥土、砂、砾石	9	6
冰碛物	12	9
基岩	15	12

注：瑞典规范 SS 02 54211（SIS 1999）。

由分析可见，③-⑧轴附近遗址处竖向速度最大为 0.11mm/s，③-② 轴附近遗址处竖向速度最大为 0.13mm/s，与我国规范（水平速度）和瑞典规范（竖向速度）规定的邻近建筑容许振动速度相比较，都处于很低的水平。基本可以判定大跨度梁吊装的冲击荷载对遗址土体没有影响。

16.4　评议与讨论

考古遗址保护设施是实现古遗迹、古墓葬保护与展示的重要设施。为保护遗址本体，常常会设置大跨度屋面或罩棚，周口店遗址第一地点（猿人洞）保护设施工程屋盖是其中比较有特点的一个案例。该屋盖的形式是根据推测的山体原状形成的，顶面可种植攀爬植物，待植物长成后，整个屋盖可以融入山体，恢复其原始形态，建筑方案很有创意。但是，这样形成的屋盖是一个不规则的异形曲面，不是一个单纯的、典型的网壳式受力结构，因此本文称之为单层网格结构。在类似工程设计中以下几点可供参考。

1. 不均匀荷载的考虑场景及分布取值

单层网壳或网格结构对荷载分布比较敏感，有时在满跨分布荷载下不致失稳，在半跨或其他不均匀分布荷载下则会失稳，因此对不均匀荷载应非常重视并进行细致分析。网壳或网格结构对荷载分布是否敏感，可以先从两个方面进行大致判断。

（1）根据结构形式判断

分析表明，荷载的不对称分布对球面网壳的稳定性承载力基本无影响；四边支承的柱面网壳当其长宽比 $L/B \leqslant 1.2$ 时，活荷载的半跨分布对网壳稳定性承载力有一定影响；对椭圆抛物面网壳和两端支承的圆柱面网壳，活荷载不均匀分布影响较大（图 16.4-1）。本项目单层网格为两端支承，形式接近圆柱面，属于对荷载不均匀分布敏感的形式，应对不均匀荷载工况下的网格稳定承载力进行验算。

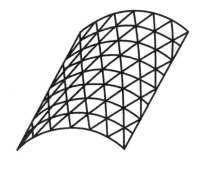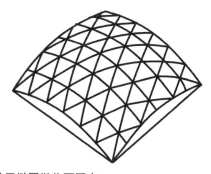

图 16.4-1　圆柱面网壳和单层椭圆抛物面网壳

（2）根据恒荷载与活荷载的相对大小判断

如果恒荷载占比较大，活荷载占比较小，活荷载的不均匀分布较不易影响网格结构的稳定承载力。本项目由于自重与恒荷载的比重较大（结构自重与屋面维护做法合计 $3.4kN/m^2$），雪荷载不均匀分布的影响相对较小，采用简单的半跨荷载施加方式就可以满足工程可靠度的需要。从验算结果来看，本项目稳定承载力对雪荷载分布是不敏感的。如果是自重轻、对活荷载敏感的结构，就需要更周密地加以分析。仍以本项目的屋面为例，左侧的下沉区域容易积雪，可能积雪较厚，靠近底部的区域坡度较陡，积雪易滑落，一种可能的局部积雪形式如图 16.4-2 所示。另外，屋面种植槽不是光滑的，不利于积雪滑落，也可能影响荷载分布情况。如果恒荷载的比重不那么大，这些情况就需要考虑。

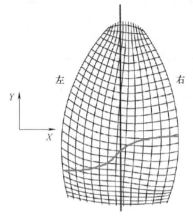

图 16.4-2 可能的半跨积雪分布线

2. 单层网格结构稳定性分析

本项目的单层网格结构接近两端支承的圆柱面网壳，活荷载的半跨分布对这种形式结构的稳定性影响较大，因而稳定性分析中需要考虑半跨活荷载分布情况，并按规范要求考虑初始几何缺陷分布和幅值。另外，本项目单层网格的支座存在高差，是一个倾斜的类网壳结构，荷载作用方向与通常的网壳存在区别，对结构稳定性的影响必须通过真实反映结构高差、荷载作用方向的模型进行分析。

3. 支座节点刚度取值

钢管相贯焊接节点是半刚性节点，本工程中假定了 30%刚接、50%刚接、70%刚接、全刚接几种情况分别验算，是一种实用、偏安全的分析方法。

4. 支座抗水平力设计

对网壳结构来说，支座极为关键，不仅需要有足够的承载力，还需要有足够的刚度。本工程中对支座进行了细致分析，支座本身具有很大刚度，在水平力作用下的位移很小。此外，基础坐落在基岩上，地基的刚度也足够大，保证了整体结构的稳定性。在进行类似结构基础设计时，要完备考虑荷载传力路径上可能产生的变形量。一方面把握支座潜在变形量，另一方面分析结构容许的支座变形，将后者限制在前者的范围内。

文保项目的另一特点是，考古遗址现场需要严格限制建造活动等对土体的扰动，避免对遗址本体造成破坏。太子城遗址西院落保护设施工程设计对此进行了完备的考虑，对施工过程可能扰动土体的工序进行了分析。其中，起重机轮压作用是静荷载，主要评估其造成的土体应力和变形；大跨度梁吊装冲击作用是动荷载，主要考虑冲击造成的土体振动。对这两类荷载的分析方法可供类似工程参考。对振动控制的标准，参考了国内外对建筑物的容许振动速度限值，在缺少针对遗址本体的控制标准的情况下，提供了一种可操作的思路。

附：设计条件

1. 周口店遗址第一地点（猿人洞）保护设施工程

（1）自然条件

基本风压（100 年一遇）为 $0.5kN/m^2$，风荷载对结构的影响通过风洞试验确定。

基本雪压（100年一遇）为 $0.45kN/m^2$。由于本工程位于山区，根据《建筑结构荷载规范》GB 50009—2012 第 7.1.4 条："山区的雪荷载应通过实际调查后确定。当无实测资料时，可按当地邻近空旷平坦地面的雪荷载值乘以系数 1.2 采用，"本工程雪荷载按 1.2 倍放大系数进行放大。

拟建场地及附近区域地基土不液化，地下水埋深相对较深，不考虑地下水的影响，场地土类别为Ⅱ类。

考虑地震作用，抗震设计参数见表 1。

抗震设计参数　　　　　　　　　　　　　　　　　　　　　　　　表 1

抗震设防烈度	设计基本地震加速度	设计地震分组	特征周期值	建筑场地类别
8	0.2g	第二组	0.4s	Ⅱ类

（2）主要控制参数

本工程结构设计使用年限为 50 年，结构设计基准期为 50 年，结构设计耐久性年限为 100 年，结构安全等级为二级，建筑抗震设防类别为丙类。

（3）构件尺寸

单层异形网格由圆钢管相贯焊接而成，钢管截面（单位为 mm）包括 $\phi 1150 \times 55$、$\phi 1000 \times 20$，$\phi 1000 \times 32$，$\phi 900 \times 14$，$\phi 950 \times 14$，$\phi 325 \times 10$ 等。钢管材质均为 Q345C。

2. 太子城遗址西院落保护设施工程

（1）自然条件

本工程位于受风雪气候影响显著的北方山区，且结构形式对风荷载、雪荷载均较为敏感，工程意义又非常重大，因此计算主体结构时，基本风压和基本雪压均按 100 年一遇取值，分别为 $0.6kN/m^2$ 和 $0.3kN/m^2$。

建筑抗震设防类别为标准设防类，抗震设防烈度为 7 度，设计基本地震加速度为 0.10g，地震分组为第二组，Ⅱ类场地土。结构耐火等级为一级。

考虑地震作用，抗震设计参数见表 2。

抗震设计参数　　　　　　　　　　　　　　　　　　　　　　　　表 2

抗震设防烈度	设计基本地震加速度	设计地震分组	特征周期值	建筑场地类别
7	0.10g	第二组	0.4s	Ⅱ类场地

（2）主要控制参数

本工程结构设计使用年限为 50 年，结构重要性系数为 1.1，建筑结构安全等级为一级，基础设计等级为丙级。

（3）构件尺寸

框架柱采用□350（mm）×50（mm），36m 跨框架梁采用□1000×250×40×30（mm），其他平层框架梁采用 H700×200×20×30（mm），坡屋面框架梁采用截面高度为 200～800mm 的 5 种规格 H 型钢，坡屋面梁上起柱采用□450×250×40×30（mm）和□250×250×30×30（mm）两种规格，次梁采用截面高度为 300mm、500mm、650mm 的 3 种规格 H 型钢。钢框架结构所用钢材材质均为 Q355C。

第17章

非典型结构设计三项

海淀区北部文化中心
（摄影：吴吉明）

2017 年度全国优秀工程勘察设计行业奖二等奖
2017 年度教育部优秀设计二等奖

结构设计团队：

汤　涵　张　涛　陈　钢

顺义航天产业园 11 号科研研发楼

结构设计团队：

姚卫国　罗瑞福　王秀媛　史　昂

景德镇御窑博物馆工程结构设计

（摄影：朱锫建筑设计事务所）

2019—2020 年中国建筑学会建筑设计奖历史文化保护传承创新一等奖

结构设计团队：

郑　宇　张　慧　孟　霞　邓　晓

17.1 引言

本章的"非典型结构"设计旨在阐述结构工程师在面对各种特殊设计问题时的解决思路与方法。工程实务中的特殊问题涵盖面广、千差万别，我们只能尽量多地展示不同类型的设计项目。受限于篇幅，本章集中介绍三个特殊项目，其中海淀区北部文化中心工程采用错列桁架解决了大跨度空间梁高与使用净高的矛盾，顺义航天产业园11号科研研发楼针对不同高度与荷载的塔楼细致分析了基础设计与抗浮设计方案，景德镇御窑博物馆解决了双曲面梭形混凝土拱壳的设计问题。三个项目结构方案的确定思路清晰，可供类似工程参考和借鉴。

17.2 海淀区北部文化中心工程结构设计

17.2.1 工程概况

1. 建筑概况

海淀区北部文化中心位于北京海淀区温泉镇，工程总建筑面积为$88100m^2$，由地上和地下两部分组成，其中地上建筑面积为$57800m^2$，地下建筑面积为$30300m^2$。东西长160m，南北长90m，建筑高度均不超过24m。

工程地上建筑由图书馆、文化馆、档案馆、温泉文化中心及共享中央大厅五部分组成（图17.2-1、图17.2-2）。除档案馆外，各建筑均为地上5层、地下2层。其中地下2层为车库、设备用房，层高3.9m；地下1层为设备用房、库房、报告厅、配套用房等，层高6.4m；地上高度分别为5m、4.6m、4.8m、4.8m、4.5m。档案馆为地上7层、地下3层，地上各层高度为3.4～3.6m。

2. 建筑特点与特殊需求

（1）功能布置不均衡

整体建筑西北部分是档案库，楼层荷载较大，同时由于设置夹层，在建筑高度和地下室深度不变的情况下，档案库地上有7层，地下有3层。而中部的共享大厅为5层通高，仅有轻质采光屋面。建筑不同分部因功能不同，楼层高度及荷载存在较大差异。

（2）建筑平面不规则，平面开洞较多，空间复杂

整体建筑平面为中庭连接4个分支，存在凹凸不规则。连接部位共享大厅5层通高，剧场、电影院等跨层高大空间还导致文化馆、温泉文化中心等存在大量楼板开洞、穿层柱等抗震不利情况（图17.2-3）。

（3）大跨度空间

图书馆地下1层设置了24m×24m的报告厅，需要抽掉2排框架柱，形成大跨度空间（图17.2-4）。

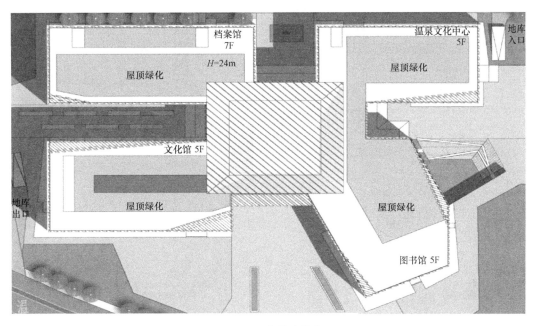

图 17.2-1　建筑功能分区

图 17.2-2　建筑效果图

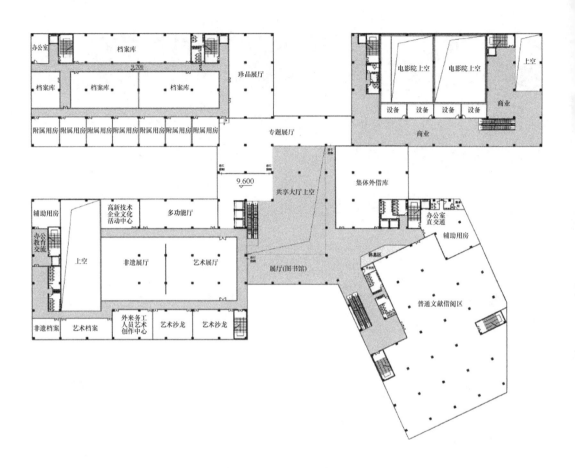

图 17.2-3　3 层平面布置示意

17.2.2　结构特点与设计思路

1. 结构划分

由于建筑形体复杂，各部分功能、层数、层高均不一致，因此通过防震缝将图书馆、文化馆、档案馆、温泉文化中心及共享中央大厅五部分分成各自独立的抗震单元。

防震缝的设置有效地消除了建筑形体复杂造成的不规则性，使设计得到简化。针对各自分块的特点，采取了不同的结构形式以满足抗震要求。图书馆、温泉文化中心、共享中央大厅采用现浇钢筋混凝土框架结构。文化馆、档案馆采用现浇钢筋混凝土框架-抗震墙结构。划分后本项目主要设计难点在于图书馆大空间的实现。

2. 图书馆大空间结构方案比选

图书馆是一个体型较为规则的多层建筑，本身并没有太大的设计难度，但是由于地下 1 层存在 $24m \times 24m$ 的大空间，导致该处上部竖向构件无法落地。设计前期考虑了如下几种方案：

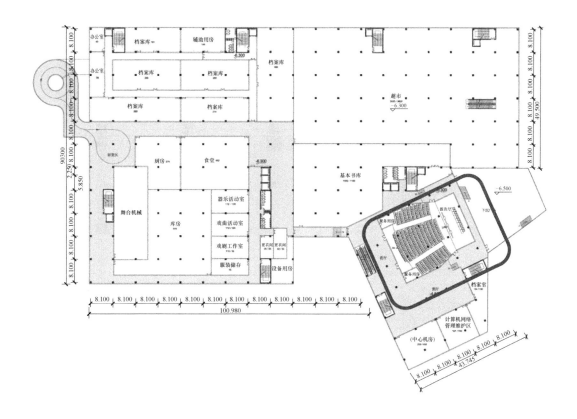

图 17.2-4　地下 1 层平面布置示意

（1）按照最直观的思路采用框支转换

在首层设置 24m 跨度双向井字梁托举上方的框架柱。这一方案存在两个问题：首先，由于上部荷载较大，转换梁需要近 3m 的高度，而报告厅层高仅 6m，建筑师无法接受；其次，转换梁支撑在边柱上，边柱的刚度无法和梁相匹配，难以实现"强柱弱梁"。

（2）地上每层相同位置均采用大跨度梁，避免转换

如果该处地上楼层均采用大跨度梁（包括预应力和型钢混凝土梁），每层仍需要较大的结构高度。由于地上层高不大，将导致上部建筑功能无法满足。

（3）错列桁架

与建筑功能配合，从首层开始设置错列桁架，每层通高设置 1 榀，上一层将桁架更换至相邻跨。每层次梁与楼板布置于本层的桁架上弦与相邻跨桁架下弦间。这样除了首层存在 16m 大跨度梁外，其余各层均为 8m 的梁跨。首层 16m 大跨度梁的高度相比 24m 跨转换梁高度大为减小，保障了地下 1 层报告厅的净高。桁架布置如图 17.2-5～图 17.2-7所示。

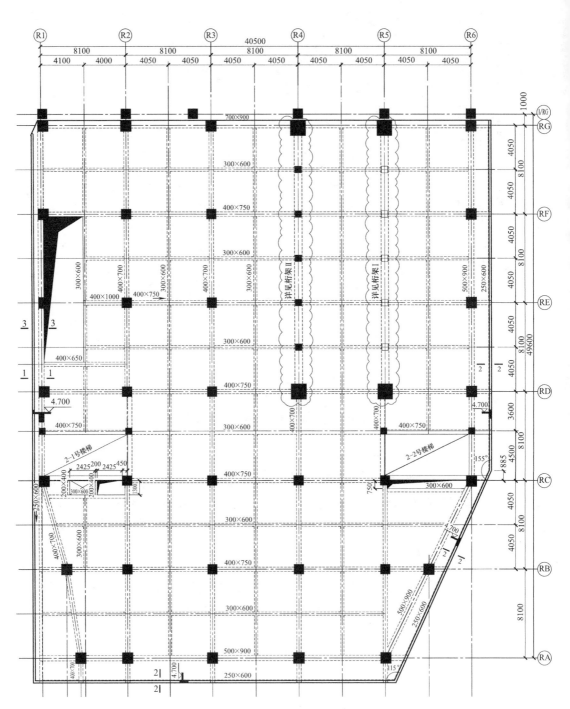

图 17.2-5 桁架平面布置图

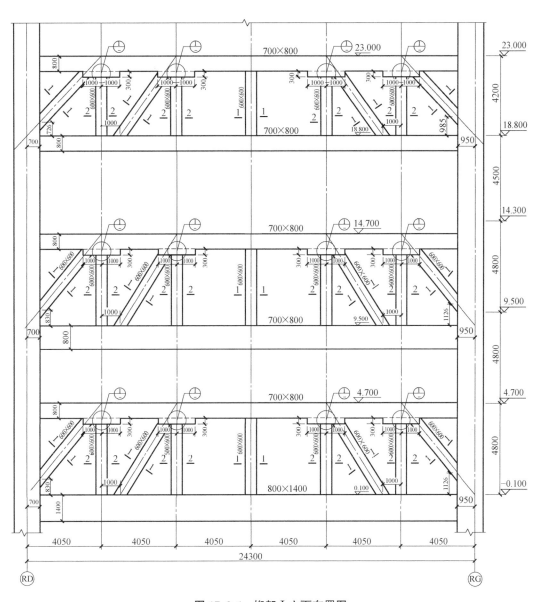

图 17.2-6 桁架 I 立面布置图

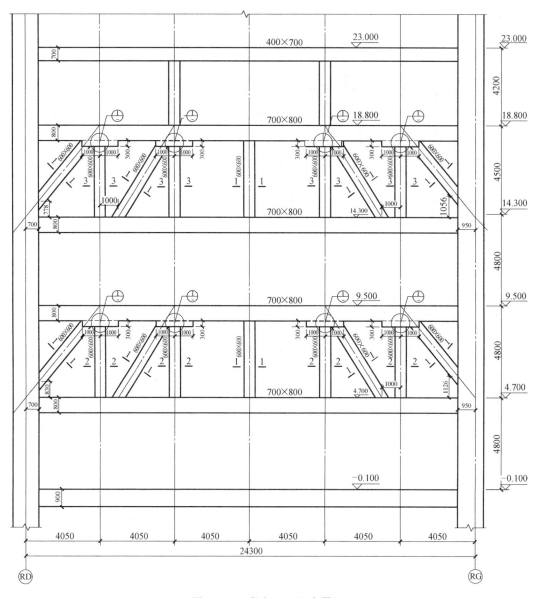

图 17.2-7 桁架Ⅱ立面布置图

17.3 顺义航天产业园 11 号科研研发楼工程结构设计

17.3.1 工程概况

1. 建筑概况

顺义航天产业园 11 号科研研发楼位于北京顺义科技创新产业功能区的核心位置，总建筑面积为 35356.35m²，其中地上建筑面积为 24158.25m²，地下建筑面积为 11198.10m²。本工程地上 9 层，地下 2 层，结合建筑功能划分为 4 个区：高层 A 区、高层 B 区、裙房 C 区和裙房 D 区（图 17.3-1），总建筑高度为 43.7m。建筑平、立、剖面图如图 17.3-2～图 17.3-4 所示。

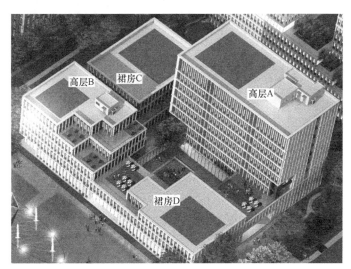

图 17.3-1　建筑效果图

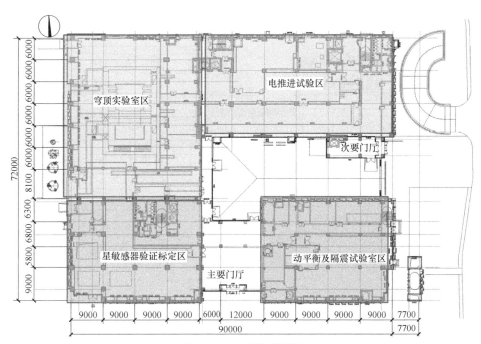

图 17.3-2　建筑平面图

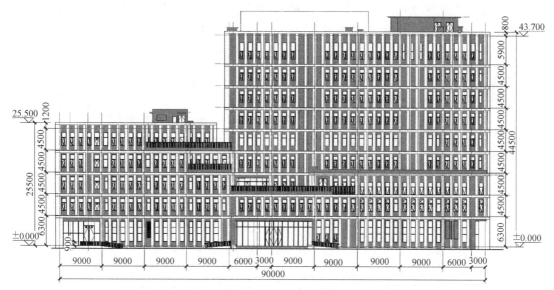

图 17.3-3　建筑立面图

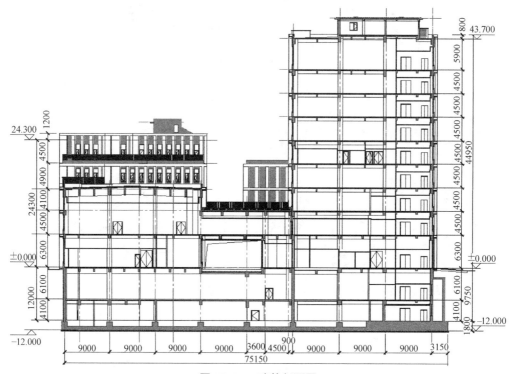

图 17.3-4　建筑剖面图

2. 建筑特点

本工程 A 区、B 区为高层建筑，其中 B 区地上部分采用退台设计；C 区为单层大跨度实验室；D 区为隔振实验室和应用演示大厅等。4 个分区在地上合围布置，中间为庭院。建筑地下两层，其中地下 1 层主要为实验室、机房、车库等；地下 2 层战时为人防地下室，平时用途为汽车库。

依据建筑功能要求，本工程工艺荷载大，一般楼面荷载不小于 $4.5kN/m^2$。建筑首层层高 6.3m，其他层层高 4.5m，层高较大，防振和防微振要求高。部分区域不能布置地下室。

17.3.2　结构特点与设计思路

1. 结构体系与特点

本工程建筑由高度不等、工艺要求不同的多层和高层房屋围合组成"回"字形建筑组团，地上部分结构方案通过设置防震缝将其分为 4 个区。

高层 A 区为高层框架-抗震墙结构，地上 9 层，地下 2 层，在框架的若干跨内嵌入抗震墙，形成带边框抗震墙，利用楼（电）梯间布置混凝土筒，抵抗水平地震作用。

高层 B 区地上 5 层，地下 2 层，一般楼面荷载不小于 $6.0kN/m^2$，4 层和 5 层竖向局部收进，布置半地下室（图 17.3-5、图 17.3-6）。

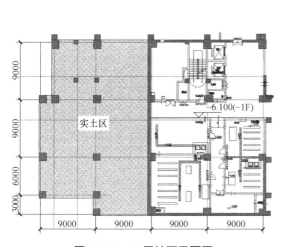

图 17.3-5　B 区地下平面图

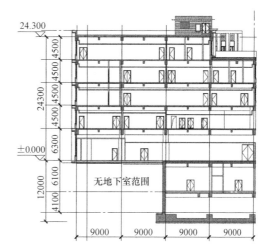

图 17.3-6　B 区剖面图

裙房 C 区为带有部分附属用房的单层厂房，由于工艺要求，需设置埋深达 11.7m 的气浮平台（图 17.3-7、图 17.3-8）。

裙房 D 区为框架结构，地上 3 层，地下 2 层，3 层有 18m×27m 区域为大空间实验室，屋盖采用钢筋混凝土井字梁，结构找坡，减轻建筑自重。

本工程地上分为 4 个单体，部分单体下有地下室，基础设计和抗浮设计是本工程的难点。

2. 地基基础设计思路

本工程拟建场地地势整体较为平坦，抗浮设计水位绝对高程标高为 40.50m，而基底绝对标高为 28.95m，抗浮水头为 11.50m，故地下室需要进行抗浮设计。

高层 A 区与高层 B 区均为高层，天然地基承载力不满足，可采用桩基础方案。裙房 C 区为单层空旷房屋，中部有气浮平台工艺基础，该部分埋深大，须进行地基处理才能满足承载力要求，可采用桩基础方案或 CFG 桩地基处理方案；对于裙房 D 区及纯地下车库区域，采用天然地基方案，承载力即可满足要求。设计难点在于 4 个区围合在一起，有的

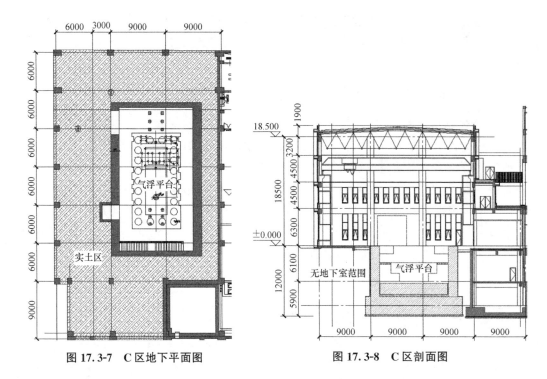

图 17.3-7　C区地下平面图　　　　　　　　　图 17.3-8　C区剖面图

有地下室，有的无地下室，有的形成局部地下室，若采用上述桩基＋复合地基＋天然地基方案，由于各分区荷载差异较大，地基变形不均匀，同时高层 B 区、地下车库及裙房 D 区有上浮不稳定问题，各楼单独确定地基基础方案并不合理，故舍弃此方案。

本工程 4 个区地下部分不分缝，为一个整体，考虑到大底盘上各单体之间地基变形不均匀、层数及荷载差异较大，为了妥善考虑各单体之间的不均匀沉降，控制地基变形，地基基础采用同一种形式更合理。地下车库范围及裙房 D 区域有抗浮设计，采用压重抗浮难以达到规范要求，须采用抗浮桩或抗浮锚杆；裙房 C 区中部气浮平台基础因工艺要求采用桩基础。考虑以上因素，最终基础形式确定为桩基础方案，包括桩筏基础、桩承台基础、柱下条形承台梁基础等，桩基布置如图 17.3-9 所示。经计算，单桩竖向承载力特征值为 2200kN。地基基础设计进行整体建模计算，同时考虑抗浮水位的组合。

本工程抗浮水位较高，为室外地面，抗浮设计是基础设计的难点之一。抗浮方案宜根据抗浮稳定状态、抗浮设计等级和抗浮概念设计，结合治理要求、对周边环境的影响、施工条件等因素进行技术经济比较后确定。抗浮治理方案有：①控制、减小地下水浮力作用，如排水限压法、泄水降压法等，主要应用于本工程的施工阶段。②抵抗地下水浮力作用效应，包括压重抗浮法、结构抗浮法、锚固抗浮法等。抗浮设计一般首先考虑压重抗浮，包括增加地下结构底板自重及其上部压重、地下结构底板挑出等。在使用阶段，对各区的压重抗浮进行稳定性验算，A 区、C 区整体抗浮稳定性系数均大于 1.1，而 B 区、D 区的整体抗浮稳定性系数分别为 0.97、0.93，均小于 1.1。由于抗浮水位较高，仅采用压重抗浮难以满足要求，故考虑采用锚固抗浮方法，包括抗浮锚杆或抗浮桩。

抗浮锚杆与抗浮桩两种锚固抗浮方案均有受力合理、后期维护简单等优点，单从抗浮受力角度均可满足要求，如何选择经济、可靠、适用、耐久的抗浮方案，就成为本工程设计主

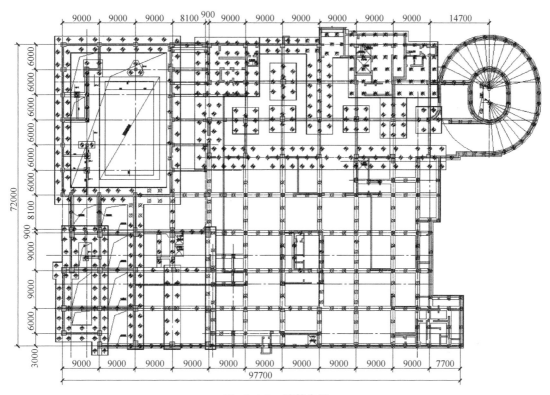

图 17.3-9 桩基布置

要考虑的问题。本工程建筑抗浮设计等级为甲级，依据《建筑工程抗浮技术标准》6.5.3条规定，若采用抗浮锚杆，宜选择预应力抗浮锚杆，但本场地土质以黏土为主，液性指数均大于0.25，处于可塑和软塑状态，不属于岩石或坚硬地层场地，选择预应力抗浮锚杆不妥。其次，本工程抗浮水头高达11.50m，抗浮锚杆无论有无预应力，其锚固体直径毕竟较小，承载能力和控制变形能力有限，初步估算，锚杆直径为200mm、间距为1.70m×1.70m时，杆长须达到16.50m左右，所需锚杆数量多（图17.3-10、图17.3-11），施工难度较大。而抗

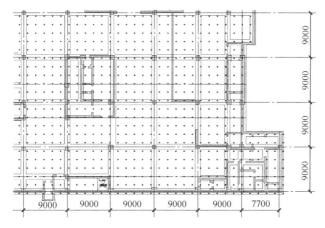

图 17.3-10 锚杆方案局部布置

浮桩与周边抗压桩同质同材，施工工艺一致，并且更易控制建筑上部层数、荷载差异大带来的不均匀沉降，故本工程各区均采用桩基础方案，并采用抗浮桩进行抗浮。

对于裙房 D 区及纯地下车库区域，抗浮桩的布置方案有柱下承台布置方案（图 17.3-12）和柱下条形布置方案（参见图 17.3-9）两种，从承载能力考虑，两种布置方案均可行，考虑到本场地抗浮水头较高，浮力较大，最终采用柱下条形布置抗浮桩方案，抗浮桩均匀布置，抵抗水浮力的不利作用。

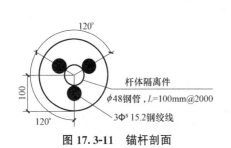

图 17.3-11　锚杆剖面

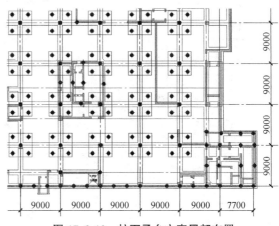

图 17.3-12　柱下承台方案局部布置

17.4　景德镇御窑博物馆工程结构设计

17.4.1　工程概况

1. 建筑概况

景德镇御窑博物馆位于江西景德镇，在御窑与徐窑之间，毗邻明清窑群遗址。本场地总用地面积为 9753m²，总建筑面积为 10357.10m²，其中地上建筑面积为 2098.27m²，地下建筑面积为 7321.93m²。该项目地上 1 层，地下 1 层，局部地下 2 层，其中地上 1 层层高为 9.0m，地下 1 层层高为 6.0m，地下 2 层层高为 5.5m。地下 2 层功能为机房和库房，地下 1 层及首层为博物馆展厅。本工程结构形式为钢筋混凝土拱壳结构（图 17.4-1、图 17.4-2）。

2. 建筑特点与特殊需求

御窑博物馆选择"窑"作为建筑原型，由 8 个大小不一、体量各异的线状拱体结构组成，沿南北长向布置。传统的"窑"均为砖砌筑而成，御窑博物馆追求传统窑的外观效果，内外表面均由窑砖竖向紧密贴合，以呈现砌筑成窑的效果。本项目最大拱体的跨度约 11m，高度约 9m，如何实现建筑师的意图需要仔细研究。本工程拱体结构外形为双曲面梭形（图 17.4-3），如何用图纸表达双曲面梭形并协助施工单位完成双曲面梭形的施工是另一个难点。

图 17.4-1　御窑博物馆整体实景

（摄影：朱锫建筑设计事务所）

图 17.4-2　御窑博物馆拱体端头

（摄影：朱锫建筑设计事务所）

图 17.4-3　御窑博物馆拱体双曲面效果

（摄影：朱锫建筑设计事务所）

17.4.2　结构特点与设计思路

1. 结构体系与特点

结合单体的体型特点及拱体内外表面的窑砖砌筑效果，本工程采用钢筋混凝土拱壳结构。每个拱体结构近似三明治，内外两层为砖，中间的钢筋混凝土拱为主体结构。从剖面上看，拱体结构垂直跨越两层，中间的楼板层（即地下 1 层顶板）上设置中空的设备夹层。楼板采用清水混凝土结构，既作为地下展览空间的顶棚，又作为拱体结构的横向支撑结构。设备夹层的顶部采用组合楼板，边界处与拱体结构脱开（图 17.4-4）。

为达到建筑效果，根据跨度的不同，混凝土拱壁厚度被限制在 $250\sim300\text{mm}$ 之间。由于拱体较高，加之拱体内外表面铺满窑砖，荷载较大，拱壁稳定性是需要特别关注的。尤其是个别拱体存在一侧较长范围无法落地的情况（图 17.4-5），拱体的整体稳定及混凝土拉应力的分布区域需进行专项分析。

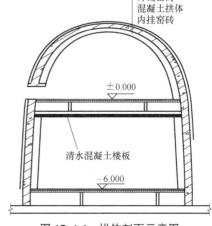

图 17.4-4　拱体剖面示意图

图 17.4-5　拱体一侧不落地实景

（摄影：朱锫建筑设计事务所）

2. 设计思路

（1）结构简化与力学分析

常用的结构计算程序中没有钢筋混凝土拱壳结构，采用等代框架梁法进行计算模拟分析，控制整体指标及配筋设计。同时，利用有限元软件 MIDAS 进行补充分析，找出拉应力分布区域，并根据拉应力值配置受力钢筋，与等代框架梁方法进行包络设计（图 17.4-6）。

图 17.4-6　拱体三维模型

（2）结构设计关键点

① 拱脚的侧推力如何解决，特别是无法落地处。

② 如何用图纸表达双曲面棱形并协助施工单位完成双曲面棱形的施工。

③ 场地平整时发现了新的遗址，如何在不破坏遗址的前提下，保障项目顺利实施。

④ 无梯梁梯柱清水混凝土楼梯解决方案。

（3）关键点的设计方法

① 为平衡拱脚处的推力，将基础及地下室顶板进行加强，具体做法是采用筏板基础，厚度为 500mm，并加大拱壁推力方向的基础及地下室顶板拉通钢筋。当拱壁无法落地时，该段范围不能形成拱壳结构，此时需要通过洞口上方的梁将荷载传递给两侧落地的拱壁。个别拱在端部开洞，荷载通过洞口上方悬臂梁传递，设计时对此拱拱壁进行了加厚，并结合有限元分析结果，对关键部位进行加强。

②为了在图纸上最大程度地模拟双曲面梭形效果，沿着长轴方向每隔0.5m截取一个剖面，并在剖面上沿竖向每隔0.5m定位拱壁边界（图17.4-7）。通过这些控制点，结合曲率，施工现场搭建了一个1.2m宽可以伸缩的支撑体系来固定模板，模板可以在拱体长轴方向沿轨道移动。随着支撑体系移动，逐渐调整模板的曲率，以实现连续双曲面梭形拱体的浇筑。

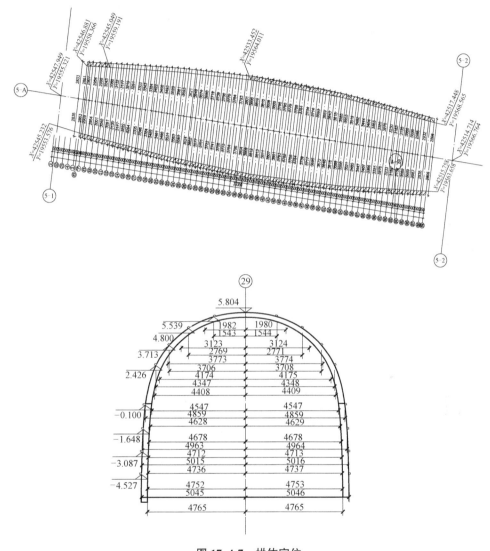

图17.4-7 拱体定位

③对于现场发现的遗址，通过调整拱体结构，将拱体一分为二，使遗址位于下沉庭院中，巧妙地将遗址编织到博物馆的内部空间之中。同时，通过在遗址四周设置地下连续墙的方式，将其与施工场地隔离开，对遗址进行永久保护。虽然遗址侧面被地下连续墙保护，但地下水仍可以通过底部保持内外贯通，遗址所处的地下环境并未改变。如此处理后，既有效保护了遗址，又将遗址融入了博物馆，增添了博物馆的历史色彩（图17.4-8）。

图 17.4-8　遗址实景

（摄影：朱锫建筑设计事务所）

④ 楼梯结构方案：对于悬挑楼梯休息平台采取悬挑梁板来实现，梯段板锚固在休息平台梁板里（图 17.4-9～图 17.4-11）。

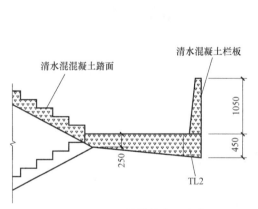

图 17.4-9　楼梯休息平台布置

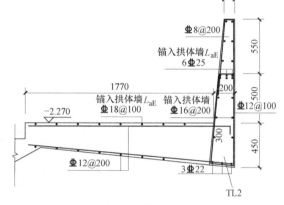

图 17.4-10　楼梯休息平台配筋

图 17.4-11　清水混凝土楼梯实景

（摄影：朱锫建筑设计事务所）

17.4.3　内外表面窑砖安全固定问题的解决方法

窑体内外表面铺设数十万块窑砖，如何将其安全可靠地固定在结构主体的内外表面，尤其是防止内表面窑砖在特殊工况下（比如地震、爆炸等）出现掉落的情况，设计师比选了若干方案，最终选取如下安装方式：外表面窑砖采用砌筑方式固定，并沿着长轴方向，在钢筋混凝土拱壁外表面，间隔 1.5～2m 设置 100mm 宽、凸出表面 90mm 的钢筋混凝土肋，以加强肋间砖砌体的稳定。内表面由于内侧窑砖和钢筋混凝土拱壁之间要留有空隙敷设消防及电气管线，采用的方式是在拱壁上预埋钢制挂钩，窑砖在烧制时预留 2 个孔洞与挂钩匹配；当管线敷设完毕后，逐一将窑砖安装在挂钩之上。如图 17.4-12 所示。

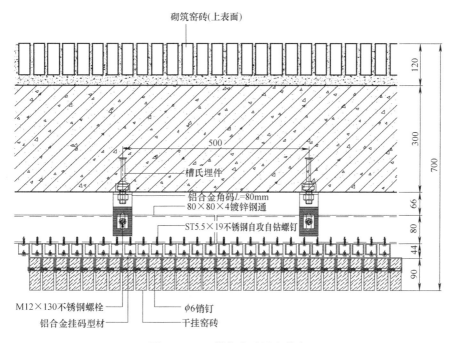

图 17.4-12　拱体窑砖固定节点

17.5　评议与讨论

17.5.1　海淀区北部文化中心工程

海淀区北部文化中心工程由于建筑功能的多样性和建筑平面的不规则性，导致结构设计难度较大，因此，根据实际情况选择合理的结构方案是本工程设计的关键。如何选择合理方案，需要一一分析结构所面临的困境。

（1）荷载不均衡，建筑西北部分是档案库，楼层荷载较大。同时，由于设置了夹层，在总高度不变的情况下，档案库为地下 3 层、地上 7 层，而共享大厅是 5 层通高，屋顶为轻质采光屋面。

（2）整个建筑平面严重凹凸不规则，平面凹进尺寸远大于 30％。

（3）由于剧场、电影院，共享大厅等跨层高大空间，导致文化馆、温泉文化中心及共享大厅楼板局部不连续。

（4）图书馆地下 1 层设置了 24m×24m 的报告厅，而地上为 5 层图书馆，局部竖向构件不连续。

（5）共享大厅 5 层通高，较为空旷，与周边 4 个建筑刚度不匹配，无法将 4 个建筑联系在一起。

面对上述问题，如果结构作为一个整体进行设计将会面临非常复杂的局面，中间共享大厅刚度太弱，很难将四周结构有效连系在一起。此外，各楼层高度的显著差异也会导致计算分析的失真。因此，很直观的思路就是将共享大厅与其他结构分开。通过分缝，5 个独立的建筑各自所面临的问题大为减少，不规则项减少到了 1 项甚至没有。文化馆、档案馆和温泉文化中心变成了常规建筑，共享大厅的结构也依旧可以成立。如何通过巧妙的分缝处理来解决复杂的结构设计并达到最终的效果是本项目的核心。剩下的难题就是如何解决图书馆地下 1 层报告厅大跨度空间带来的问题。本项目工程师采用了错列桁架的方式，避免在首层设置转换梁，减小了梁跨度以保证报告厅的净高。错列桁架是一种不太常见的方式，一般来说，由于整层桁架的存在，桁架的位置需要与建筑功能协调，宜设置在有墙体的部位，并避免对门窗洞口的影响。本项目的错列桁架在中间两跨还去掉了斜杆，局部形成空腹桁架，也是为避免对建筑功能的影响。本项目错列桁架的案例可为类似工程提供参考。

17.5.2　顺义航天产业园 11 号科研研发楼工程

顺义航天产业园 11 号科研研发楼工程地上为一组高度、层数、使用功能均不同的建筑组团，地下则连成统一的大底盘地下室。地下室布置方案复杂，层数不同，功能各异，局部还设有工艺要求严格的气浮平台。现场地质条件造成部分位置有抗浮问题，整体基础设计复杂。从承载力的角度，高层 A 区、B 区都需要采用桩基础，C 区可以采用桩基础或地基处理，D 区可以采用天然地基。如果各区采用不同的基础形式，沉降差控制较为棘手。换一个角度，如果能控制最大沉降量在一定范围，那么沉降差也一定能控制在这个范围内。本项目在北京顺义，高层高度为 43.7ms，并不太高，根据过去的经验，桩基础的沉降量很有限。这种情况下，若各区均采用桩基础，沉降差也能得到有效控制。但是对于软土地区的超高层建筑，超高层与裙房的荷载差异悬殊，高层的桩基沉降量也大，此时塔楼与裙房都采用桩基础就不一定合适，需要进行定量分析。某些案例中，裙房地下室采用天然地基时，高层与裙房的沉降量更为匹配。

17.5.3　景德镇御窑博物馆工程

景德镇御窑博物馆工程采用钢筋混凝土拱壳结构，目前国内常用电算软件无法提供相应计算模块。设计人员通过简化模拟，利用现有条件完成包络设计，可供类似设计参考。拱壳类结构拱脚支座是整个结构体系的关键部位，本项目拱壳的中间楼板层起到了关键的侧向支承作用，承受了较大拉力，设计中设置了拉通钢筋。混凝土拱壳建筑与结构找形是非常具有技巧的工作，本工程采用连续双曲面梭形拱，既保证结构受力合理，又达到建筑造型要求。施工工艺采用可变尺寸的滑动模板，可为类似的曲面混凝土结构施工提供借鉴。

附：设计条件

1. 海淀区北部文化中心工程

(1) 自然条件

本工程拟建场地地貌单元属于山前平原区洪积扇中下部地带，场地不平，有较多堆土，场地地面标高介于 54.62～57.61m。根据钻探资料，地层主要由第四系洪积沉积而成。在自然地表以下 25.00m 深度范围内的地基土主要由黏性土、粉土、砂土及碎石组成。

本工程的基本雪压为 $0.45kN/m^2$，基本风压为 $0.40kN/m^2$，地面粗糙度类别为 B 类。

(2) 地震作用（表1）

抗震设计参数 表1

抗震设防烈度	设计基本地震加速度值	设计地震分组	场地特征周期	建筑场地类别
8度	0.20g	第一组	0.45(s)	Ⅲ类

(3) 主要控制参数（表2）

主要控制参数 表2

结构的安全等级	二级	设计使用年限	50 年
地基基础设计等级	乙级	抗震设防类别	丙类

(4) 结构抗震等级（表3）

结构抗震等级 表3

	建筑名称	框架抗震等级	抗震墙抗震等级
地上	图书馆	一级	
	文化馆	二级	二级
	温泉文化中心	二级	
	档案馆	一级	二级
	中央大堂	二级	
地下	地下1层(含地下1层夹层)	抗震等级同地上	
	地下2层	抗震等级较地下1层降一级	

2. 顺义航天产业园 11 号科研研发楼工程

(1) 自然条件

拟建场地地势整体较为平坦，勘察深度范围内的地层为：表层为人工填土层，其下为新近沉积层、一般第四系沉积层，岩性以黏土、粉土和砂土为主。近 3～5 年地下水最高潜水水位绝对标高在 40.00m 左右，地下水年变化幅度为 1.0～2.0m。根据本工程设计条件、地层分布特征及区域水文地质资料，建议抗浮设防水位按室外地坪考虑，即40.50m。拟建场地属于对建筑抗震一般地段。

本工程的基本雪压为 $0.40kN/m^2$，基本风压为 $0.45kN/m^2$，地面粗糙度类别为 B 类。

（2）地震作用（表 4）

抗震设计参数

表 4

抗震设防烈度	设计基本地震加速度	设计地震分组	特征周期值	建筑场地类别
8 度	0.2g	第二组	0.55s	III 类

（3）主要控制参数

本工程的设计使用年限为 50 年，建筑结构安全等级为二级，建筑抗震设防类别为丙类，D 区大跨度范围的梁、柱抗震等级提至一级。

3. 景德镇御窑博物馆工程

（1）自然条件

风荷载：$0.35kN/m^2$，地面粗糙度类别均为 B 类。

雪荷载：$0.35kN/m^2$。

（2）地震作用（表 5）

抗震设计参数

表 5

抗震设防烈度	设计基本地震加速度	设计地震分组	特征周期值	建筑场地类别
6 度	0.05g	第一组	0.35s	II 类

（3）主要控制参数（表 6）

主要控制参数

表 6

主体结构使用年限	建筑结构安全等级	地基基础设计等级	建筑抗震设防类别	建筑物耐火等级
50 年	二级	乙级	重点设防类	一级